Premiere Pro 2024 非线性编辑案例教程

中文全彩铂金版

钟子薇 蔡楚楚 陈贞 编著

中国青年出版社

图书在版编目（CIP）数据

Premiere Pro 2024中文全彩铂金版非线性编辑案例教程 / 钟子薇，蔡楚楚，陈贞编著. — 北京：中国青年出版社，2025.1. — ISBN 978-7-5153-7538-0

I.TP317.53

中国国家版本馆CIP数据核字第2024WE8237号

Premiere Pro 2024中文全彩铂金版非线性编辑案例教程

编　　著：钟子薇 蔡楚楚 陈贞

出版发行：中国青年出版社
地　　址：北京市东城区东四十二条21号
电　　话：010-59231565
传　　真：010-59231381
网　　址：www.cyp.com.cn
编辑制作：北京中青雄狮数码传媒科技有限公司

责任编辑：徐安维
策划编辑：张鹏
执行编辑：张沣
封面设计：乌兰

印　　刷：天津融正印刷有限公司
开　　本：787mm×1092mm　1/16
印　　张：13
字　　数：392千字
版　　次：2025年1月北京第1版
印　　次：2025年1月第1次印刷
书　　号：978-7-5153-7538-0
定　　价：69.90元

本书如有印装质量等问题，请与本社联系
电话：010-59231565
读者来信：reader@cypmedia.com
投稿邮箱：author@cypmedia.com

前言

首先，感谢您选择并阅读本书。

在这个视觉内容爆炸的时代，视频已成为连接人心、传递信息、激发灵感不可或缺的力量。Adobe Premiere Pro作为业界领先的视频编辑软件，其每一次更新都引领着影视制作的新潮流，而Premiere Pro 2024更是为创意工作者带来了前所未有的强大工具与无限可能。本书是基于这一最新版本精心策划的实战导向型的学习指南，旨在通过丰富的案例教学，让读者在掌握软件基础操作的同时，能够迅速提升实战技能，创作出令人瞩目的视频作品。

内容提要

本书以理论知识结合实际案例操作的方式编写，分为基础知识和综合案例两个部分。

基础知识篇共7章，系统地介绍了Premiere Pro 2024软件的基础知识和功能应用，按照逐渐深入的学习顺序，从易到难、循序渐进地对软件的功能进行讲解。在介绍软件各个功能的同时，会根据介绍功能的重要程度和使用频率，以具体案例的形式，拓展读者的实际操作能力。每章内容学习完成后，还会以“上机实训”的形式，让读者对所学内容进行综合应用，快速熟悉软件功能和设计思路。通过课后练习内容的设计，使读者对所学知识进行巩固加深。

综合案例篇共3章，通过3个精彩实战案例的详细讲解，对Premiere Pro 2024常用和重点知识进行精讲和操作，有针对性、代表性和侧重点。第8章高级转场效果展示了如何利用所学技巧创造令人惊叹的视觉过渡效果；第9章制作视频片头则引导读者从创意构思到技术实现，完成一个专业级的视频开场；第10章制作绿色公益广告动画更是将视频编辑、动画制作、色彩搭配、音频处理等技能融为一体，让读者在实战中全面提升自己的综合能力。

为了帮助读者更加直观地学习本书，随书附赠的资料中不但包括了书中全部案例的素材文件，还配备了所有案例的多媒体有声视频教学录像，详细地展示了各个案例效果的实现过程，扫除初学者对新软件的陌生感。

适用读者群体

本书既可作为了解Premiere Pro 2024各项功能和最新特性的应用指南，也可作为提高用户设计和创新能力的指导，适用读者群体如下：

- 各大中专院校相关专业及培训班学员。
- 影视后期制作的相关人员。
- 多媒体设计人员。
- 对视频编辑感兴趣的读者。

本书在写作过程中力求谨慎，但因时间和精力有限，不足之处在所难免，敬请广大读者批评指正。

编　者

Pr 目录

第一部分 基础知识篇

第1章 Premiere快速入门

第2章 视频效果

第3章　视频过渡

第4章　调色、合成和抠像

第5章　音频效果

第6章 字幕

第7章 关键帧动画

Premiere Pro

第二部分　综合案例篇

第8章　制作高级转场效果

第9章　制作视频片头

第10章　制作绿色公益广告动画

第一部分

基础知识篇

基础知识篇精心编排了七章内容，为读者构建了Premiere Pro 2024视频编辑技能的坚实基础。本部分内容主要对Premiere Pro 2024视频编辑的相关知识和功能应用进行全面介绍，包括视频编辑的相关概念、软件的入门知识、视频效果的应用、视频过渡的应用、文字效果的设计、音频效果的应用以及关键帧动画的应用等。在介绍软件功能的同时，结合丰富的实战案例，让读者全面掌握Premiere Pro 2024视频编辑的操作技巧。

这七章内容环环相扣，逐步深入，不仅涵盖了Premiere Pro 2024的核心功能，还通过丰富的实例与技巧，帮助读者建立起全面而系统的视频编辑知识体系，为后续的进阶学习与实践奠定坚实的基础。

Pr

Pr 第1章 Premiere快速入门

本章概述

本章将介绍视频编辑的基础知识，并对Premiere软件的操作界面、项目创建、素材编辑等进行介绍，使用户了解Premiere Pro的主要功能和基本操作。此外，还将结合本章所学内容进行实战练习。

核心知识点

❶ 了解Premiere的操作界面
❷ 熟悉Premiere项目的创建与设置
❸ 掌握Premiere中素材的导入
❹ 掌握Premiere中素材的基本编辑操作

1.1 视频编辑的基础知识

在介绍如何使用Premiere进行视频剪辑处理之前，我们先了解视频编辑的基础知识，例如常用的视频术语、视频的制式、音频和视频的格式，以及线性编辑和非线性编辑等。

1.1.1 常用的视频术语

每一个行业都有自己的专用术语，在Premiere Pro 2024中制作视频或者影片时，我们也会接触到一些专业的术语。为了使用户更好地阅读和理解本书的内容，下面介绍一些比较常见的术语。

（1）剪辑

剪辑是将原始素材（如视频片段、音频等）经过选择、取舍、分解与组接，最终形成一个连贯流畅、含义明确、主题鲜明并有艺术感染力的作品的过程。这个过程不仅涉及对素材的剪切并去除不需要的部分，更重要的是通过编辑和重新组合来塑造故事的节奏和情感，以及展现作者的意图。

（2）剪辑序列

剪辑序列是视频剪辑中的一个重要概念，指的是由若干个镜头组成的连续片段。这些镜头通过不同的剪辑技巧有机地组织起来，最终呈现出某种连贯、连续的效果。

在视频编辑软件（如Adobe Premiere Pro）中，序列（Sequence）可以被视为一个容器或货架，用于归纳和管理素材。序列有固定的尺寸，当视频的分辨率（尺寸）与序列不匹配时，可能会出现画面异常（如局部画面显示不完整或出现黑边等）问题。

（3）帧

帧（Frame）指的是单幅影像画面，是视频图像的最小单位。任何视频在本质上都是由若干静态画面构成的，每一幅静态画面即为一个单独的帧。如果按时间顺序播放这些连续的静态画面，画面就会动起来。由于人类眼睛的视觉暂留，当按24帧/秒—30帧/秒的速度播放静态画面时，就能产生平滑且连续的视觉效果。

（4）帧速率

帧速率（Frame Rate）也称为FPS（Frames Per Second），是指每秒钟刷新的图片的帧数，也可以理解为图形处理器每秒钟能刷新几次。帧速率对于动画、视频和电影等媒体内容来说，是一个非常重要的参数。

具体来说，帧速率衡量的是动态视频的信息数量，即每秒钟显示的静止画面的数量。例如，一部电影的帧速率通常为24fps，这意味着电影在播放时，每秒钟会展示24幅静态画面，这些画面连续播放，形成了我们看到的动态影像。

在视频剪辑和编辑中，帧速率是一个重要的设置参数。我们可以通过调整帧速率来改变视频的播放速度和流畅度。例如，如果想让视频看起来更快，我们可以提高帧速率；如果想让视频看起来更慢，可以降低帧速率。

目前国际上常用的一些帧速率和应用场景如下表所示。

帧速率（fps）	应用场景	备注
24	电影	电影工业标准，提供了接近人眼的视觉体验
25	PAL 制式电视	中国、欧洲等大部分国家和地区使用的电视制式
29.97	NTSC 制式电视	美国、日本和韩国等部分国家使用的电视制式
30	高帧率电视和游戏	提供更流畅的画面效果，常用于体育节目和游戏等
50	高帧率电视和游戏	提供更高的帧率，进一步提升画面流畅度
60	高帧率电视和游戏	目前高端电视和游戏的常见帧率，能提供极致的流畅体验

（5）位深

在计算机中，位（bit）是信息存储的最基本单位，用于表示图像信息的位使用得越多，其描述的细节和色彩就越多。位深指的是描述一个像素色彩的二进制位数，其作用是表示一个像素可以包含多少种颜色。位深越高，图像可以包括的色彩就越多，从而产生更精确的色彩和更高质量的图像。例如，一幅存储为8位色的图像可以显示256种颜色，而一幅24位色的图像可以显示大约1600万种颜色。

（6）视频压缩

视频编辑涉及存储、处理和传输大量的数据。许多个人计算机，特别是较旧型号的个人计算机，可能无法满足高性能的视频处理需求或存储未压缩的较大文件。在这种情况下，可以使用压缩技术来减小视频文件的大小，以适应用户计算机系统的处理能力。当捕捉源视频、预览编辑、播放时间线和导出视频时，选择合适的压缩设置会有很大帮助。在许多情况下，用户默认的设置可能并不适合所有的应用场景。

（7）交织和非交织视频

电视或计算机显示器上的图像是由像素组成的，但在讨论电视或计算机显示器的图像质量时，通常我们会提及水平扫描线。有多种方法来显示这些线条。大部分的个人计算机使用逐行扫描（非交织）显示方式，这意味着在每一帧中，所有的线都会按照从上到下的顺序扫描一遍。电视制式如NTSC、PAL和SECAM则使用交织显示方式，每一帧都被分割成两场，每一场都包括该帧中的一半隔行水平线。电视首先显示整个屏幕交替线的第一个场，然后显示第二个场，来填充由第一个场留下的交替缝隙。NTSC制式视频的帧率是每秒约30帧，包括两个交织场，每秒钟总共有约60场。PAL和SECAM制式的视频帧率是每秒约25帧，每帧也包括两个交织场，每秒钟总共有约50场。在播放交织视频时，必须确保场的次序与接收的视频系统相匹配，否则动作看起来可能会迟钝，并且帧内物体的边缘可能会出现断裂。

（8）逐行扫描

逐行扫描就是扫描构成图像的所有水平线。我们使用的计算机显示器一般都采用逐行扫描，因此在计算机显示器上观看的图片效果要清晰一些。

1.1.2 数字视频与电视制式

电视制式是电视信号的标准，电视制式的区别主要在帧频、分辨率、信号带宽、载频以及色彩编码系统等。不同制式的电视机只能接收和处理相应制式的电视信号，但现在也出现了多制式或全制式的电视机，它们可以处理多种或全部制式的电视信号，为用户提供了极大的便利。全制式电视机理论上可以在全球各地使用，但需要注意不同地区的电视信号输入接口可能不同。目前各个国家的电视制式并不统一，全世界主要有三种彩色电视制式，分别是NTSC制式（主要在美国、日本等部分国家和地区使用）、PAL制式（主要在欧洲、中国等大部分国家和地区使用）和SECAM制式（主要在法国等少数国家和地区使用）。

（1）NTSC制式

这是美国在1952年研制成功的兼容彩色电视制式。目前在世界范围内，包括美国、日本、加拿大等国家和中国台湾等地区采用这种制式。NTSC制式采用的是正交平衡调幅的技术方式，也就是把两个色差信号（R-Y和B-Y）分别对频率相同、相位相差90° 的两个载波进行正交调制。

在Premiere Pro中按Ctrl+N组合键，打开“新建序列”对话框，会显示NTSC制式的类型，如下左图所示。

（2）PAL制式

这是德国在1962年制定的彩色电视广播标准制式，它采用的是相位交替行（PAL）技术，该技术对NTSC制式中存在的色相和饱和度不稳定问题进行了改进。目前在世界范围内，包括德国、英国、新加坡和中国等国家和地区采用这种制式。根据不同的参数细节，PAL制式又可以被划分为G、I、D等制式，我国采用的是PAL-D制式。

在Premiere Pro的“新建序列”对话框中会显示PAL制式，如下右图所示。

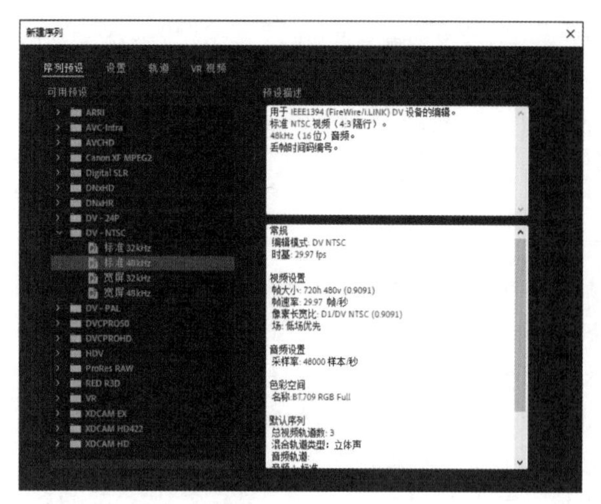

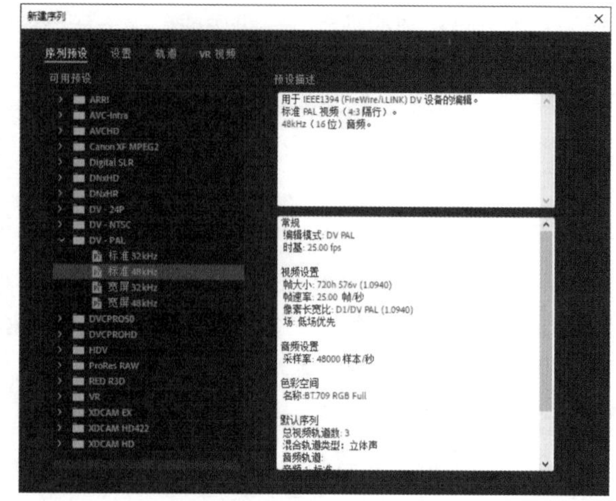

（3）SECAM制式

这是法国在1956年制定的彩色电视广播标准制式，SECAM制式克服了NTSC制式由于色同步信号对相位失真敏感造成的色彩失真的缺陷。目前，法国、东欧和中东一些国家和地区采用这种电视制式。

NTSC制式和PAL制式都属于同时制，其优点是兼容性好、占用频带较窄、彩色图像的质量较好等。

但它们的设备较为复杂，亮度信号和色度信号之间的相互干扰较大，因此色彩不是很稳定。而SECAM制式的亮度信号和色度信号之间的相互干扰不大。在传输条件较好的情况下，SECAM制式的优势可能不那么明显，但在传输条件较差的情况下，SECAM制式的优势就显现出来了。

NTSC制式、PAL制式和SECAM制式都是彩色电视的制式标准，各有优缺点，它们都与黑白电视相兼容，但彼此之间却不能兼容。如果把一种制式的电视节目使用其他制式的设备来处理，那么需要对设备做较大的改动。此时，就必须使用兼容多制式的设备来处理，但那样需要的成本就会高一些。

1.1.3 音视频格式

在Premiere Pro中，可使用很多视频和音频文件，并且常用的文件格式有很多，都是比较流行或者常用的，视频格式如AVI、MOV和ASF等，音频格式如MP3、WAV、SDI和AU等。下面分别对它们进行简单介绍。

（1）常见视频格式

常见的视频格式有AVI、MPEG、RA/RM、MOV/QT、ASF、WMV、AVI等几种。

- **AVI格式：**即音频视频交错格式，这种格式的视频文件兼容性好、调用方便、图像质量好，但文件体积过于庞大。
- **MPEG格式：**MPEG是“动态图像专家组”的英文缩写，该格式是包括MPEG-1、MPEG-2和MPEG-4在内的多种视频格式。MPEG-1被广泛地应用在VCD的制作和一些视频片段下载的网络应用上。MPEG-2主要应用于DVD制作，同时在一些HDTV（高清晰电视广播）和一些高要求的视频编辑、处理上也有应用。
- **RA/RM格式：**是一种流式视频文件格式，是RealNetworks公司所制作的音频/视频压缩规范——RealMedia中的一种。RealMedia是目前网络上最流行的跨平台的客户/服务器结构多媒体应用标准，采用音频/视频流和同步回放技术实现了网上全带宽的多媒体回放。
- **MOV/QT格式：**是Apple公司的标准数码视频格式，其画质高，能跨平台使用，具有很好的兼容性。
- **ASF格式：**ASF是“高级流格式”的英文缩写，是一种在网上即时观赏的视频流格式。
- **WMV格式：**是一种独立于编码方式的在网络上实时传播多媒体的技术标准。WMV格式具有本地或网络回放、可扩充的媒体类型、部件下载、可伸缩的媒体类型、流的优先级化、多语言支持、环境独立性、丰富的流间关系等特点。
- **AVI（nAVI）格式：**是一种新视频格式，是由Microsoft ASF压缩算法修改而来的。

（2）常见音频格式

计算机使用的音频文件格式分为“Midi文件”和“声音文件”两大类。“Midi文件”是一种音乐演奏指令的序列，可以利用声音输出设备或与电脑相连的电子乐器进行演奏，由于不包含具体声音数据，所以文件较小。而“声音文件”则是通过录音设备录制的原始声音，直接记录了真实声音的二进制采样数据，文件较大。具体来说，音频有以下常用的格式。

- **MIDI(MID)格式：**MIDI是“乐器数字接口”的英文缩写，是数字音乐/电子合成乐器的国际标准。MIDI文件有几个变通的格式，其中CMF文件是随声卡一起使用的音乐文件，与MIDI文件非常相似，只是文件头略有差别；另一种MIDI文件是Windows使用的RIFF文件的一种子格式，称为“RMID”，扩展名为“RMI”。
- **WAVE（WAV）格式：**是由Microsoft公司开发的一种WAV声音文件格式，是计算机上最为常见的声音文件，用于保存Windows系统的音频信息资源。

- **MPEG（MP1、MP2、MP3）格式：** MPEG音频文件指的是MPEG标准中的声音部分，即MPEG音频层。MPEG音频文件根据压缩质量和编码复杂程度的不同分为3层。MPEG AUDIO LAYER 1、2、3 分别与MP1、MP2和MP3这三种声音文件相对应。MPEG音频编码具有很高的压缩率，目前网络上最为常见的音乐格式为MP3。
- **MP4格式：** 采用“知觉编码”的a2b音乐压缩技术，压缩比高且音质好。
- **AU格式：** 是SYN公司推出的一种数字音频格式，是网络中常用的声音文件格式。
- **VOC格式：** 是新加坡创新公司开发的声音文件格式，多用于保存CREATIVE SOUND BLASTER系列声卡采集的声音数据。

1.1.4 线性编辑和非线性编辑

随着计算机技术的发展，视频编辑已经从早期的模拟视频的线性编辑跨入数字视频的非线性编辑，传统的线性磁带编辑方法已经基本淘汰，取而代之的是一种能对原始视频素材的任意部分进行随机存取、修改和剪辑处理的非线性编辑技术。这对编辑工作而言是一种质的飞跃。

（1）线性编辑

在先前的传统电视节目制作中，电视编辑是在编辑机上进行，如下左图所示。所谓线性编辑，实际上就是让录像机通过机械运动，使磁头模拟视频信号顺序并记录在磁带上。编辑人员通过放像机选择一段合适的素材，把它记录到录像机中的磁带上，然后再寻找下一个镜头，接着进行记录工作，其特点是在编辑时也必须按顺序找寻需要的视频画面，工作原理图如下右图所示。

用这种编辑方法插入与原画面时间不等的画面或者删除视频中某些不需要的片段时，由于磁带记录的画面是有顺序的，无法在已有的画面之间插入一个镜头，也无法删除一个镜头，除非把这之后的画面全部重新刻录一遍。这中间完成的诸如出入点设置、转场等都是从模拟信号到模拟信号的转换，转换的过程就是把信号以轨迹的形式记录到磁带上，所以无法随意修改。当需要在中间插入新的素材或改变某个镜头的长度时，后面的内容就需要重新制作。从某种意义上来说，传统的线性编辑是低效率的，常常为了一个小细节而前功尽弃，或以牺牲节目质量作为代价省去重新编辑的麻烦。传统的线性编辑存在很多缺陷，现在已逐渐不再使用了。

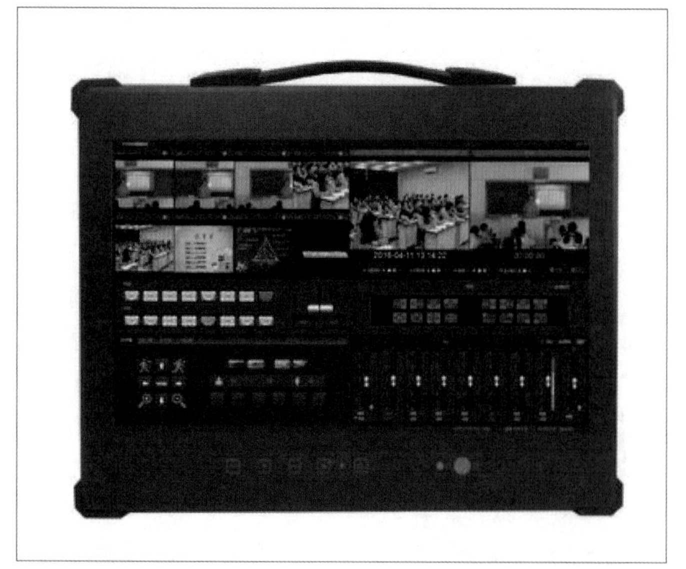

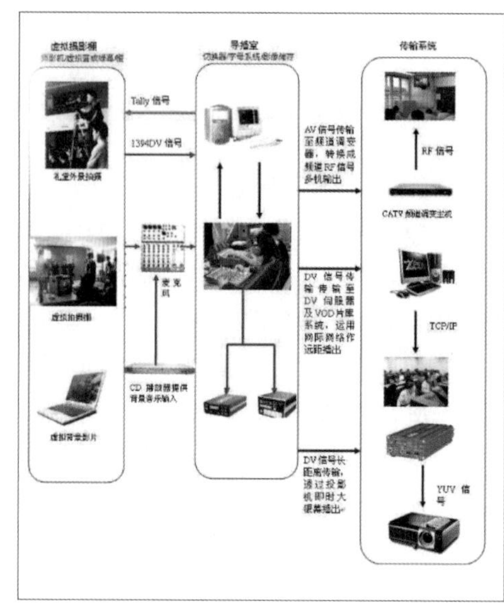

当然，传统的线性编辑也有目前的非线性剪辑不可比拟的优点，如下所示。

- 可以很好地保护原来的素材，能多次使用。
- 不损伤磁带，能发挥磁带的随意录、随意抹去的特点，降低制作成本。
- 能保持同步与控制信号的连续性，过渡平稳，不会出现信号不连续、图像跳闪的情况。
- 可以迅速而准确地找到最适当的编辑点，正式编辑前可预先检查，编辑后可立刻观看编辑效果，发现不妥可马上修改。
- 声音与图像可以做到完全吻合，还可各自分别进行修改。

（2）非线性编辑

非线性编辑是相对于线性编辑而言的。所谓非线性编辑，就是应用计算机图像技术，在计算机中对各种原始素材进行反复编辑操作而不影响其质量，并将最终结果输出到计算机硬盘、磁带、录像机等记录设备的完整的工艺过程。现在的非线性编辑实际上就是非线性的数字视频编辑，利用以计算机为载体的数字技术设备完成传统制作工艺中需要十几套机器才能完成的影视后期编辑合成，以及其他特技的制作。由于原始素材被数字化并存储在计算机硬盘上，信息存储的位置是并列平行的，与原始素材输入到计算机时的先后顺序无关。这样，我们便可以对储存在硬盘上的数字化音频素材随意排列组合，并可以在完成编辑后随意修改而不损害图像质量。非线性编辑实质上就是把胶片或磁带的模拟信号转换成数字信号存储在计算机硬盘上，然后通过非线性编辑软件反复编辑，再一次性输出。我们可以在不同的视频轨道上添加或者插入其他的视频并剪辑，如下图所示。

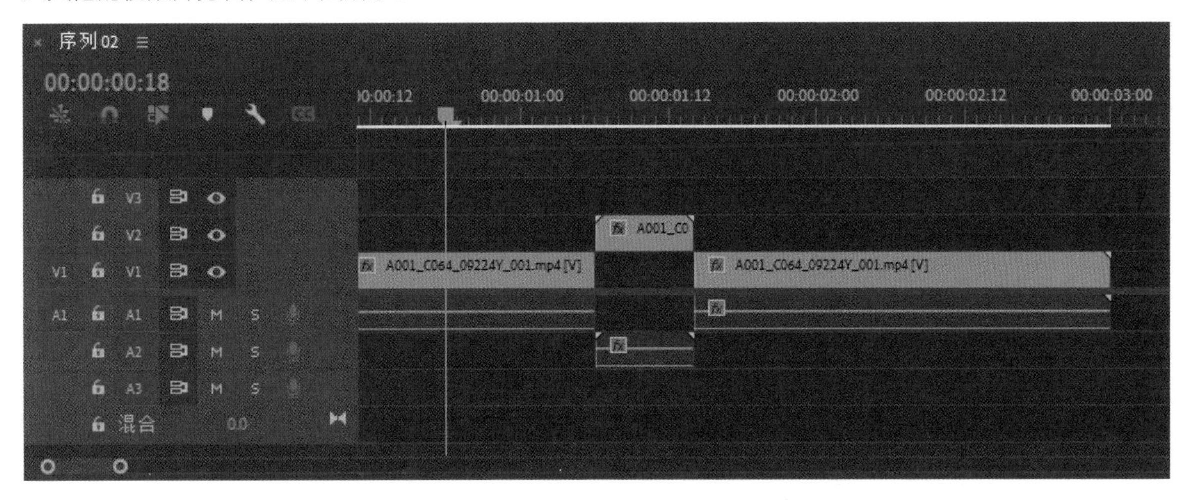

非线性编辑的原理是利用系统把输入的各种视频和音频信号进行从模拟信号到数字信号的转换，并采用数字压缩技术把转换后的数字信息存入计算机的硬盘，而不是录入磁带。这样，非线性编辑不用磁带，而是利用硬盘作为存储媒介来记录视频和音频信号。由于计算机硬盘能满足任意一幅画面的随机读取和存储，并能保证画面信息不受损失，这样就实现了视频、音频编辑的非线性。

非线性编辑系统的进步还在于它的硬件高度集成和小型化，它将传统线性编辑在电视节目后期制作系统中必备的字幕机、录像机、录音机、编辑机、切换机和调音台等外部设备集于一台计算机内，用一台计算机就能完成这些外部设备的工作，并将编辑好的视、音频信号输出。能够编辑数字视频数据的软件称为非线性编辑软件，如Adobe公司最新版本的视频软件Premiere Pro 2024，就是一款理想的非线性编辑软件。

1.2 Premiere Pro 2024的操作界面

Premiere Pro 2024是由Adobe公司推出的一款优秀的视频编辑软件，它可以帮助我们完成作品的剪辑、编辑、特效制作和视频输出等。安装Premiere Pro 2024后，双击桌面上的Adobe Premiere Pro 2024软件图标或单击桌面左下角的“开始”按钮，在打开的菜单列表中选择“Adobe Premiere Pro 2024”选项，即可启动Adobe Premiere Pro 2024。软件启动界面如右图所示。

Premiere采用了面板式的操作环境，整个用户界面由多个活动面板组成，数码视频的后期处理就是在各个面板中进行的。Premiere的工作界面主要由“项目”面板、“时间线”面板、“节目”面板、“工具”面板及菜单命令等组成，如下图所示。

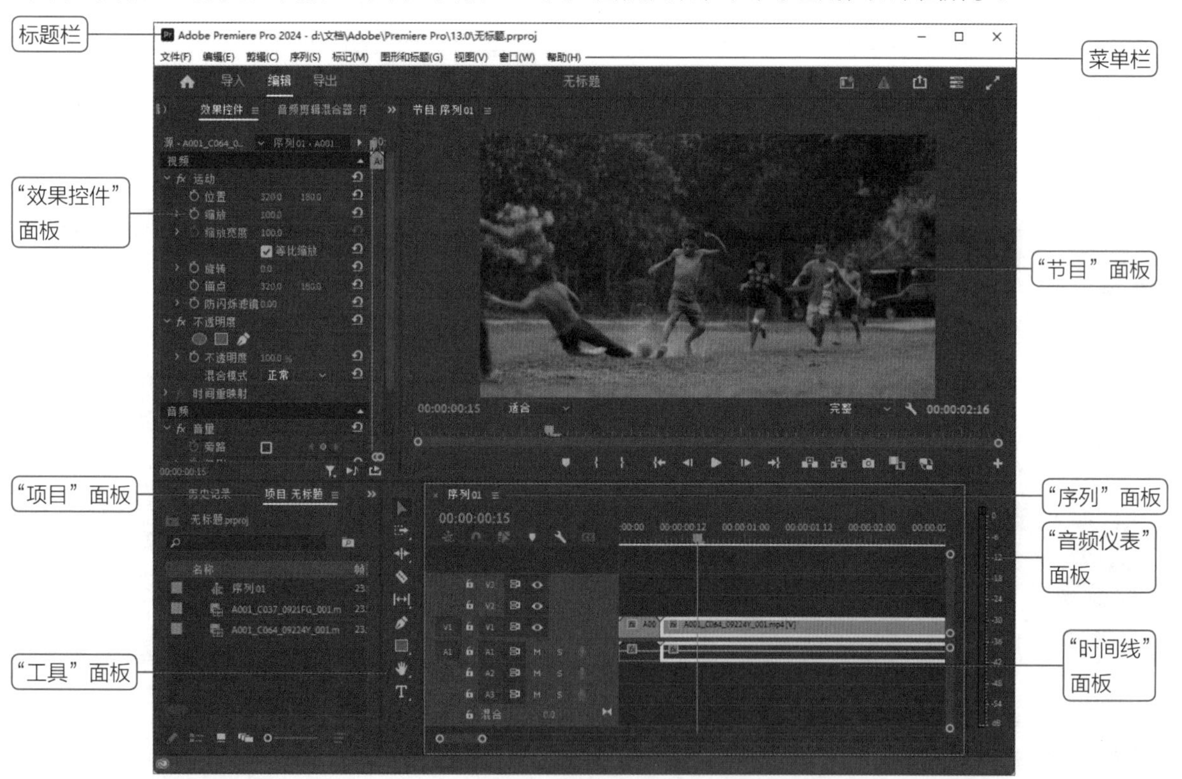

提示：调整Premiere界面的亮度

执行“编辑>首选项>外观”命令，打开“首选项”对话框，通过调整“亮度”的滑块，即可调整Premiere的界面亮度，用户可根据个人的需求来进行调整。

1.2.1 “项目”面板

“项目”面板用于对素材进行导入、存放和管理等，该面板可以用多种方式显示素材，包括素材的缩略图、类型、名称、颜色标签、出入点等信息，也可以为素材进行新建、分类、重命名等操作。“项目”面板如下页右图所示。

“项目”面板下方有多个功能按钮，从左到右分别为“列表视图”按钮、“图标视图”按钮、“自由变换视图”按钮、“自动匹配序列”按钮、“查找”按钮、“新建素材箱”按钮、“新建项”按钮、“清除”按钮等。各按钮的功能介绍如下。

- **“列表视图”按钮**❶：单击该按钮可将素材窗口中的素材以列表形式显示。
- **“图标视图”按钮**❷：单击该按钮可将素材窗口中的素材以图标形式显示。
- **“自由变换视图”按钮**❸：单击该按钮可将素材窗口中的素材以自由的形式上、下排列。
- **“自动匹配序列”按钮**❹：单击该按钮可将素材自动调整到时间线。
- **“查找”按钮**❺：单击该按钮可快速查找素材。
- **“新建素材箱”按钮**❻：单击该按钮可快速建立一个新的素材箱，便于文件的分类与管理。
- **“新建项”按钮**❼：单击该按钮可创建新项目、序列、字幕或其他元素。
- **“清除”按钮**❽：文件中有不需要的文件时，单击该按钮即可进行清除。

1.2.2 “节目”面板

“节目”面板主要用于对视频、音频素材进行预览，或监视“项目”面板中的内容。用户可以通过预览最终效果来估算编辑的效果与质量，以便进行进一步的调整和修改。“节目”面板如下图所示。

在“节目”面板的下方有多个功能按钮，下面介绍各按钮的含义。

- **“添加标记”按钮**❶：设置影片片段未编号的标记。
- **“标记入点”按钮**❷：设置当前影片位置的起始点。
- **“标记出点”按钮**❸：设置当前影片位置的结束点。
- **“转到入点”按钮**❹：单击该按钮可将时间标记移动到起始点的位置。
- **“后退一帧”按钮**❺：该按钮是对素材进行逐帧倒播的控制按钮，每单击一次该按钮，画面就会后退一帧，按住Shift键的同时单击该按钮，可每次后退5帧。
- **“播放-停止切换”按钮**/❻：单击此按钮会从“节目”面板中的时间线位置开始播放电影或素

材。在“节目”面板中，播放时按J键可进行倒播。

- **“前进一帧”按钮**❼：该按钮是对素材进行逐帧播放的控制按钮。每单击一次该按钮，播放就会前进一帧，按住Shift键的同时单击该按钮，可每次前进5帧。
- **“转到出点”按钮**❽：单击该按钮可将时间标记移动到末端位置。
- **“提升”按钮**❾：用于将轨道上入点与出点之间的内容删除，并留有空间。
- **“提取”按钮**❿：用于将轨道上入点与出点之间的内容删除，但是删除后并不留有空间，后面的素材会自动连接前面的素材。
- **“导出帧”按钮**⓫：单击该按钮可导出一帧的影片画面。
- **“按钮编辑器”**⓬：单击该按钮可调出面板中包含但未显示完全的按钮，如下图所示。

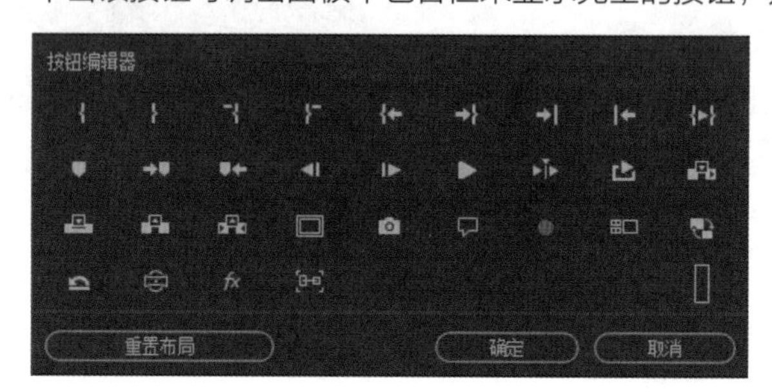

1.2.3 “时间线”面板

“时间线”面板是Premiere的核心部分，在该面板中，用户可以按照时间顺序排列和连接各种素材，实现对素材的剪辑、插入、复制、粘贴等操作，也可以叠加图层、设置动画的关键帧以及合成效果等。“时间线”面板如下图所示。

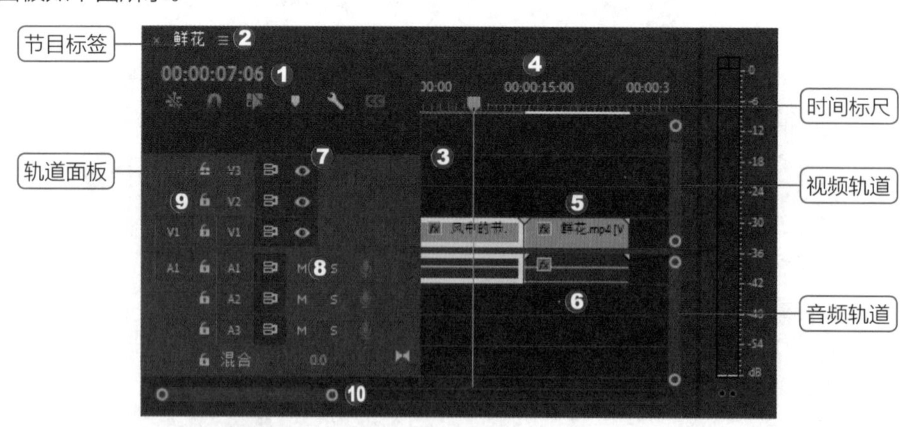

下面介绍“时间线”面板中部分按钮的含义。

- **时间码** 00:00:00:00 ❶：在这里可以显示影片播放的进度。
- **节目标签**❷：单击相应的标签可以在不同的节目之间进行切换。
- **轨道面板**❸：对轨道进行退缩、锁定等参数设置。
- **时间标尺**❹：用于表示一部电影的时间长度。时间标尺上的刻度可以代表从单帧到8分钟的时间间隔，主要取决于用户选择的时间单位。
- **视频轨道**❺：是“时间线”面板的重要组成部分，主要用来放置视频、静止图像等影像素材，为影片进行视频剪辑。
- **音频轨道**❻：主要用来放置音频素材，为影片进行音频剪辑。

- “切换视频轨道输出”按钮❼：单击此按钮，可以设置是否在“节目”面板中显示该影片。
- “静音轨道”按钮❽：单击该按钮，可以对音频进行静音，反之则播放声音。
- “轨道锁定开关”按钮❾：单击该按钮，当按钮变成状态时，当前轨道被锁定，处于不能编辑的状态，反之，则可以进行编辑。
- “滑块”❿：放大或缩小音频轨道中关键帧的显示程度。

1.2.4 “工具”面板

Premiere“工具”面板中的工具主要用于在时间线中编辑素材，具体工具如下图所示。在“工具”面板中单击相应的按钮，即可激活该按钮。

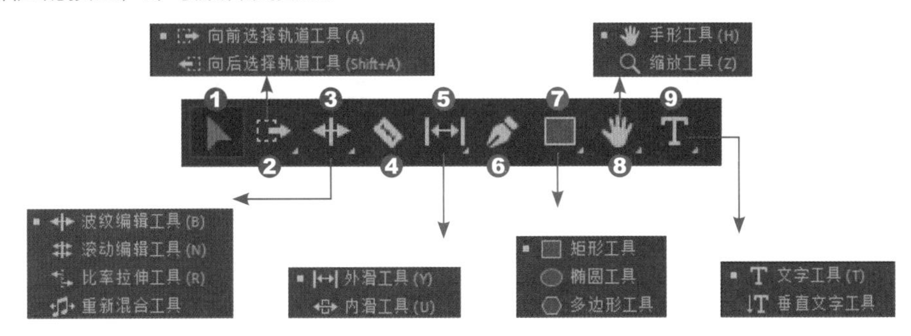

下面从左向右逐个介绍各工具的含义。

- **选择工具**❶：该工具用于对素材进行选择、移动，并可以调节素材关键帧，为素材设置入点和出点。
- **向前选择轨道工具**❷：使用该工具，可以选择某一轨道上的所有素材。该按钮中还包括向后选择轨道工具。
- **波纹编辑工具**❸：使用该工具，可以拖动素材的出点以改变素材的长度，而相邻的素材长度不变，项目片段的总长度改变。在该按钮中还包括滚动编辑工具、比率拉伸工具、重新混合工具等。
- **剃刀工具**❹：该工具用于分割素材。用剃刀工具单击轨道里的片段，则单击处被剪断。按下Shift键并单击轨道里的片段，则全部轨道里的片段都在这个时间点被剪断。
- **外滑工具**❺：该工具用于改变一段素材的入点与出点，保持总长度不变，且不会影响相邻的其他素材。在该按钮下方还包括内滑工具，该工具改变相邻素材的出入点位置。
- **钢笔工具**❻：该工具用来绘制形状，或在素材上方创建关键帧。
- **矩形工具**❼：该工具可以在“节目”面板中绘制矩形，其中还包括椭圆工具和多边形工具。
- **手形工具**❽：使用该工具，可以拖动“时间线”面板的显示位置，并且轨道里的片段不会发生改变。在该工具下方还包括缩放工具。
- **文字工具**❾：使用该工具，可在“节目”面板中插入文字，并对文字内容和字体等进行编辑。文字工具下方还包括垂直文字工具。

提示：波纹工具详解

波纹编辑工具可以改变某片段的入点或出点，改变片段长度的时候，前后相邻片段的出、入点并不发生变化，并且仍然保持相互吸合，片段之间不会出现空隙，但影片总长度会相应改变。

1.2.5 “效果控件”面板

通过“效果控件”面板可以快速创建与控制音频和视频的特效和切换效果。在“时间线”面板中选择素材文件，可以在“效果控件”面板中调整素材效果的参数，默认状态下可以调整“运动”“不透明

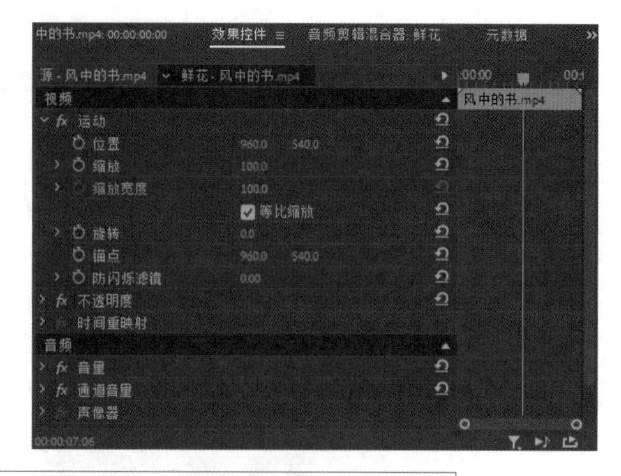

度”“时间重映射”等，以及关于音频的效果。在“效果控件”面板中也可以为素材添加关键帧并制作动画。“效果控件”面板如右图所示。

1.2.6 Premiere菜单命令

在Premiere界面中单击菜单名即可打开相应的菜单，其中包含着可以执行的各种命令，使用这些命令可以完成不同难度的操作。菜单栏中包括“文件”“编辑”“剪辑”“序列”“标记”“图形和标题”“视图”“窗口”和“帮助”9个主菜单，如下图所示。

文件(F) 编辑(E) 剪辑(C) 序列(S) 标记(M) 图形和标题(G) 视图(V) 窗口(W) 帮助(H)

（1）“文件”菜单

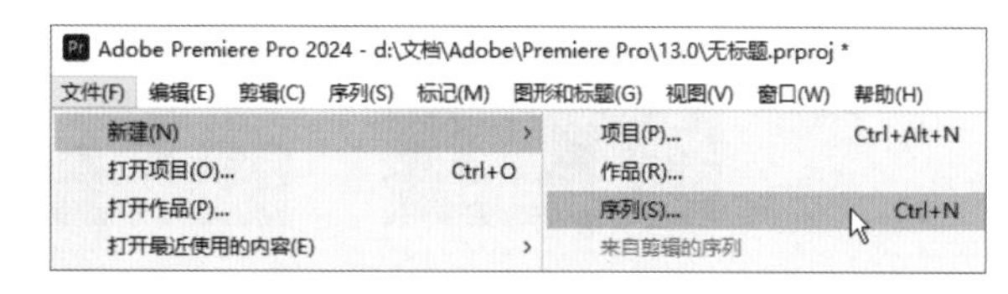

该菜单包含了标准Windows命令，如“新建”“打开项目”“关闭项目”“保存”“另存为”“还原”和“退出”命令等。该菜单还包含用于载入影片素材和文件夹的命令，例如“文件”菜单中的“新建>序列”命令，可将时间线添加到项目中，如右图所示。

（2）“编辑”菜单

该菜单包含可以在整个程序中使用的标准编辑命令，如“复制”“剪切”和“粘贴”等。“编辑”菜单也包含了用于编辑的特定粘贴功能，以及Premiere默认设置的参数。

（3）“剪辑”菜单

“剪辑”菜单包含了用于更改素材运动和透明度设置的选项，该菜单也包含在时间线内，以辅助素材的编辑。

（4）“序列”菜单

使用“序列”菜单中的命令可以在“时间线”面板中预览素材，并能更改在时间线文件夹中出现的视频和音频轨道。

（5）“标记”菜单

“标记”菜单主要用于对“时间线”面板中的素材标记和“节目”面板中的素材标记进行编辑处理。使用标记可以快速跳转到时间线的特定区域或素材中的特定帧。

（6）“图形和标题”菜单

“图形和标题”菜单主要用于对打开的图形和文字进行编辑，使用该菜单中的命令可以更改在字母设计中创建的文字和图形。

（7）“视图”菜单

“视图”菜单主要用于设置回放和暂停分辨率、显示模式和放大率，除此之外，还可以设置在“节目”监视器窗口中显示或隐藏标尺和参考线等。

（8）“窗口”菜单

“窗口”菜单主要用于管理工作区的各个窗口，并且可打开Premiere的各个面板，包含“历史记录”面板、“工具”面板、“效果”面板、“时间线”面板、“源”监视器面板等。

（9）“帮助”菜单

“帮助”菜单包含了程序应用的帮助命令，以及支持中心和产品改进计划等命令。Premiere中的“帮助”菜单与其他软件中的“帮助”菜单功能相似。

1.3 创建项目并新建序列

在Premiere中对影片进行剪辑时，一定会用到新建项目和新建序列等基本操作。项目创建操作和项目信息的设置对影片剪辑很重要，我们要认真学习好这些基本的操作。

1.3.1 创建项目

当我们需要对影片进行剪辑时，要先新建项目才能开展接下来的操作。打开Premiere Pro 2024，在打开的开始窗口中单击“新建项目”按钮，如下左图所示。然后在下一页面设置“项目名”和“项目位置”，单击“创建”按钮，如下右图所示。

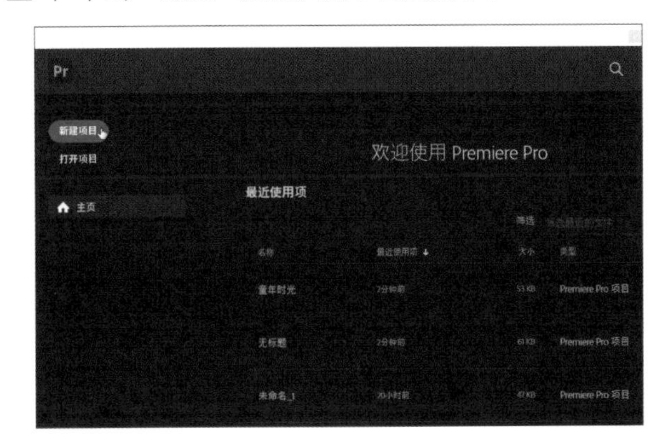

在设置“项目位置”时，单击右侧下三角按钮，在列表中选择“选择位置”选项，在打开的“项目位置”对话框中选择项目保存的路径，单击“选择文件夹”按钮，然后单击“确定”按钮，即可自定义保存路径。

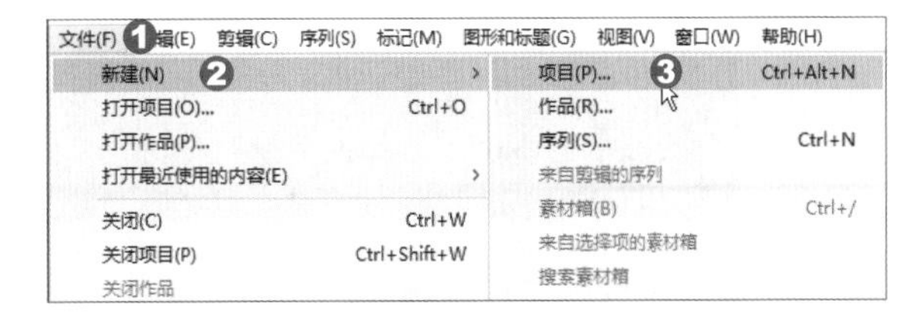

如果已经打开了Premiere Pro，在菜单栏中执行“文件❶>新建❷>项目❸”命令，如右图所示，即可创建一个新项目文件。

此外，我们可以打开已有的项目文件，并对该文件进行编辑处理。如在开始窗口中单击“打开项目”按钮，或执行“文件>打开项目”命令，弹出“打开项目”对话框，浏览并选择之前保存过的项目即可。

Premiere中的保存项目文件操作与大多数软件的类似，对于编辑过的项目，直接选择“文件>保存”命令或按Ctrl+S组合键进行保存。另外，系统还会每隔一段时间自动保存一次项目。

提示：快速打开近期项目文件

选择“文件>打开最近项目”命令，在其子菜单中选择需要打开的项目文件，即可快速打开该文件。

1.3.2 新建序列

序列是Premiere特有的文件格式类型。执行“文件>新建>序列”命令，会弹出“新建序列”对话框，在“序列预设”选项卡中可设置序列的存储名称以及预设参数等。常用的序列设置是“DV-PAL”中的“标准48kHz”，如下左图所示。在“设置”选项卡中也可对序列进行更为详细的参数设置，如下右图所示。

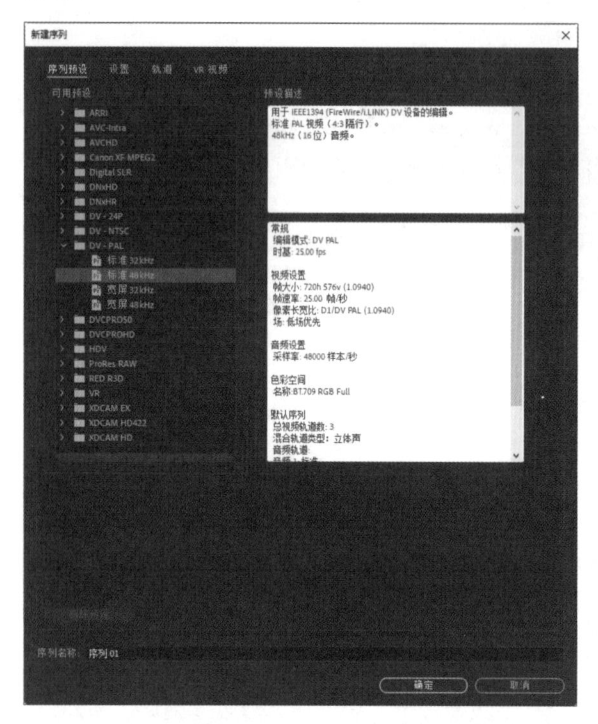

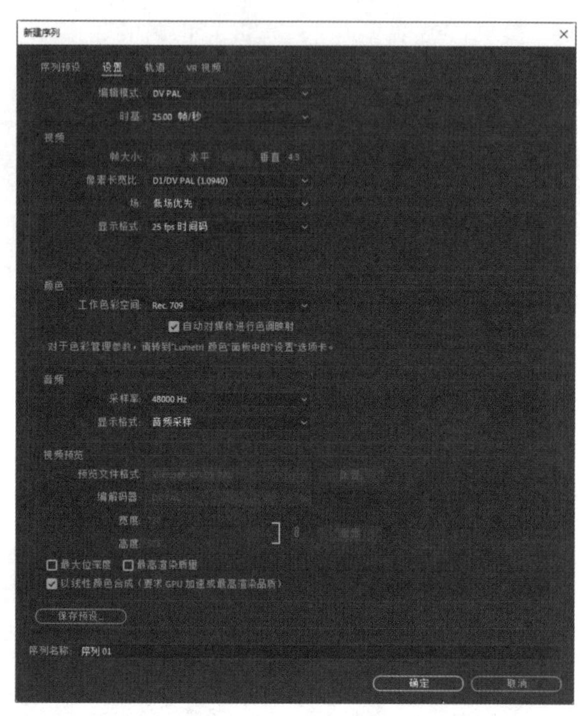

在“设置”选项卡中，将“编辑模式”改为“自定义”，就可以设置专属于用户自己的序列参数了。“时基”设置的是帧数，帧数越高，剪辑的预渲染效果越好，如下左图所示。在“视频”区域中可以设置像素的宽和高的数值，如下右图所示。制作节目的时候，一般将“场”设置为“无场”，否则会出现从上到下或者从下到上的扫描线。

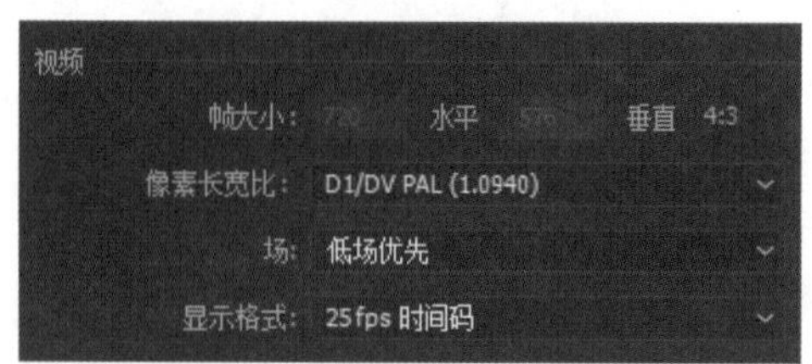

“音频”区域中可以设置音频“采样率”，数值越高则声音越清晰；“显示格式”默认选择“音频采样”，如下左图所示。“视频预览”区域中可以设置剪辑过程中视频预览的画面参数，包括“编解码器”“宽度”“高度”等，如下右图所示。

在影片剪辑过程中，也有可能用到多个序列。用户只要在“项目”面板的空白处右击，在快捷菜单中选择“新建项目>序列”命令，就可以打开“新建序列”对话框。然后设置序列参数，就可以再建一个完全不同的序列，满足视频编辑要求。序列只是工程文件，并不是实际导出效果，实际导出效果是在菜单栏中执行“文件>导出>媒体”命令，在打开的“导出”对话框中设置，序列影响的只是剪辑体验，而非最终效果。

1.4 导入素材

在影片的剪辑过程中，需要对素材进行导入以丰富作品内容。一般的导入素材的方法是执行“文件>导入”命令，通过弹出的“导入”对话框导入素材。在实际操作中，用户也可以直接在“项目”面板的空白处双击，然后通过“导入”对话框导入素材。

1.4.1 可导入素材的类型

打开“导入”对话框，在文件夹中浏览并添加要导入的素材文件。在“文件名”文本框的右侧单击“所有支持的媒体”按钮，如下左图所示。可看到支持导入素材的文件类型，如下右图所示。

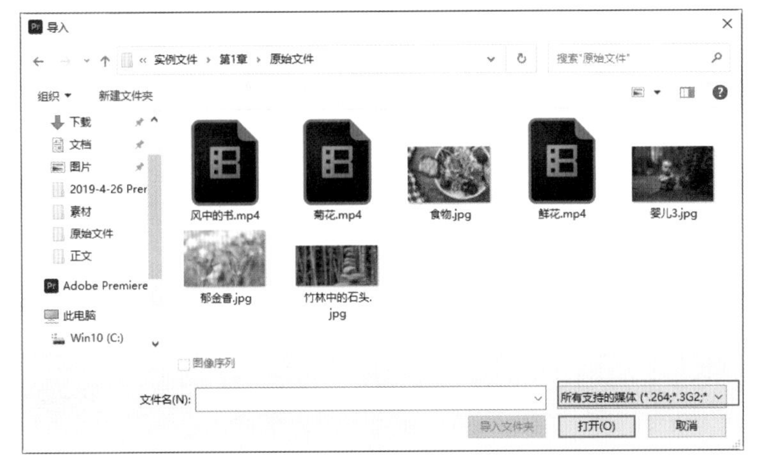

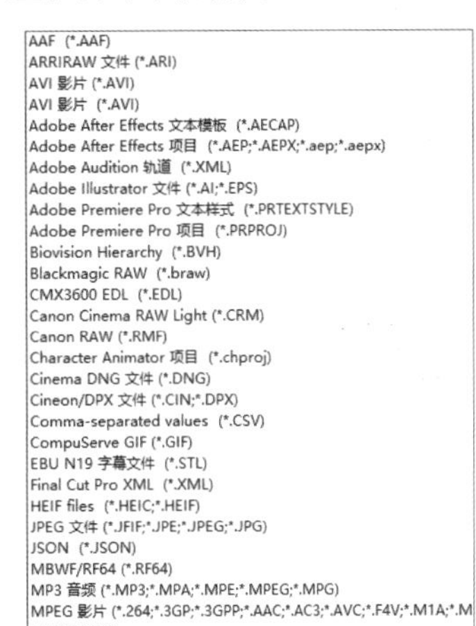

在支持导入的素材文件类型中，有静态图片格式，如jpeg、png等格式；有影片格式，如avi、mov、mp4等格式；还有声音文件格式，如mp3、wma等格式；此外，还有psd、Illustrator等含有图层的文件格式。

1.4.2 编辑素材

素材的编辑包括对素材文件进行解释、查找、重命名以及创建文件夹进行分类管理等。

(1) 解释素材

对于项目的素材文件，可以通过解释素材来修改其属性。在“项目”面板中的素材上单击鼠标右键，在弹出的快捷键菜单中选择“修改>解释素材”命令，弹出“修改剪辑”对话框，在“解释素材”选项卡中显示了素材的相关属性，如下页左图所示。

(2) 查找素材

在Premiere中，用户可根据素材的名称、属性或标签等在“项目”面板中搜索素材，然后便可找到所有文件名称或格式相同的素材。单击“项目”面板底部的“查找”按钮，或者在“项目”面板的空白处单击鼠标右键，在弹出的快捷菜单中选择“查找”命令，即可弹出“查找”对话框，设置相关参数后即可进行查找，如下右图所示。

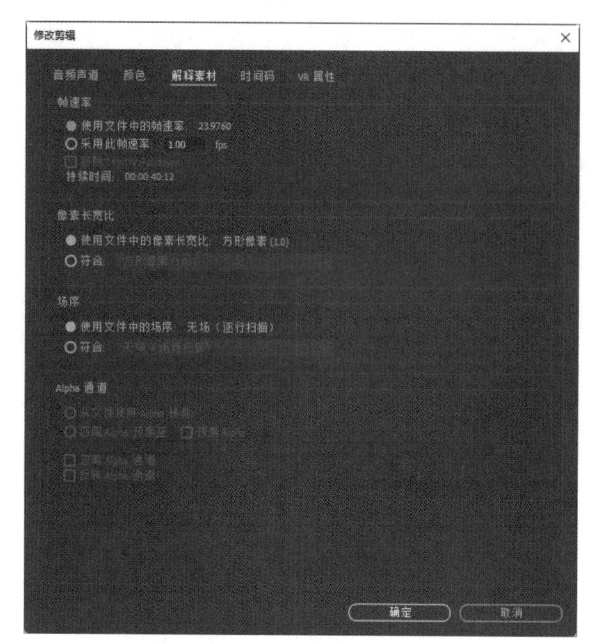

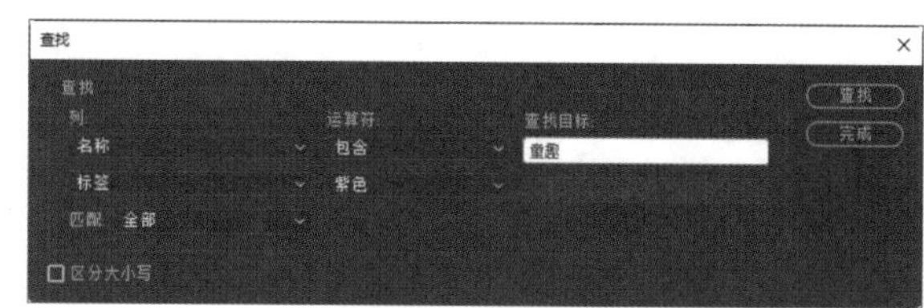

（3）重命名素材

在“项目”面板中的素材上单击鼠标右键，在弹出的快捷菜单中选择“重命名”命令，或者在素材的名称上方单击两次，当素材的名称变为可编辑状态，可对素材名称进行修改，如下左图所示。

（4）利用素材箱组织素材

用户可以在“项目”面板建立一个素材箱（文件夹）来管理素材。单击“项目”面板底部的“新建素材箱”按钮，或者在页面中右击，在快捷菜单中选择“新建素材箱”命令，即可创建素材箱。通过创建素材箱，可以将素材分门别类地组织起来，这在组织大量素材时非常实用，如下右图所示。

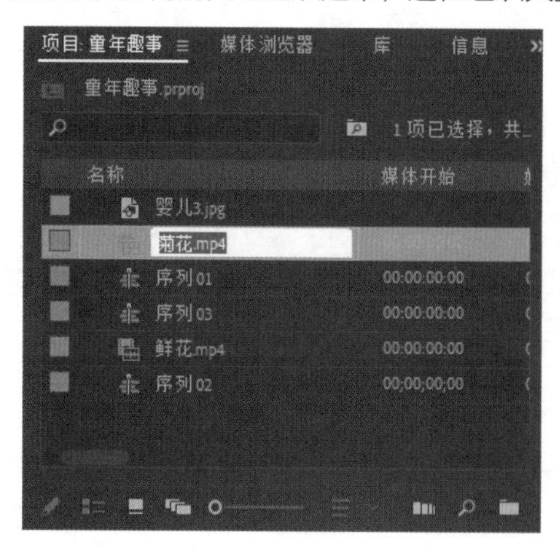

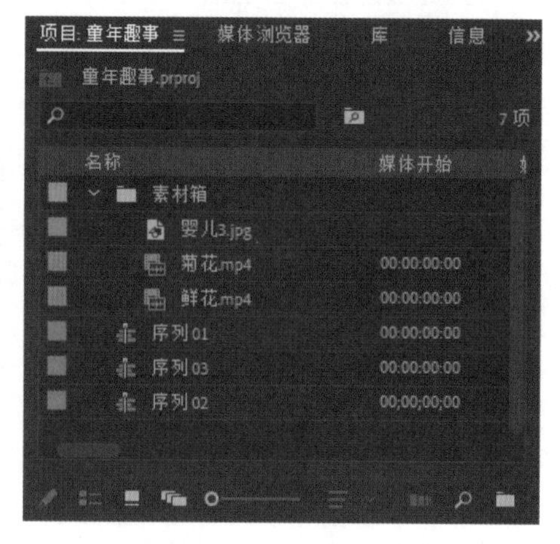

（5）标记素材

标记是一种辅助性的工具，其主要功能是方便用户查找和访问特定的时间点。Premiere可以设置序列标记、Encore章节标记和Flash提示标记。在“标记”菜单下，可以设置素材的入点与出点，如下页左图所示。在子菜单中选择“添加章节标记”命令，可以设置章节标记，设置面板如下页右图所示。除此之外，还有许多标记类型可供用户添加。

如果用户在使用标记的过程中发现有不需要的标记，可以将其删除。在“时间线”面板中的标尺上单击鼠标右键，在弹出的快捷菜单中选择“清除所有标记”命令，即可将“时间线”面板中的所有标记清除。

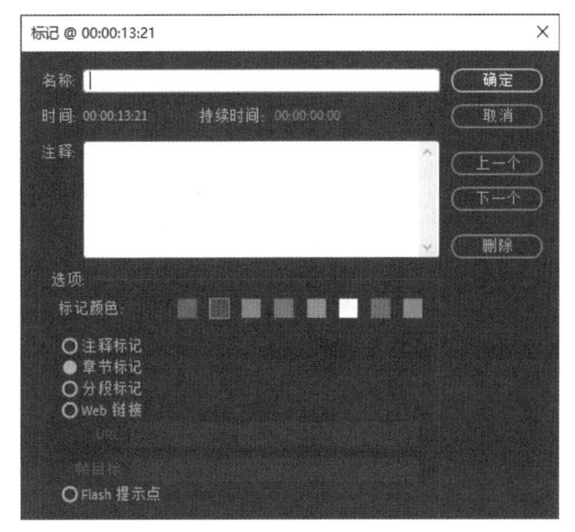

（6）离线素材

在对源文件进行重命名或者移动位置后，系统会提示找不到原素材，如下左图所示。此时可建立一个离线文件进行替代。找到所需文件后，再用该文件替换离线文件，即可进行正常编辑。离线文件具有与源文件相同的属性。

选择“项目”面板中需要脱机的素材，执行“脱机”命令，在弹出的“设为脱机”对话框中选择所需的选项，即可将选择的素材文件设置为脱机，如下右图所示。

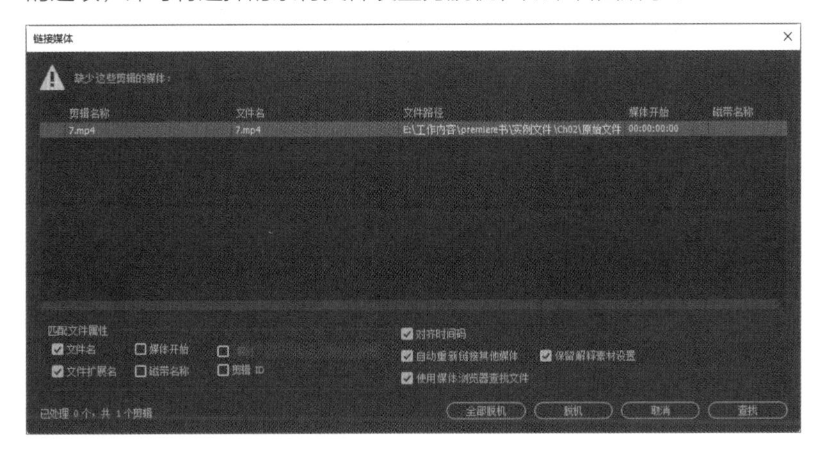

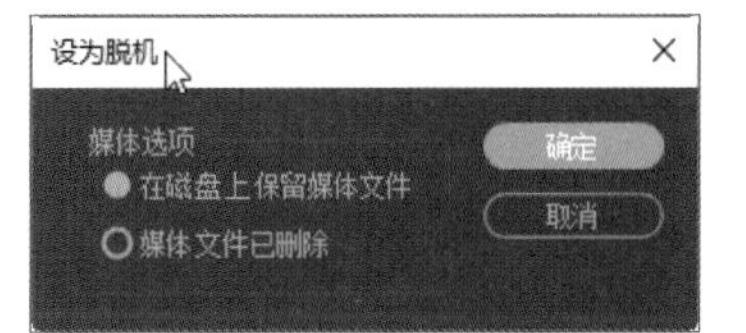

1.4.3 创建新素材

在Premiere中，除了运用导入的素材，还可以创建一些新的素材来丰富我们的影片。

（1）彩条与黑场视频

利用Premiere，我们可以在影片中创建一段彩条或黑场视频。彩条视频一般放在片头，其作用是测试各种颜色是否正确。黑场视频一般加在片头或两个素材之间，目的是增加转场效果，使视频衔接过渡更为自然。

在“文件”菜单中选择“新建>彩条”命令，或者在“项目”面板底部单击“新建项”按钮，在列表中选择“彩条”选项，即可创建彩条，如下页左图所示。在“文件>新建”子菜单中选择“黑场视频”命令，即可创建黑场，如下页右图所示。

（2）颜色遮罩

在Premiere中，我们可以在影片中创建一个彩色蒙版，用户可以将其作为背景，也可以利用“透明度”命令来设定与其相关的色彩透明度。

在“文件”菜单中选择“新建>颜色遮罩”命令，或者单击“项目”面板底部的“新建项”按钮，在列表中选择“颜色遮罩”选项，打开“新建颜色遮罩”对话框，如下左图所示。对相应的参数进行设置，并单击“确定”按钮，然后在弹出的“拾色器”对话框中选择相应的颜色，单击“确定”按钮，即可创建颜色遮罩，如下右图所示。

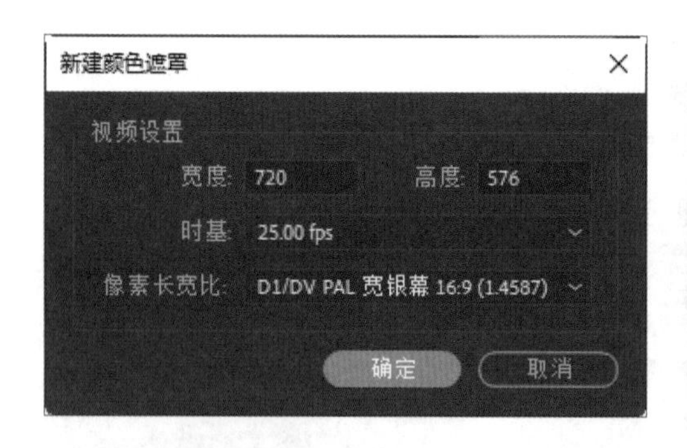

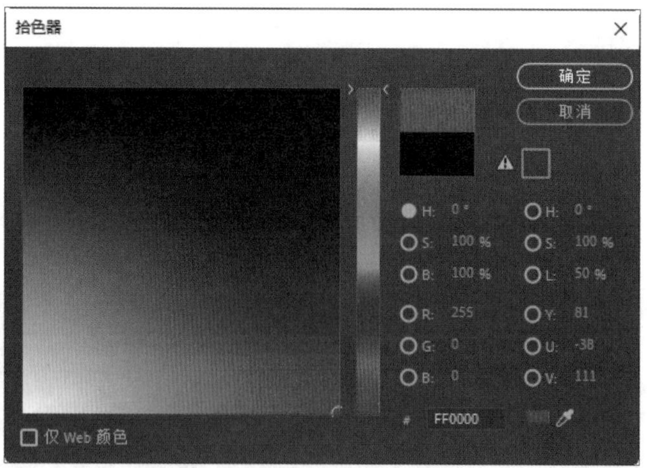

（3）透明视频

在Premiere中，我们可以在影片中创建一个透明的视频层，该视频层能够应用特效到一系列的影片剪辑中，而无须重复地复制和粘贴属性。只要应用一个特效到透明视频轨道上，特效结果将自动出现在下面所有的视频轨道中。

在“文件”菜单中选择“新建>透明视频”命令，在打开的“新建透明视频”对话框中对视频参数进行设置，单击“确定”按钮，即可创建透明视频，如右图所示。

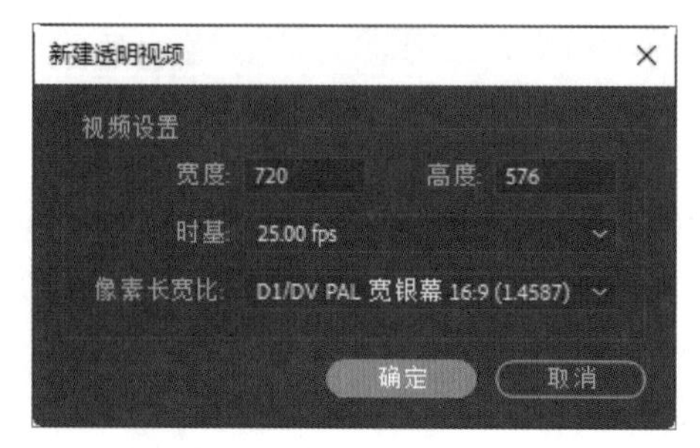

（4）通用倒计时片头

倒计时片头是在视频短片中经常使用的开场内容，常用来提醒观众集中注意力观看短片。在Premiere中，使用通用倒计时片头功能创建数字倒计时片头动画时，可以非常方便地对画面效果进行设置，并随时可以修改。

在“文件”菜单中选择“新建>通用倒计时片头”命令，打开“新建通用倒计时片头”对话框，对参数进行设置，如下左图所示。单击“确定”按钮，打开“通用倒计时设置”对话框，如下右图所示。

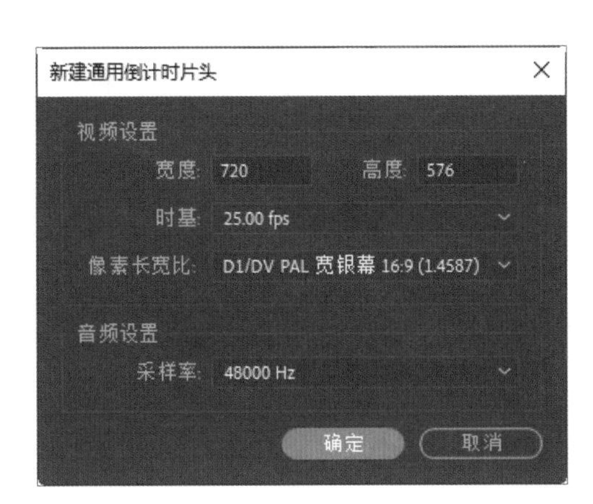

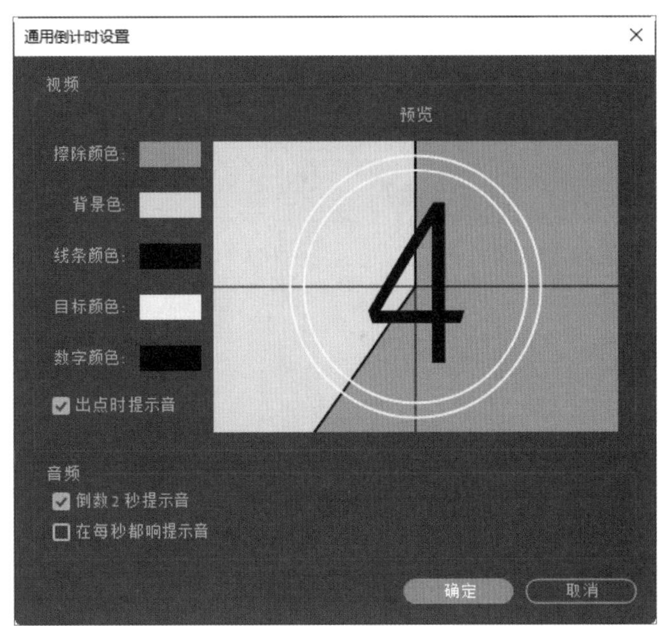

单击“擦除颜色”后面的色块，在弹出的“拾色器”对话框中设置相应的颜色，如下左图所示。在“通用倒计时设置”对话框中，可以对其他颜色进行设置，也可以勾选“在每秒都响提示音”复选框。设置完成后观看播放效果，如下右图所示。

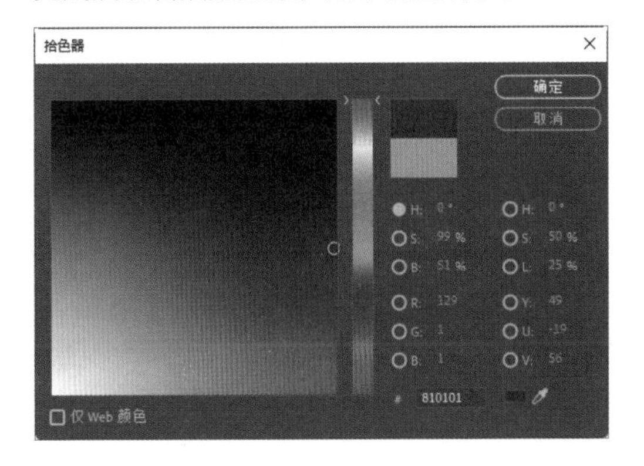

1.5 编辑素材

导入素材之后，接下来可以在“时间线”面板中对素材进行编辑。在Premiere中编辑素材包括设置素材的入点与出点、插入和覆盖素材、切割素材、提取与分离素材，以及修改素材的播放速率等内容。

1.5.1 设置素材的入点和出点

入点表示素材开始帧的位置，出点表示结束帧的位置。“源”监视器面板中，入点与出点范围之外的内容与原素材是分离开的，在时间线中，这一部分不会显示。改变入点与出点的位置就能改变素材在时间线上的长度。下面介绍设置素材入点和出点的具体操作方法。

步骤 01 在“项目”面板中导入“彩色墨水.mp4”视频文件，然后双击添加的素材，在“源”监视器面板中打开，如下左图所示。

步骤 02 在“源”监视器面板中按空格键或者拖动时间标记来浏览素材，找到开始的位置，单击当前面板底部的“标记入点”按钮，入点位置左侧的颜色不变，右侧变为灰色，如下右图所示。

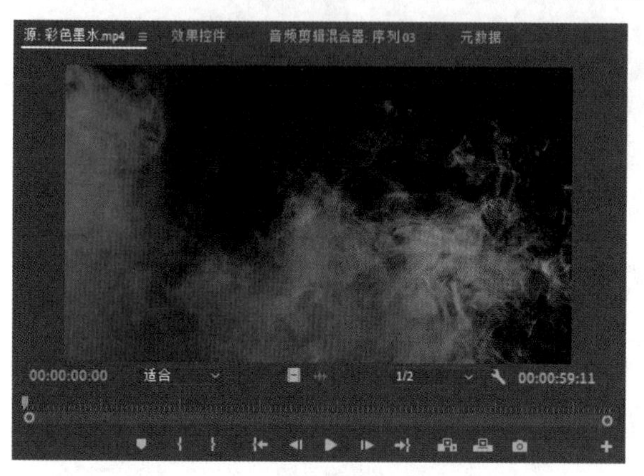

步骤 03 浏览影片并找到结束的位置，单击“标记出点”按钮，出点位置左侧保持为灰色，出点位置右侧的颜色不变，如右图所示。

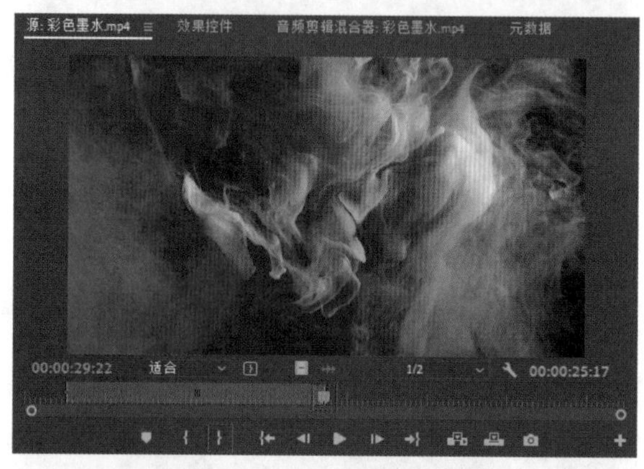

步骤 04 素材的入点与出点设置完成，将“源”监视器面板中的素材画面拖到时间线上，在时间线上显示的长度就是“源”监视器设置完入点与出点的灰色部分，如右图所示。

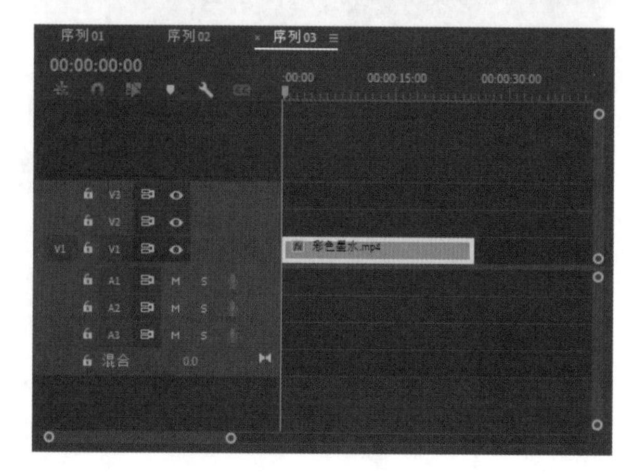

1.5.2 插入和覆盖素材

在影片剪辑中，经常需要执行插入或覆盖操作。用户可以从“项目”面板或“源”监视器面板将素材放入“时间线”面板，在“源”监视器面板中单击“插入”和“覆盖”按钮，将素材直接放入“时间线”面板中时间标记所在的位置。

“插入”按钮 和“覆盖”按钮 可以将“源”监视器面板中的片段直接置入“时间线”面板的时间标记位置的当前轨道中。

（1）插入素材

使用插入工具插入片段时，凡是处于时间标记之后的素材都会向后推移。如果时间标记位于轨道中的素材之上，插入新的素材时，会把原有素材分为两段，并直接插在其中，原有素材的后半部分便会向后推移，接在插入的素材之后。

在“源”监视器面板中选中要插入“时间线”面板中的素材，并为其设置入点与出点。在“时间线”面板中将时间标记移动到需要插入素材的时间点，如下左图所示。

单击“源”监视器面板下方的“插入”按钮，将选择的素材插入“时间线”面板中，新素材便会直接插入其中。原有素材将分为两段，后半部分会向后移，衔接在新素材之后，如下右图所示。

（2）覆盖素材

使用覆盖工具覆盖素材时，插入的素材会将时间标记后面原有的素材覆盖。首先在“源”监视器面板中选中要插入“时间线”面板中的素材，并为其设置入点与出点。在“时间线”面板中将时间标记移动到需要插入素材的时间点。

然后单击“源”监视器面板下方的“覆盖”按钮，将选择的素材插入“时间线”面板中，加入的新素材便覆盖了原有的素材，如下图所示。

1.5.3 切割素材

在“时间线”面板中，需要对添加的素材进行分割，才能开展后续的操作。素材切割需要用到剃刀工具。单击“剃刀工具”按钮后，单击“时间线”面板上的素材片段，素材会在单击处分割。当裁切点靠近时间标记，会被吸到时间标记所在的位置，素材便会从时间标记处裁切开。我们也可以将时间标记定位在需要分割的位置，按Ctrl+K组合键，在定位处分割素材。分割后的素材如下左图所示。

如果要将多个轨道上的素材在同一点分割，则需在按住Shift键的同时使用剃刀工具，此时所有未锁定的轨道上的素材都会在该位置被分割成两段。我们也可以将时间标记定位在需要分割素材的位置，按Ctrl+Shift+K组合键在定位处分割所有素材，如下右图所示。

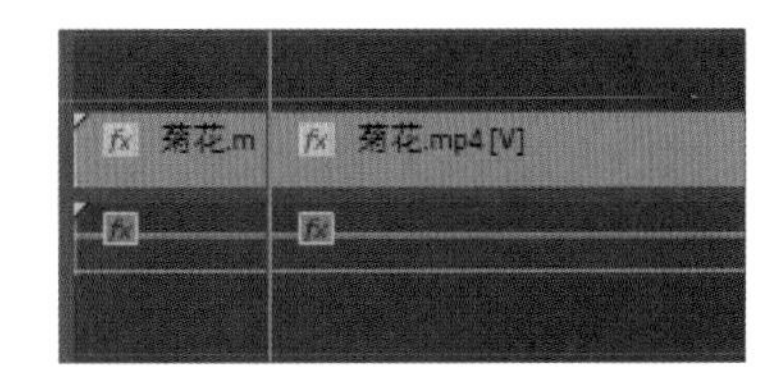

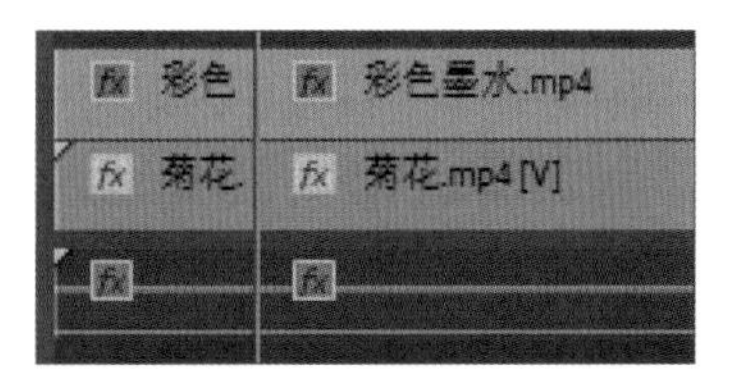

1.5.4 提升和提取素材

单击“提升”按钮和“提取”按钮可以在“时间线”面板的指定轨道上删除指定的一段素材。该操作与插入或覆盖操作很像，但是它们的按钮功能差别很大。提升和提取只能在“节目”面板中操作，在“源”监视器面板中没有“提升”和“提取”按钮。

（1）提升素材

使用提升工具修改影片时，只会删除目标轨道上选定范围内的素材片段，对其前、后的素材及其他轨道上的素材不会产生影响。首先在“节目”监视器窗口中，为素材需要提取的部分设置入点与出点，如下左图所示。然后单击“节目”面板下方的“提升”按钮，入点与出点之间的素材将被删除，如下右图所示。

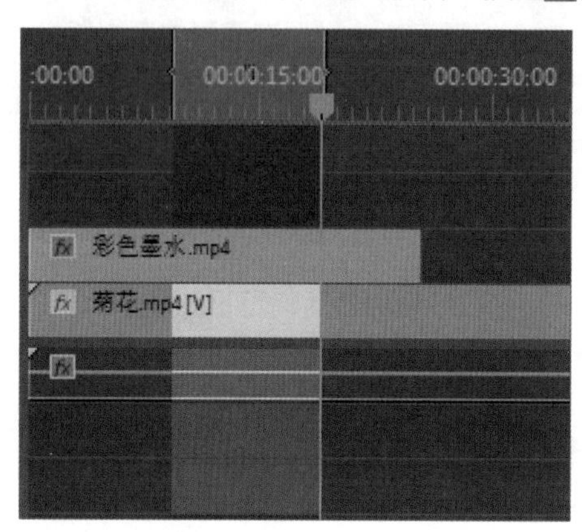

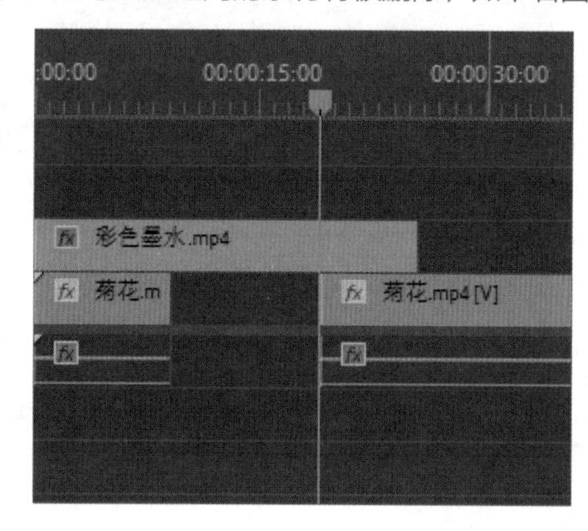

（2）提取素材

使用提取工具修改影片时，不但会删除目标轨道上选定范围内的素材片段，还会对其后面的素材进行前移，填补空缺。此外，其他未锁定轨道之中但位于该选择范围内的片段也会被一并删除，其后面的素材将前移。

在“节目”监视器窗口中，为素材需要提取的部分设置入点与出点，如下左图所示。单击“节目”监视器窗口下方的“提取”按钮，入点与出点之间的素材被删除，其后面的素材自动前移填补空缺，如下右图所示。

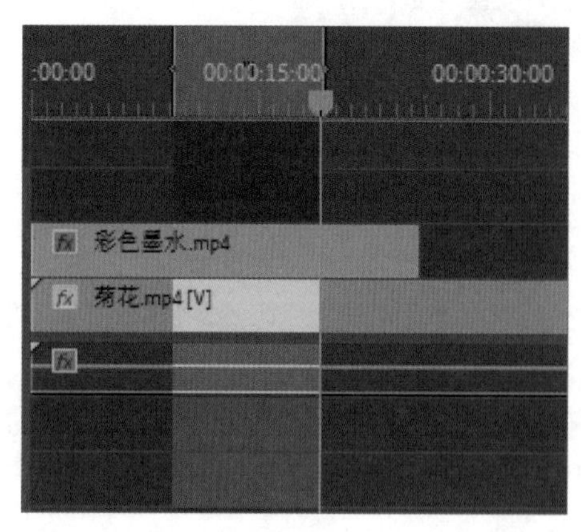

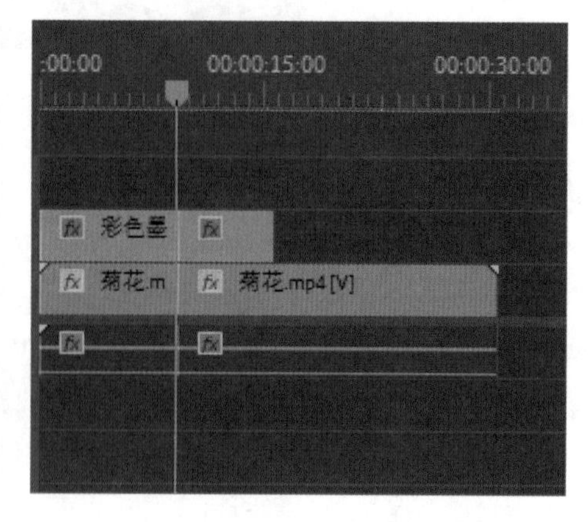

1.5.5 分离和链接素材

分离和链接素材可以将素材中的视频和音频进行分离并单独操作，也可以链接在一起进行成组操作。

分离素材时，首先要在“时间线”面板中选中需要分离的音频或视频素材，在菜单栏中执行“剪辑>

取消链接”命令（或者按Ctrl+L组合键）。也可以在分离的素材上右击❶，在弹出的快捷菜单中选择“取消链接”命令❷，如下左图所示，分离该素材的视频和音频。

链接素材与分离素材操作相反，即将需要链接的音频或视频素材链接在一起。选择需要链接的音频和视频并右击❶，在弹出的快捷菜单中选择“链接”命令❷，如下右图所示。随即该素材的视频和音频便被链接在一起。

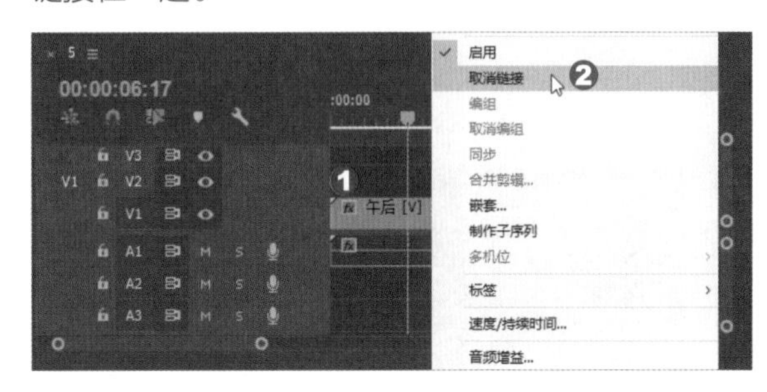

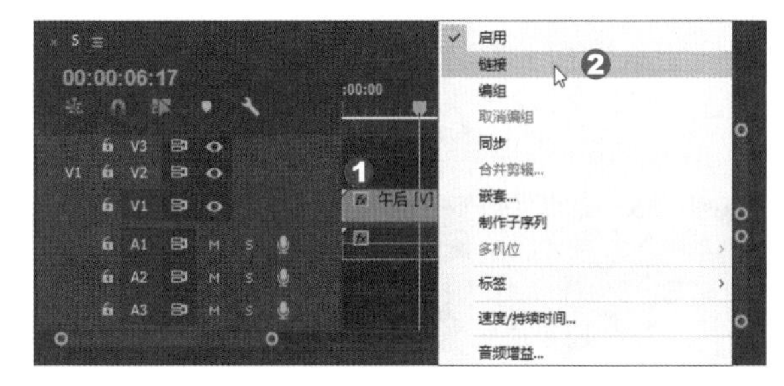

1.5.6 修改素材的播放速率

在编辑素材过程中，我们可以使用比率拉伸工具来修改素材的播放速率。在“波纹编辑工具”按钮上长按鼠标左键，在弹出的列表中选择“比率拉伸工具”选项，即可调出该工具。

单击“比率拉伸工具”按钮，将光标放到“时间线”面板轨道中一个片段的开始或者结尾处，当光标变成下左图中的双箭头与红色中括号的组合图标时，按住鼠标左键向左或向右拖动，可使该片段缩短或延长，如下右图所示。入点与出点不变，当片段缩短时，播放速率加快，反之则变慢。

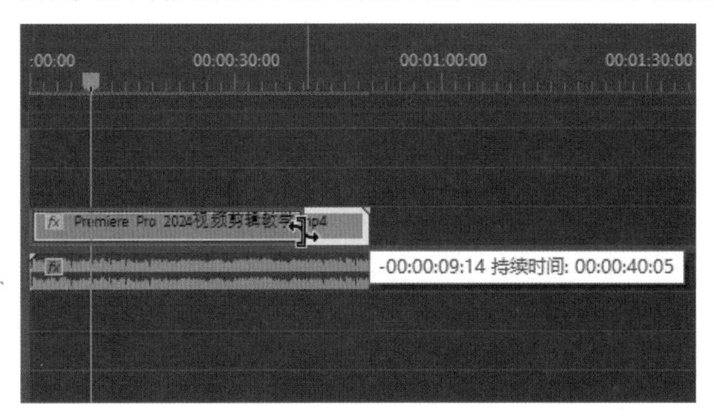

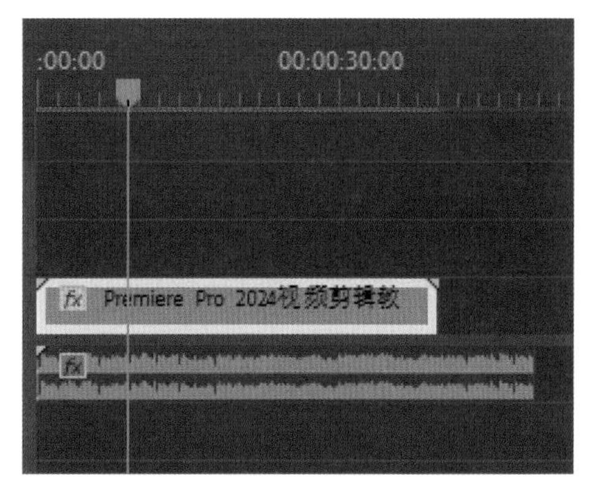

在修改片段播放速率时，还有一种更加精确的方法，即选中轨道里的一段素材并右击❶，在弹出的快捷菜单中选择“速度/持续时间”命令❷，如下左图所示。在弹出的“剪辑速度/持续时间”对话框中设置“速度”或“持续时间”参数，如下右图所示。

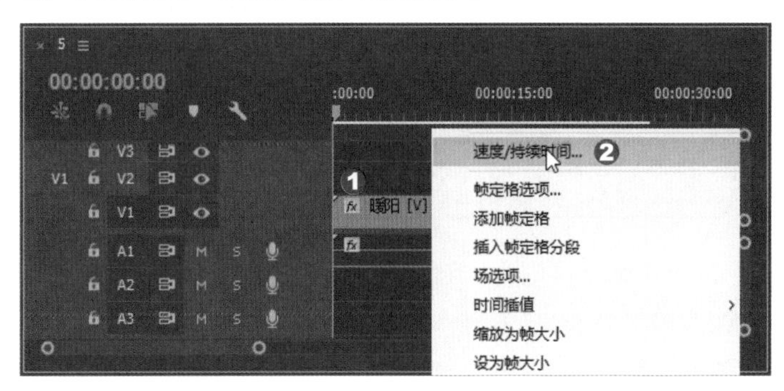

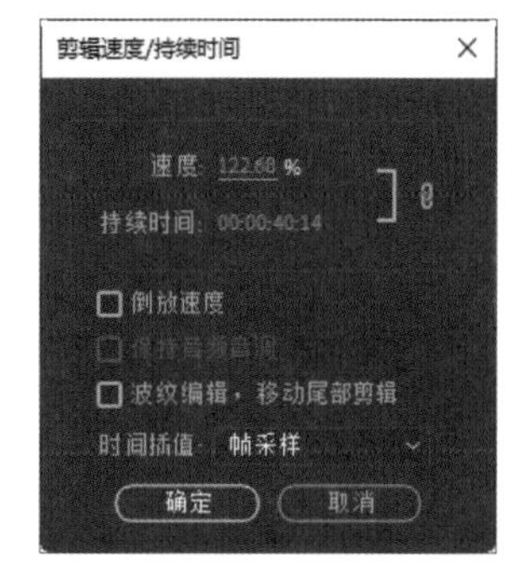

实战练习 制作电子相册

学习了素材编辑的相关内容后，下面我们将通过制作电子相册的实例对所学知识进行巩固。本实战练习主要应用分割素材、删除素材以及“时间线”面板等工具，下面介绍具体操作方法。

步骤 01 打开Premiere Pro软件，创建新项目并命名为“电子相册”。然后新建序列，设置预设序列为“DV-PAL”中的“标准 48kHz”，单击“确定”按钮，如下左图所示。

步骤 02 执行“文件>导入”命令，打开“导入”对话框，将准备好的jpg格式的图片导入“项目”面板中，如下右图所示。

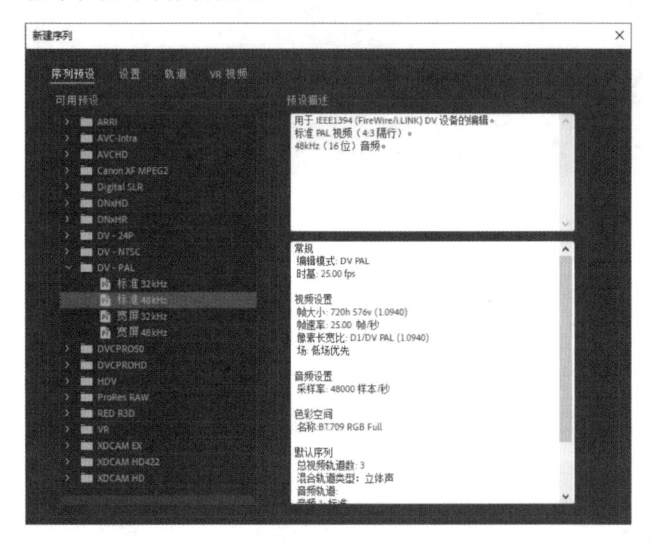

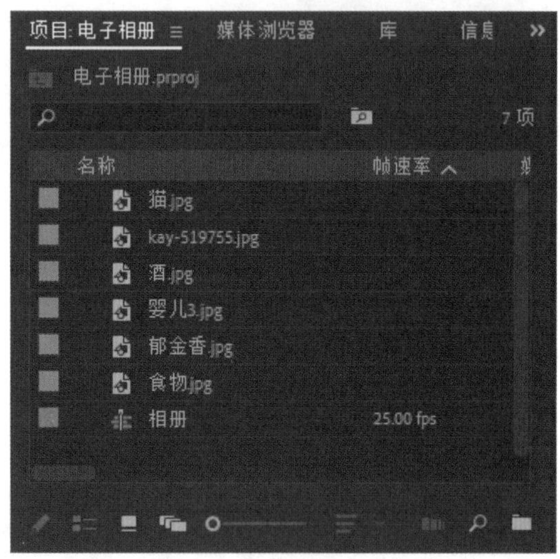

步骤 03 在“项目”面板中选中添加的素材并右击，在快捷菜单中选择“速度/持续时间”命令。打开“剪辑速度/持续时间”对话框，设置“持续时间”为3秒，如下左图所示。

步骤 04 将所有素材拖到“时间线”面板中的V1轨道上，并按顺序排列，此时每个素材的持续时间为3秒，如下右图所示。

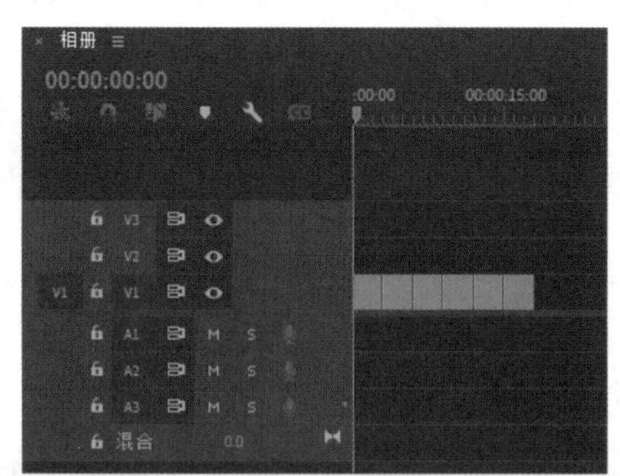

提示：Premiere中导入图片的默认时长

在Premiere中导入静止图片的默认持续时间为5秒，本实例将时间统一设置为3秒。我们可以将图片素材拖到“时间线”面板的对应轨道上，然后根据项目要求改变其时长。

步骤 05 选择素材，在“效果控件”面板中调整“位置”和“缩放”的值，使画面充满整个页面，并将图片的主体调整到画面中间位置。例如添加“猫.jpg”素材，在“效果控件”面板中设置其“缩放”为20、“位置”为（440，288），如下页图所示。

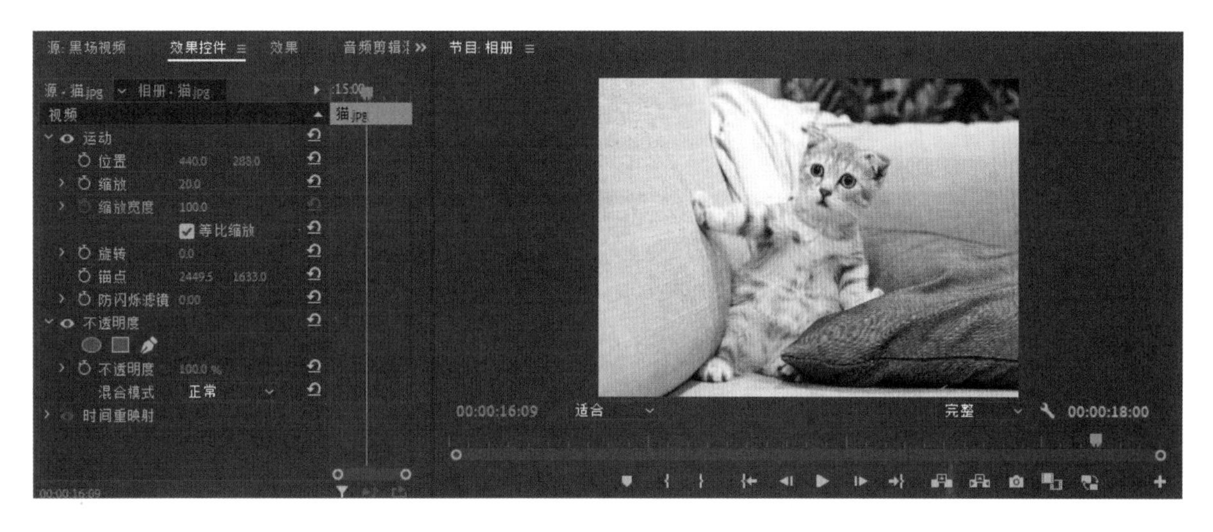

步骤 06 导入准备好的“配乐.mp3”文件，并将其拖到“时间线”面板中的A1轨道上，如下图所示。

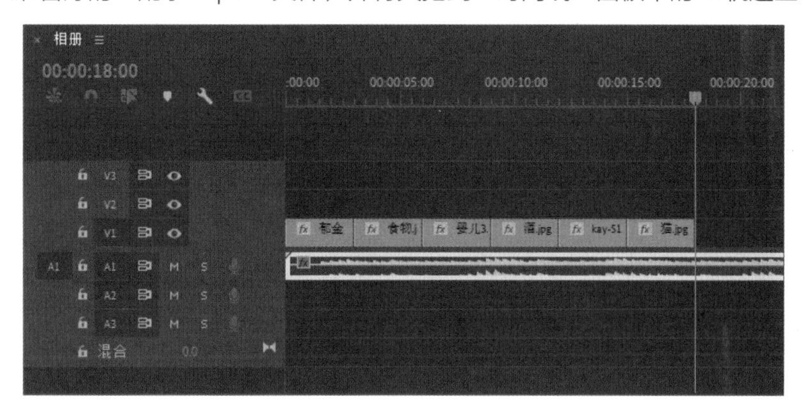

步骤 07 最后使用剃刀工具裁剪多余的音频素材，如下图所示。再选择多余的音频文件并删除，即可完成电子相册的制作。

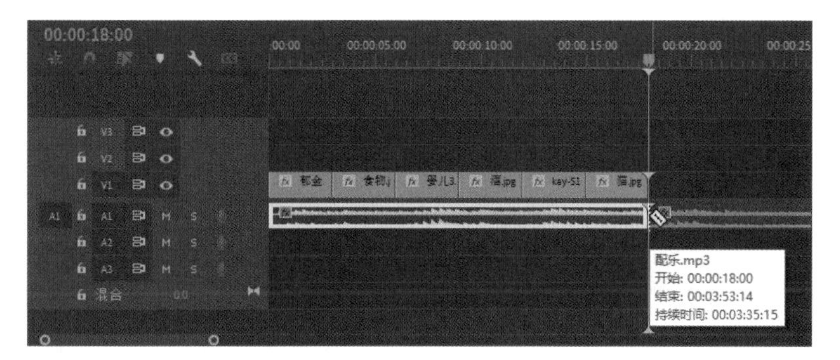

提示：增加视频的效果

因为本节我们只学习了素材的编辑操作，所以本实战练习仅对素材进行处理，没有增加视频的相关效果。为音频或视频添加效果或者过渡的方法将在之后的章节中学习，那时我们可以使电子相册的效果更加丰富。

知识延伸：视频编辑中的其他常用术语

了解视频编辑中的常用术语，可以更好地帮助我们理解视频编辑的操作方法和步骤。因为录像带必须按照顺序编辑，传统的视频编辑手段是视频素材从一端进入，在标记、剪切和分割等操作后，从另一端出去。这种编辑方式称为线性编辑。而非线性编辑是以计算机为载体，应用数字技术，完成传统制作工艺中包括编辑控制台、调音机、切换台、实际校准器等在内的十几套机器才能完成的影视后期编辑合成以及特技制作任务，并且编辑后可以方便快捷地随意修改而不降低图像的质量。

视频编辑中的常见术语介绍如下。

- **场**：电视信号扫描一般为隔行扫描，扫描一次构成一个场。
- **上场优先**：奇场优先。
- **下场优先**：偶场优先。
- **帧**：视频或动画中的单个图像。
- **帧/秒（帧速率）**：每秒捕获的帧数或每秒播放的视频、动画序列的帧数。
- **关键帧**：素材中特定的帧，它被标记是为了特殊编辑或控制整个动画。创建一个视频时，在需要大量数据传输的部分指定关键帧有助于控制视频回放的平滑程度。
- **动画**：通过迅速显示一系列连续图像而产生动作的模拟效果。
- **转场效果**：一个视频剪辑代替另一个视频剪辑的切换过程。
- **导入**：将一组数据或文件从一个程序置入另一个程序的过程。
- **导出**：在应用程序之间分享文件的过程。导出文件时，要设置数据转换为接收程序可以识别的格式，源文件保持不变。
- **渲染**：将各种编辑对象及特效组合成单个文件的过程。

上机实训：午后公园的视频剪辑

扫码看视频

本章我们认识了Premiere Pro 2024的工作界面，并学习了创建项目、新建序列、导入素材以及编辑素材等操作。下面通过制作午后公园的短视频，进一步巩固所学内容。具体操作方法如下。

步骤 01 启动Premiere软件，在菜单栏中执行“文件>新建>新建项目”命令，或按下Ctrl+Alt+N组合键，在打开的页面中设置“项目名”为“午后公园”，设置保存路径后，单击“创建”按钮，如右图所示。

步骤 02 再按下Ctrl+N组合键，打开“新建序列”对话框，在“可用预设”区域展开“DV-PAL”，选择“宽屏 48kHz”选项，如右图所示。

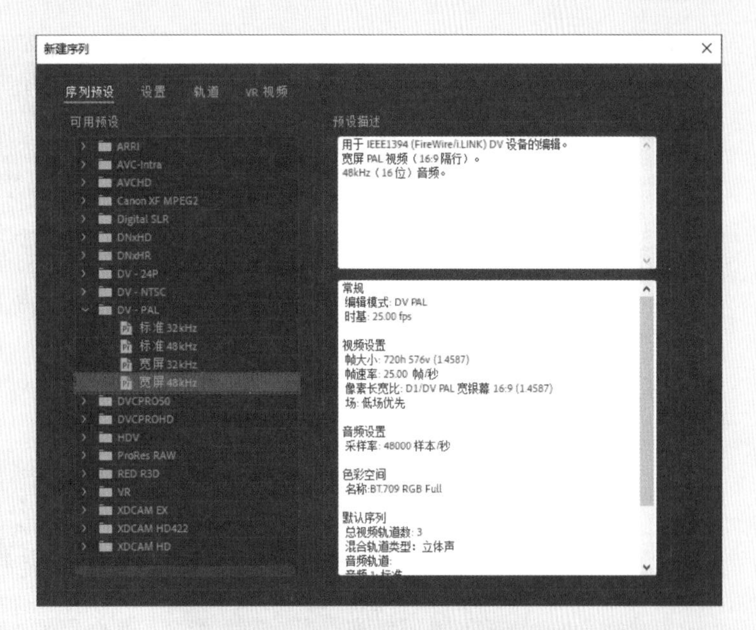

步骤 03 单击“确定”按钮后执行“文件>导入”命令，在打开的“导入”对话框中全选“上机实训”素材文件夹中的视频文件❶，单击“打开”按钮❷，如下左图所示。

步骤 04 双击“1.mp4”素材文件，在“源”监视器面板中设置入点和出点，然后单击“插入”按钮，如下右图所示。

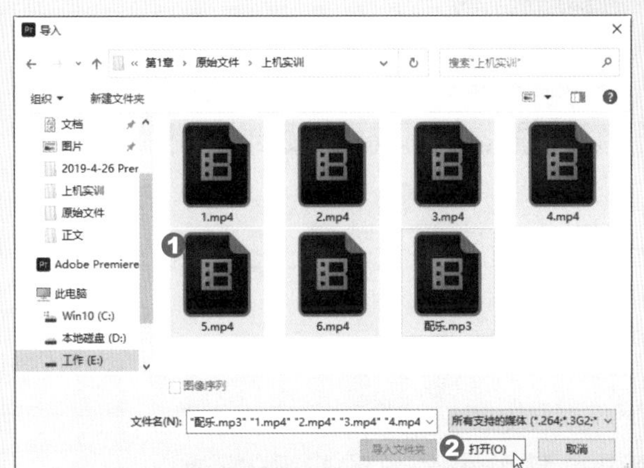

步骤 05 在“时间线”面板中的V1轨道上添加入点和出点的视频片段。此时在“节目”面板中显示添加的视频素材，在“效果控件”面板中设置“缩放”的值为55，可以在“节目”面板中完全显示视频内容，如下图所示。

步骤 06 将其他视频素材按照顺序添加到“时间线”面板的V1轨道上，将“3.mp4”和“6.mp4”素材取消链接并删除音频，将“配乐.mp3”素材添加到A1轨道上并调整其长度，如右图所示。

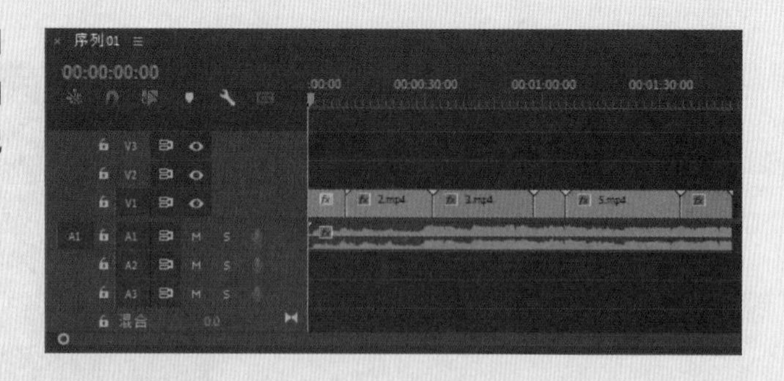

步骤 07 将时间标记定位到第15秒的位置，使用剃刀工具剪辑“2.mp4”素材，如下左图所示。

步骤 08 选择剪辑后的右侧素材并右击❶，在快捷菜单中选择“波纹删除”命令❷，即可删除选中的素材，后面的素材会自动补上来，如下右图所示。

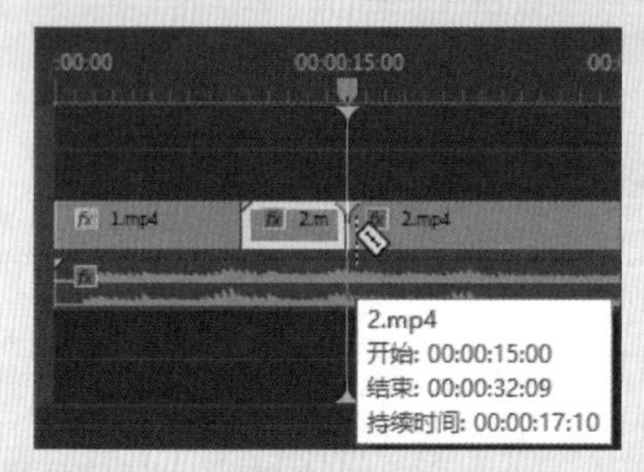

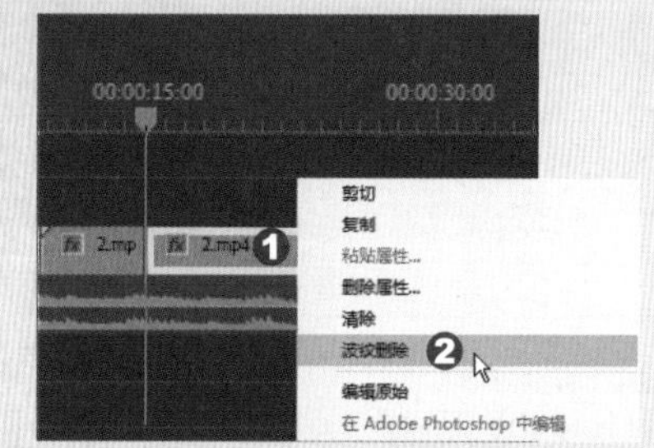

提示：使用快捷键删除素材

在“时间线”面板中选择需要删除的素材，按键盘上的Delete键，即可删除选中的素材，此时右侧的素材位置不变；如果按Shift+Delete组合键，则删除选中的素材，并且右侧素材自动移到删除素材的位置。

步骤 09 选择“3.mp4”素材并右击，在快捷菜单中选择“速度/持续时间”命令，打开“剪辑速度/持续时间”对话框，设置“持续时间”为5秒，单击“确定”按钮，如下左图所示。选择添加的素材，在“效果控件”面板中设置“缩放”的值，使素材完全显示在画面中，如下右图所示。

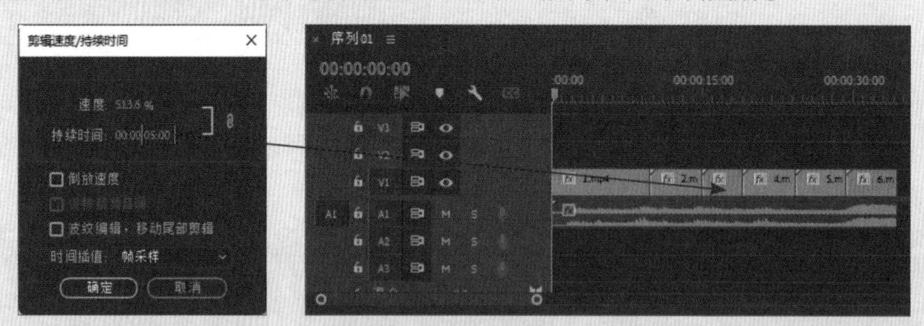

步骤 10 制作上下拉幕的效果，需要使用“视频效果”中的“裁剪”效果、“黑场视频”和关键帧等功能。在“项目”面板中单击底部的“新建项”按钮，在列表中选择“黑场视频”选项。然后将创建的黑场视频拖到V2和V3视频轨道上，如下左图所示。

步骤 11 在“效果”面板中搜索“裁剪”效果，如下右图所示，并将其拖到V3轨道的黑场视频素材中。

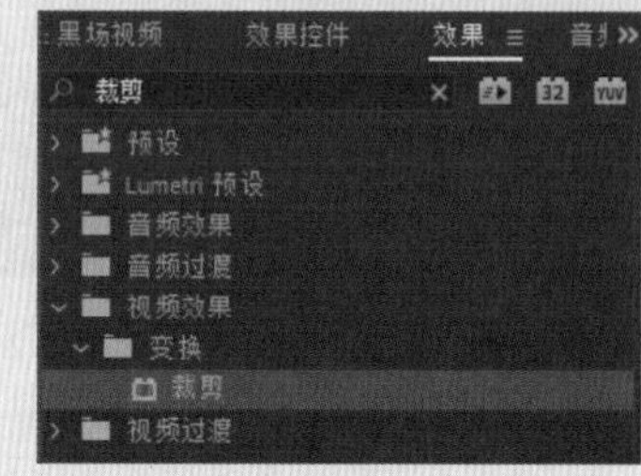

步骤 12 切换至“效果控件”面板，在下方的“裁剪”区域设置“顶部”为50%。将时间线定位在开始处，单击“顶部”左侧的“切换动画”按钮，在时间线位置添加关键帧，如下左图所示。

步骤 13 将时间线定位在5秒处，单击“顶部”右侧的“添加/移除关键帧”按钮，完成关键帧的添加。设置“顶部”为100%，如下右图所示。

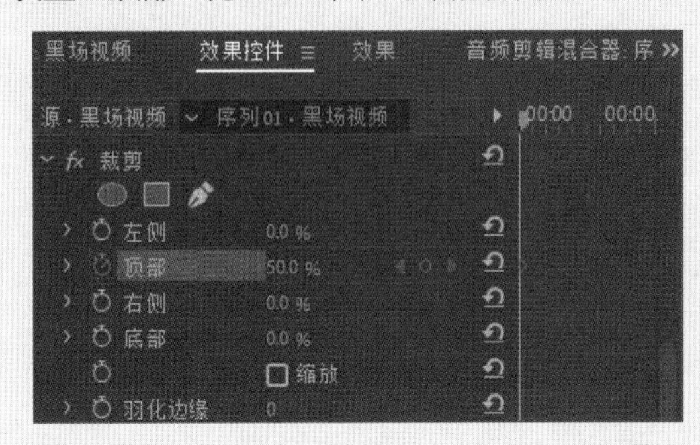

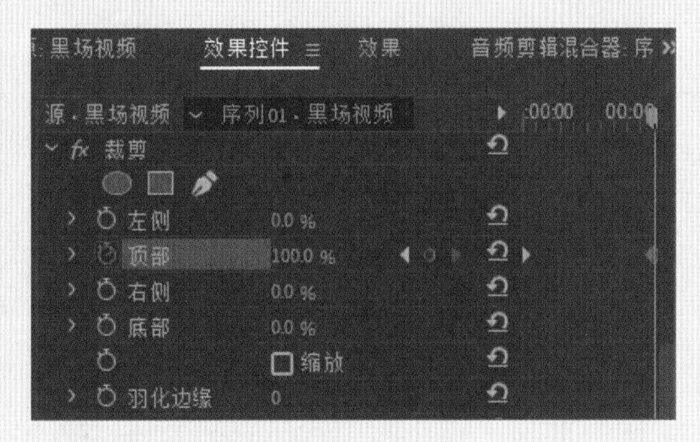

步骤 14 根据相同的方法设置V1轨道上的黑场视频素材，为其添加“裁剪”效果。在时间线为0秒时，添加关键帧并设置“底部”为50%；在时间线为5秒时，添加关键帧并设置“底部”为100%，如下左图所示。

步骤 15 设置拉幕效果后，视频开始时画面是黑色的，然后上下两块黑幕分别向上和向下拉开，逐渐显示完整的画面，下右图为2秒左右的视频效果。

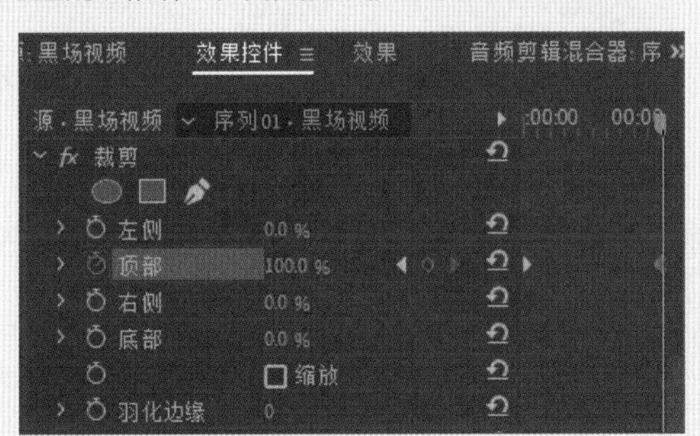

步骤 16 将时间线定位在开始位置，选择文本工具，在“节目”面板窗口的画面中间输入“静谧春光园”文本，然后在“效果控件”面板中设置字体、填充、描边等，如下左图所示。

步骤 17 根据相同的方法，在每个画面底部都添加文本并设置文本格式，“时间线”面板如下右图所示。最后执行“文件>导出>媒体”命令，在打开的界面中设置保存路径并进行保存。

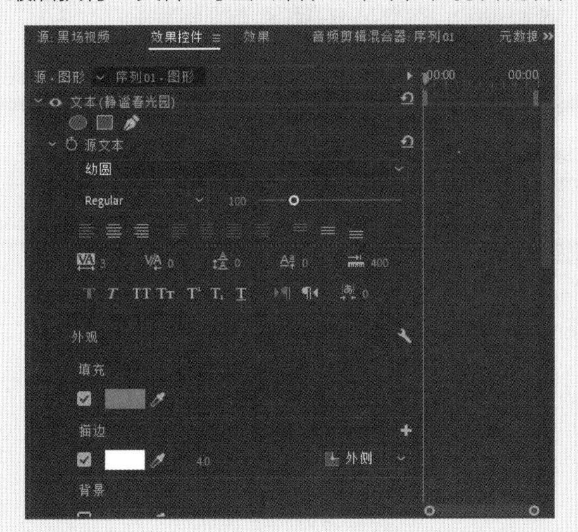

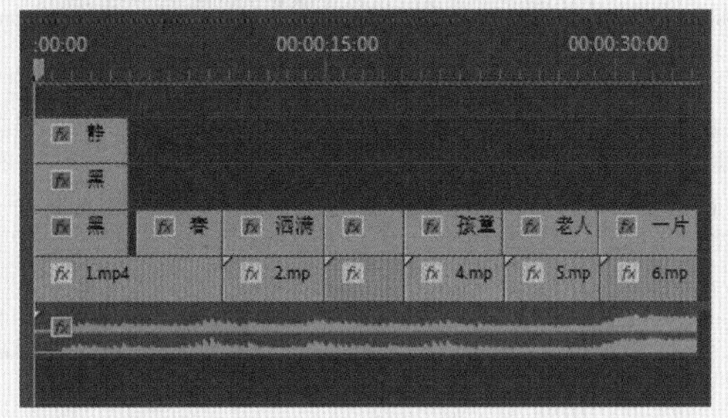

课后练习

一、选择题

（1）电影工业标准提供了接近人眼的视觉体验，帧速率是（　　）。

A. 24　　B. 25　　C. 30　　D. 60

（2）在导入的素材文件中，（　　）文件类型是Premiere不支持的。

A. avi　　B. psd　　C. mkv　　D. jpg

（3）在Premiere中，我们可以在影片中创建的（　　），能应用特效到一系列的影片剪辑中而无须重复地复制和粘贴属性。

A. 颜色遮罩　　B. 黑场视频　　C. 彩条　　D. 透明图层

（4）使用（　　），可以拖动素材的出点以改变素材的长度，而相邻的素材长度不变，项目片段的总长度改变。

A. 剃刀工具　　B. 波纹编辑工具　　C. 外滑工具　　D. 钢笔工具

二、填空题

（1）在__________面板中，用户可以按照时间顺序排列和连接各种素材，实现对素材的剪辑、插入、复制、粘贴等操作，也可以叠加图层、设置动画的关键帧以及合成效果等。

（2）使用__________工具，可以改变一段素材的入点与出点，并保持其总长度不变，且不会影响相邻的其他素材。

（3）如果要修改某一段素材的播放速率，可以使用__________工具。

（4）使用__________工具插入片段素材时，凡是处于时间标记之后的素材都会向后推移。如果时间标记位于轨道中的素材之上，插入新的素材时，会把原有素材分为两段，并直接插在其中，原有素材的后半部分会向后推移，接在新素材之后。

三、上机题

打开素材文件，利用本章所学知识，制作城市风光主题的影片剪辑。参照效果如下左图所示。“时间线”面板如下右图所示。

效果文件所在位置：实例文件\第1章\最终文件\城市风光.mp4。

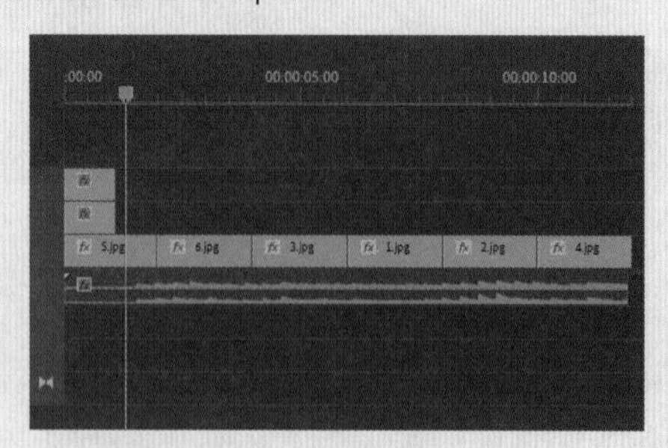

操作提示

① 用户可以运用本章所学的文件操作打开素材文件，并在制作完成后保存文件。

② 使用剃刀工具进行素材的分割。

③ 通过设置“速度/持续时间”来控制素材展示的时间长度。

Pr 第2章 视频效果

本章概述

Premiere中的视频效果是通过滤镜为原始图片添加各种特殊效果，应用视频效果可以使视频看起来更加绚丽多彩。本章主要介绍视频效果的添加、分类、应用和编辑等内容。

核心知识点

1. 了解什么是视频效果
2. 掌握常用视频效果的使用方法
3. 熟悉视频滤镜效果的分类
4. 了解视频效果的具体应用

2.1 应用视频效果

Premiere中自带了许多视频效果，这些视频效果能对原始素材进行调整，如调整画面的对比度、为画面添加粒子或者光照等，为视频作品增加较强的艺术效果，并为观众带来丰富多彩、精美绝伦的视觉盛宴。

视频效果的应用非常简单，用户只需要从“效果”面板的“视频效果”列表中把需要的效果拖拽至“时间线”面板的剪辑里，然后根据需要，在“效果控件”面板中调整参数，就可以在“节目”面板中看到应用的效果。下面对视频效果的应用进行详细介绍。

2.1.1 视频效果概述

在Premiere Pro 2024中，用户可以对视频剪辑使用各种视频及音频效果，其中，视频效果能产生动态的锐化、模糊、风吹、幻影等效果。如果对音频应用效果，可使声音有一些特殊的变化。视频效果主要由视频和音频组成。

视频效果指的是一些由Premiere封装的程序，专门用于处理视频中的像素，按照特定的要求实现各种效果。我们可以通过添加音频、视频效果修补视频和音频素材中的缺陷，比如改变视频剪辑中的色彩平衡或从对话音频中除去杂音。也可以通过音频、视频效果给在录音棚中录制的对话添加配音或者回声。

Premiere Pro 2024在视频效果的界面设计方面和以前版本相比有很大的区别，以前版本的视频效果功能在菜单命令里面，而在Premiere Pro 2024版本中则设计成了面板形式，所有视频效果都保存在“音频效果”或“视频效果”列表中。Premiere Pro 2024提供了几十种视频效果，按类型进行了分类，并且放置到一个文件夹中。例如，所有能产生模糊感觉的视频效果都在“视频效果”列表的“模糊与锐化”文件夹中，用户可以将不实用的效果隐藏起来，或创建新的文件夹来为那些经常使用或很少使用的效果分组。

提示：关于视频效果

以前，效果一般称为特殊效果或者特效，现在则改称为视频效果和音频效果了，老用户要注意这些名称的变换，新用户在参考以前的书籍时，也要注意这两种名称。

2.1.2 添加视频效果

在本小节中，我们将对Premiere系统内置视频效果的分类、为素材添加系统内置的视频效果及添加视频效果的方法等有关视频效果应用方面的知识进行介绍。

(1) 视频效果分类

在Premiere中，系统内置的视频效果分为“变换”“图像控制”“实用程序”“扭曲”“时间”“杂色与颗粒”“模糊与锐化”“沉浸式视频”等19个视频效果组，如右图所示。

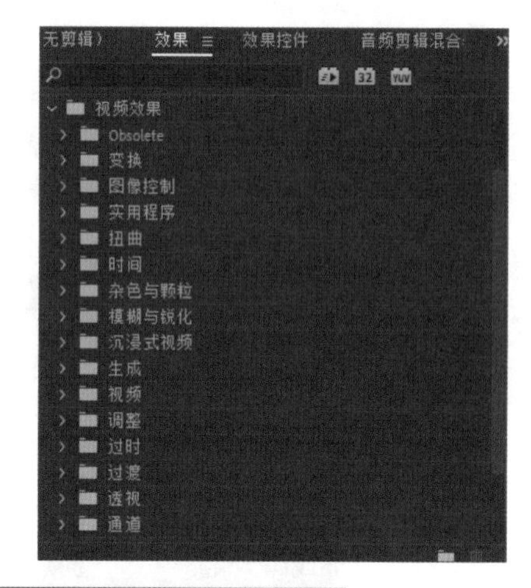

(2) 为素材应用视频效果

要为素材应用视频效果，用户可以在Premiere中将素材插入到“时间线”面板中，在“效果”面板中将选择的视频效果拖动到“时间线”面板的素材上。例如将“模糊与锐化”中“相机模糊”拖到素材上，如下左图所示。打开“效果控件”面板，添加“相机模糊”选项并设置参数，即可调整视频的效果，如下右图所示。

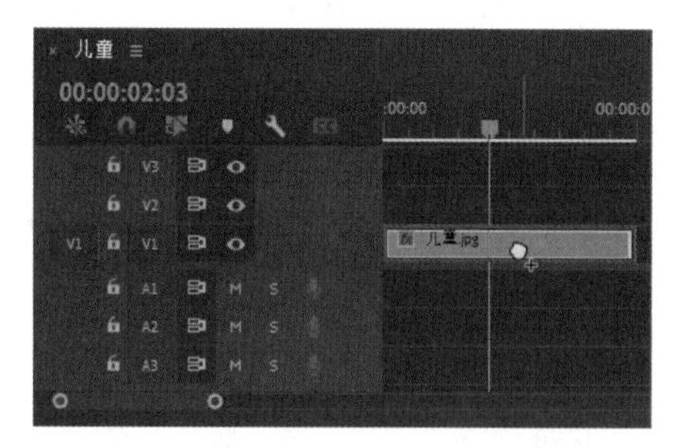

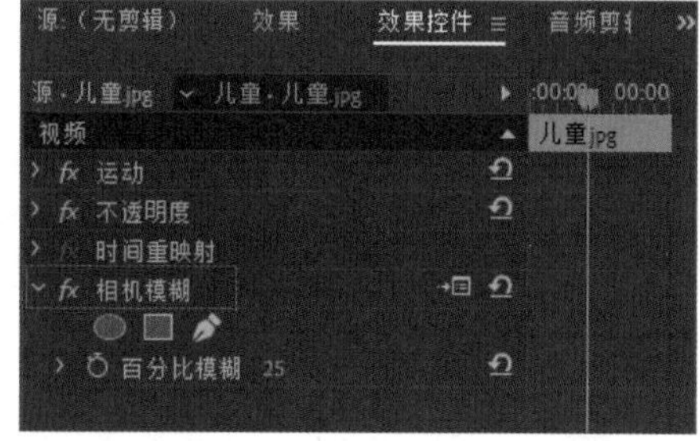

除了能将“效果”面板中的视频效果直接拖拽到“时间线”面板外，我们还可以直接将“效果”面板中的视频效果添加到素材的“效果控件”面板中。在“效果”面板中拖动“钝化蒙版”效果到“效果控件”面板中，如下左图所示。释放鼠标左键，即可添加“钝化蒙版”效果，如下右图所示。

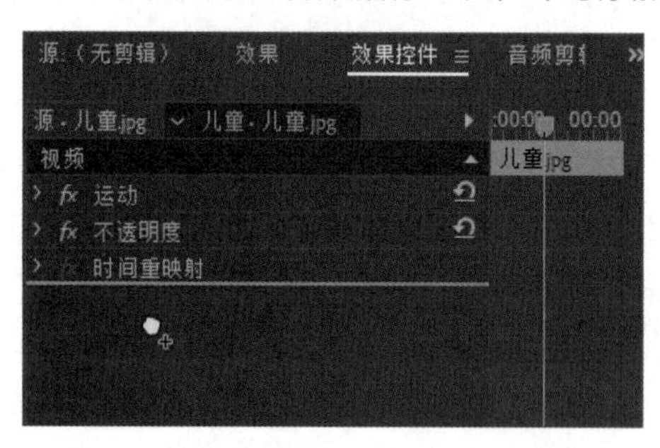

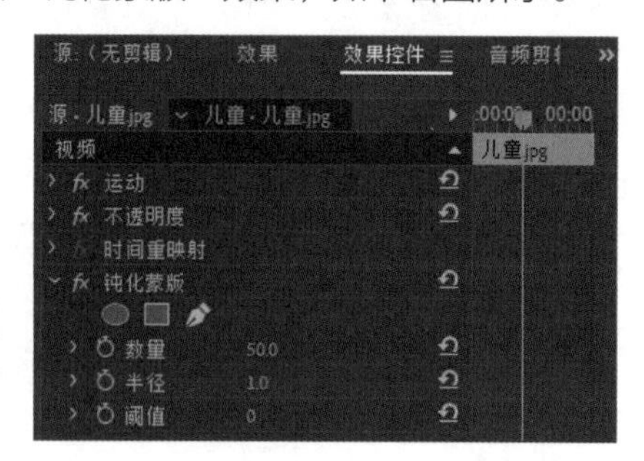

(3) 添加视频效果的顺序

在使用Premiere的视频效果调整素材时，有时使用一个视频效果即可达到调整的目的，但在很多时候，需要为素材添加两个甚至更多的视频效果。通过多个视频效果的共同作用，使素材达到令人满意的视觉效果。例如，使用“基本3D”视频效果调整素材的旋转，效果如下页左图所示。再添加“RGB曲线”视频效果，效果如下页右图所示。

Premiere会按照从上到下的顺序对“效果控件”面板中的视频效果进行应用。若素材使用单个视频效果，视频效果在“效果控件”面板中的位置没有什么要求。如果我们为素材应用多个视频效果，就一定要注意视频效果在“效果控件”面板中的排列顺序，视频效果排列顺序不同，画面的最终效果亦会不同。为素材添加“基本3D”和“水平翻转”视频效果的顺序如下左图所示。画面效果如下右图所示。

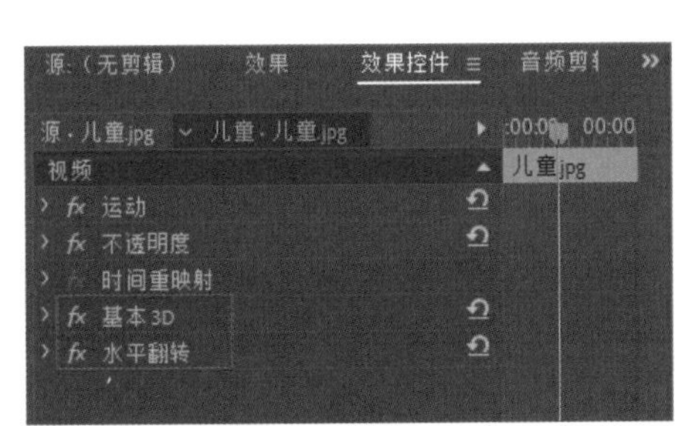

在“效果控制”面板中，选择“基本3D”视频效果，按住鼠标左键并向下拖动鼠标到“水平翻转”视频效果下方，如下左图所示。此时“节目”面板中的画面显示效果如下右图所示。

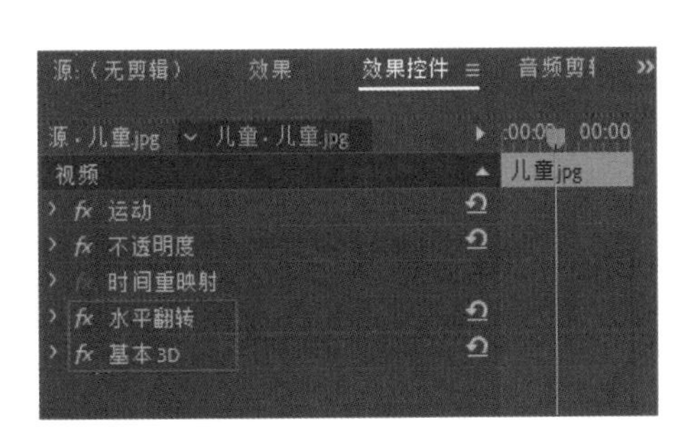

2.1.3 编辑视频效果

应用视频效果后，我们还可以对视频效果进行编辑。如果对Premiere Pro 2024中应用的视频效果不满意，可以删除或临时关闭视频效果。下面详细介绍编辑视频效果的相关操作。

（1）删除视频效果

如果对应用的视频效果不满意，或者不再需要该视频效果，可以将其删除。下面介绍如何删除已经应用的视频效果。

首先在“时间线”面板中确定应用效果的剪辑处于选中状态，打开“效果控件”面板，选择应用的效果，如下左图所示。然后单击鼠标右键，在弹出的快捷菜单中执行“清除”命令，如下右图所示，即可将效果删除。

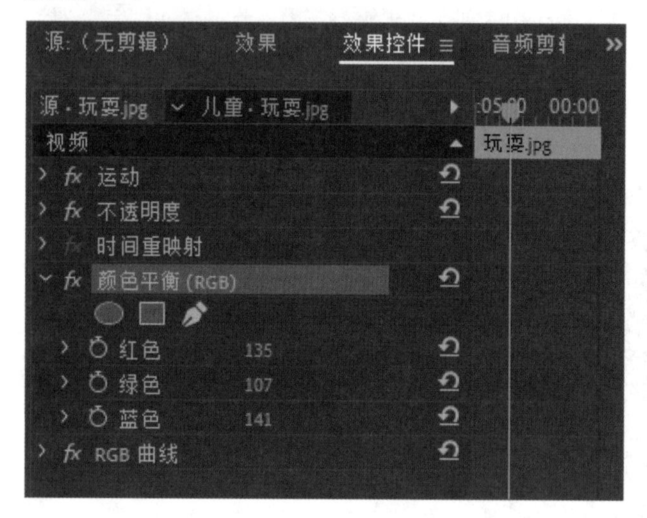

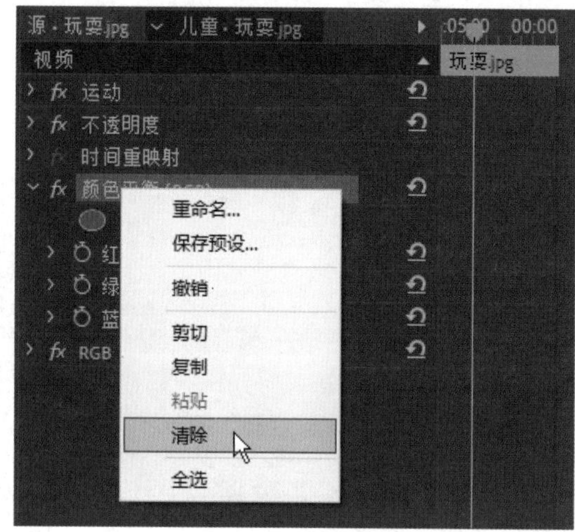

（2）临时关闭视频效果

如果我们想使视频效果不起作用，但是不想把它删除，可以临时关闭视频效果，下面介绍如何操作。

首先在“时间线”面板中选中应用效果的剪辑，打开“效果控件”面板，选择需要关闭的视频效果，单击效果名称左边的“切换效果开关”按钮fx，如下图所示。

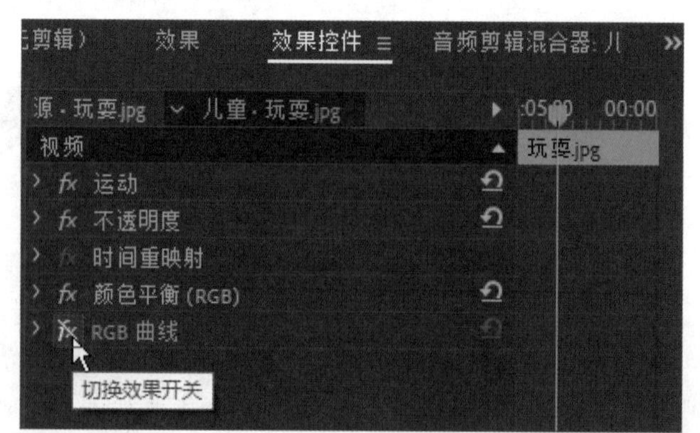

提示：外挂视频效果

Premiere支持很多第三方外挂视频效果，借助这些外挂视频效果，用户能制作出Premiere Pro 2024自身不易制作或者无法实现的效果，从而为影片增加更多的艺术效果。

2.2 变形视频效果

变形视频效果包括“变换”“扭曲”和“透视”3种，主要用于对画面进行变形，使其产生旋转、波形等变形效果。下面对这3种视频效果进行详细介绍。

2.2.1 变换视频效果组

“变换”视频效果组包含了“垂直翻转”“水平翻转”“羽化边缘”“自动重构”和“裁剪”5种视频效果，如右图所示。“变换”视频效果主要用于制作一些特殊的变换效果。

（1）水平翻转视频效果

“水平翻转”视频效果能将画面左右翻转180°，如同镜面的反向效果。画面翻转后仍然保持正顺序播放。原始素材效果如下左图所示。在“效果”面板的“变换”列表中将“水平翻转”视频效果拖到素材中，画面效果如下右图所示。

（2）垂直翻转视频效果

“垂直翻转”视频效果能将画面上下翻转180°。原始素材效果如下左图所示。为素材应用“垂直翻转”视频效果之后，画面效果如下右图所示。

（3）裁剪视频效果

如果想使修剪后的剪辑保持原来的尺寸，应使用“裁剪”视频效果来修剪。使用“裁剪”视频效果，可以通过设置“左侧”“顶部”“右侧”和“底部”的值，对选中素材从4个方向进行裁剪。在裁剪时，会显示下方轨道的图像。示例的V1和V2轨道上都有素材，对V2轨道上的素材添加“裁剪”视频效果，从右侧进行裁剪。裁剪后，画面左侧显示V2轨道上的素材，右侧显示V1轨道上的素材，中间的过渡很生硬，如下左图所示。

在“效果控件”面板的“裁剪”区域设置适当的“羽化边缘”值，虚化裁剪边，可以使两张图像很好地融合，画面效果如下右图所示。

在“效果控件”面板的“裁剪”区域勾选“缩放”复选框，会使裁剪后的图像充满整个画面，并且通常会导致图像变形。

（4）羽化边缘视频效果

“羽化边缘”视频效果可以对画面的边缘进行羽化，生成一定的特殊效果。为上图素材应用“羽化边缘”效果后，可以在边缘看到下方素材，原始素材效果如下左图所示。为素材应用“羽化边缘”视频效果，并对图片进行适当裁剪，画面效果如下右图所示。

2.2.2 扭曲视频效果组

“扭曲”是较常使用的视频效果，主要通过对图像进行几何扭曲变形来制作各种各样的画面变形效果。“扭曲”视频效果组中包含的视频效果如右图所示。

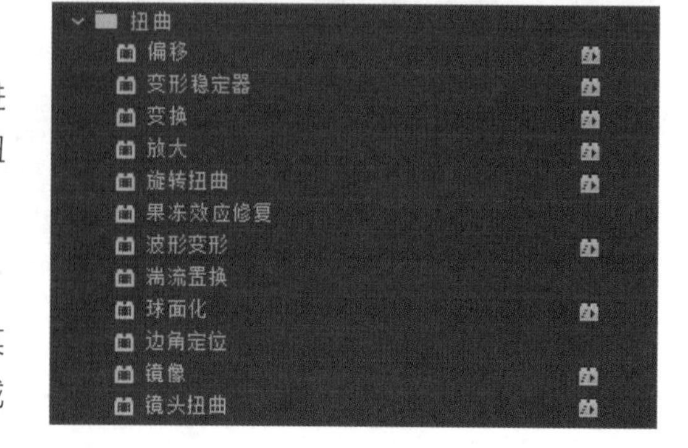

（1）放大视频效果

“放大”视频效果可以模拟放大镜，放大图像中的某一部分。通过设置放大区域的中心坐标值以及放大区域的形状，可以对特定的区域进行放大。原始素材效果如下左图所示。为素材应用“放大”视频效果，并在“效果控件”面板中设置相关参数，画面效果如下右图所示。

（2）球面化视频效果

“球面化”视频效果可以对图像的局部进行变形，从而产生类似鱼眼的变形效果。原始素材效果如下左图所示。为素材应用“球面化”视频效果，在“效果控件”面板中调整“半径”和“球面中心”参数，使画面中袋鼠的头部应用球面化效果，如下右图所示。

“球面化”视频效果与“放大”视频效果具有一定的相似性，都能将区域中的图像放大。但是“放大”视频效果在放大素材时会产生明显的边界感，而“球面化”视频效果在放大素材时不会产生明显的边界，整个画面比较完整。

（3）波形变形视频效果

“波形变形”视频效果能够创建波形效果，看起来像浪潮拍打着素材一样。在视频中添加文字，设置好文本格式，效果如下左图所示。添加“波形变形”后，画面效果如下右图所示。

（4）边角定位视频效果

“边角定位”视频效果是通过改变图像4个边角的位置，使图像产生扭曲效果的。原始素材效果如下左图所示。在上方轨道上添加另外的素材，并为素材应用“边角定位”视频效果，在“效果控件”面板中调整“边角定位”中的“左上”“右上”“左下”和“右下”的参数，使素材与手机屏幕完全贴合，画面效果如下右图所示。

在使用“边角定位”视频效果时，主要通过设置视频效果的参数，来控制素材画面4个角的控制点，使素材产生扭曲变形效果。

（5）镜头扭曲视频效果

“镜头扭曲”视频效果可以使图像沿水平和垂直方向扭曲，用以模仿透过曲面透视观察对象的扭曲效果。原始素材效果如下左图所示。为素材应用“镜头扭曲”视频效果之后，画面效果如下右图所示。

（6）镜像视频效果

“镜像”视频效果可以将图层沿着指定的分割线分隔，从而产生镜像效果。镜像视频效果反射的中心点和角度可以任意设定，该参数决定了图像中镜像的部分以及反射出现的中心位置。原始素材效果如下左图所示。为素材应用“镜像”视频效果之后，画面效果如下右图所示。

为素材添加“镜像”效果之后，默认参数下，该视频效果的中心位于素材最右侧的中间位置，通过调整该点的位置，可以控制镜像的中心位置。

实战练习 制作对称版式的画面效果

本节学习了“扭曲”变形视频效果的应用，本实战练习将使用“镜像”视频效果制作对称版式的画面效果。下面介绍具体操作方法。

步骤 01 打开Premiere软件，新建项目，在“项目”面板中添加“足球.jpg”素材并拖到V1轨道上。为素材添加“水平翻转”视频效果，画面效果如右图所示。

步骤 02 为素材添加“镜像”视频效果，在“效果控件”面板中设置“反射中心”的数值，如右图所示。

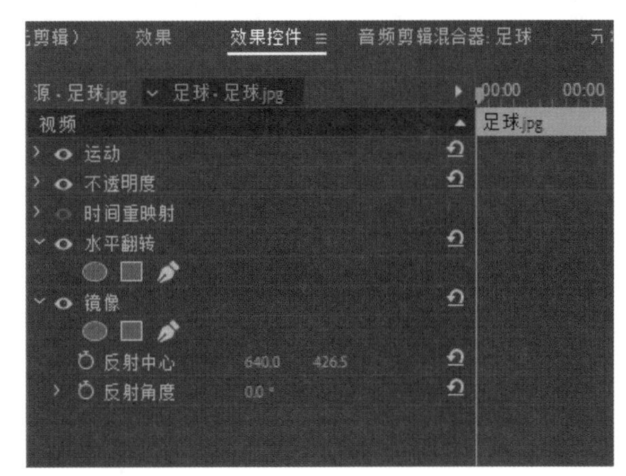

步骤 03 设置参数后，制作出人物对称的版式，效果如下左图所示。

步骤 04 使用文本工具，在画面中输入“梦想起飞的球场”文本，并在“效果控件”面板中设置文本格式，如下右图所示。

步骤 05 为文本轨道添加“边角定位”视频效果，在“效果控件”面板中设置相应的参数，如下左图所示。

步骤 06 最终制作出文字平铺在草地上的效果，如下右图所示。

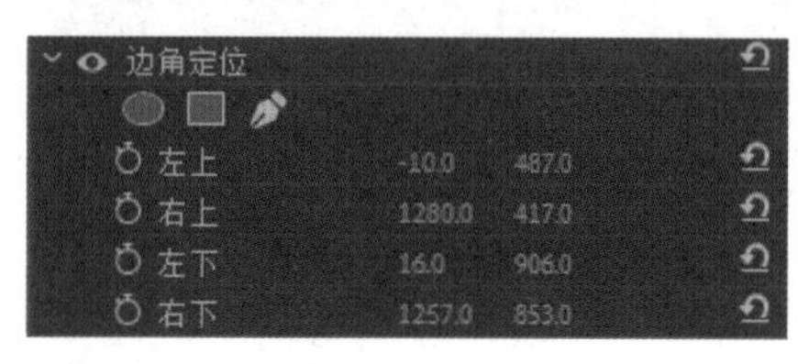

2.2.3 透视视频效果组

“透视”视频效果组中包含了“基本3D”和“投影”两种视频效果，这些视频效果主要用于制作三维立体效果和空间效果。“透视”视频效果组如下图所示。

（1）基本3D视频效果

“基本3D”视频效果可以模拟平面图像在三维空间的运动效果。原始素材效果如下左图所示。为素材应用“基本3D”视频效果，并在“效果控件”面板中设置相关参数后，画面效果如下右图所示。

（2）投影视频效果

“投影”视频效果能为素材添加阴影效果。该视频效果的“阴影颜色”参数用于控制视频效果产生阴影的颜色；“不透明度”参数用于控制阴影效果的透明度，该参数值越高，阴影越不透明；“距离”参数用于控制阴影与素材之间的距离；“柔和度”参数用于控制阴影边缘的柔和度，参数值越高，阴影边界越柔和。下页左图V1轨道上为背景素材，V2轨道上为“猫.png”素材的效果。为素材应用“投影”视频效果之后，画面效果如下页右图所示。

2.3 画面质量视频效果

画面质量视频效果是项目制作中常用的效果，主要用来调整素材画面的模糊与清晰度。该视频效果主要位于“杂色与颗粒”组和“模糊与锐化”组。“杂色与颗粒”视频效果通过给画面添加一些随机产生的干扰颗粒（即噪点），来淡化画面中的噪点，制作出着色图案的纹理。“模糊与锐化”视频效果是两类效果相反的效果，通过模糊或锐化能使画面变得更加生动。下面对这两组视频效果进行详细介绍。

2.3.1 杂色与颗粒视频效果组

“杂色与颗粒”效果组中只包含了“杂色”视频效果，该视频效果主要用于添加噪点等。“杂色与颗粒”组如右上图所示。

但是“杂色与颗粒”视频效果除了“杂色”之外，还有“Noise Alpha”“Noise HLS”“Noise HLS Auto”“中间值”和“蒙尘与划痕”等。这些视频效果在之前的老版本软件中位于“杂色与颗粒”列表中，现在分别位于“Obsolete”和“过时”列表中，如右下图所示。

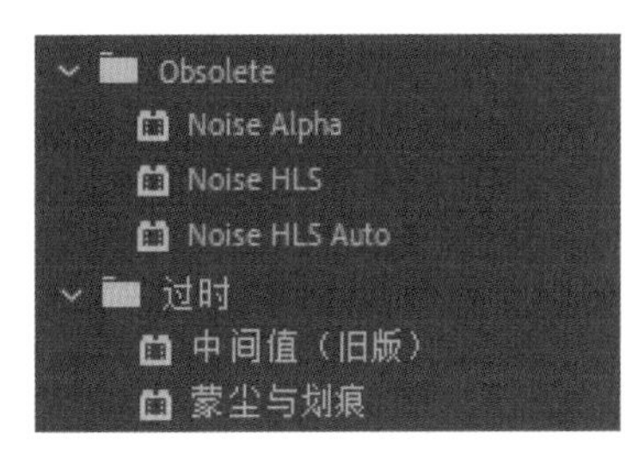

（1）杂色视频效果

“杂色”视频效果主要用于为图像添加噪点效果。原始素材效果如下左图所示。为素材应用“杂色”视频效果之后，画面效果如下右图所示。

（2）蒙尘与划痕视频效果

“蒙尘与划痕”视频效果通过把画面的像素颜色摊开，也就是把颜色涂抹开，使颜色层次处理更真实，并改变相异的像素柔化图像。其使用方法与Photoshop中的同名滤镜相似。原始素材效果如下左图所示。为素材应用“蒙尘与划痕”视频效果，在“效果控件”面板中设置“半径”值为10，画面效果如下右图所示。

（3）中间值视频效果

“中间值”视频效果可以用指定半径范围内像素的平均值来取代图像中的所有像素值。指定的半径范围较小时，可以去除图像中的噪点；若指定的半径值较大，则会产生画笔效果。原始素材效果如下左图所示。为素材应用“中间值”视频效果，在“效果控件”面板中设置“半径”值为8，画面效果如下右图所示。

2.3.2 模糊与锐化视频效果组

“模糊与锐化”视频效果组中包含了“减少交错闪烁”“方向模糊”“相机模糊”“钝化蒙版”“锐化”和“高斯模糊”6种视频效果。这些视频效果主要用于柔化或者锐化图像，不仅可以柔化边缘过于清晰或者对比度过强的图像区域，还可以将原本清晰的图像进行模糊处理。“模糊与锐化”视频效果组如右图所示。

（1）方向模糊视频效果

“方向模糊”视频效果可以对图像进行指定方向上的模糊，且指定的模糊方向可以是任意角度。V1轨道上是跑步的背景，V2轨道是“跑步.png”素材，效果如下左图所示。为V2轨道上的素材应用“方向模糊”视频效果，在“效果控件”面板中设置“方向”值为900、“模糊长度”值为5，画面效果如下右图所示。

（2）相机模糊视频效果

“相机模糊”视频效果可以模拟类似相机聚焦偏移产生的模糊效果，该效果控制面板只有“百分比模糊”这一个参数，该参数值越大，模糊程度就越高。原始素材效果如下左图所示。为素材应用“相机模糊”视频效果之后，设置“百分比模糊”值为5，画面效果如下右图所示。

（3）通道模糊视频效果

“通道模糊”视频效果可针对图像的R、G、B通道或者Alpha通道使用单独的模糊效果，在图层实例设置为最佳的情况下，模糊效果较为平滑。数值越大，该颜色在画面中存在得越少。图像的原始效果如下左图所示。为素材应用“通道模糊”视频效果之后，在“效果控件”面板中设置“红色模糊度”的值，画面效果如下右图所示。

（4）高斯模糊视频效果

“高斯模糊”视频效果主要用于柔化图像和去除噪点，并且可控制模糊的方向。该视频效果与Photoshop中的同名滤镜效果一样，均为较常用的模糊效果。原始图片的效果如右上图所示。为素材应用“高斯模糊”视频效果并设置相关参数后，画面效果如右下图所示。

下面介绍“高斯模糊”视频效果的相关参数。

- **模糊度：** 控制画面中高斯模糊效果的强度。
- **模糊尺寸：** 列表中包含“水平”“垂直”和“水平和垂直”3种模糊处理方式。
- **重复边缘像素：** 勾选该复选框，可以对素材边缘进行像素模糊处理。

（5）锐化视频效果

“锐化”视频效果可以增加图像素材颜色之间的对比度，使图像更加清晰。原始素材效果如下左图所示。为素材应用“锐化”视频效果之后，画面效果如下右图所示。

实战练习 使用“高斯模糊”视频效果突出主体

本节我们学习了“高斯模糊”视频效果的相关知识，下面使用该视频效果制作突出主体的画面效果，具体操作如下。

步骤01 在Premiere中新建项目，导入“书.jpg”图像素材，将“项目”面板中导入的素材添加至“时间线”面板中，如下页图所示。

步骤 02 为素材添加“高斯模糊”视频效果，在“效果控件”面板中设置“反向中心”的数值，如下图所示。

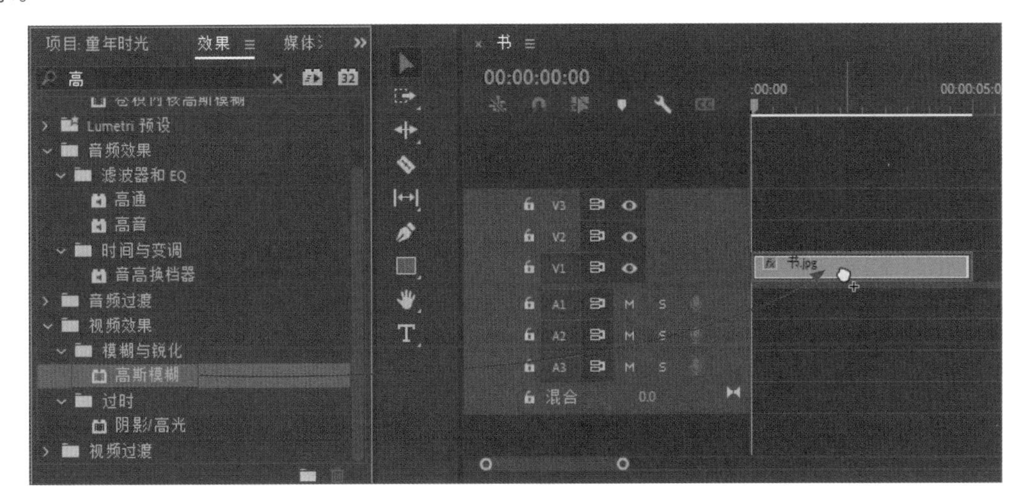

步骤 03 在“效果控件”面板中展开“高斯模糊”视频效果，设置“模糊度”为20。选择椭圆工具，在“节目”面板中会出现椭圆蒙版，调整控制点让其包含主体部分，如下左图所示。

步骤 04 此时，虚化的和原本的图像之间过渡不自然，再设置“蒙版羽化”值为60，画面效果如下右图所示。

步骤 05 使用文字工具，在画面的下方输入文本，并在“效果控件”面板中设置文本的字体格式，画面的最终效果如下页图所示。

2.4 其他视频效果

其他视频效果包括生成类视频效果、“风格化”和“时间”等3种。这些视频效果能快速修改画面的效果，或者在画面中快速调整颜色。下面分别对这3种视频效果进行详细介绍。

2.4.1 生成类视频效果

生成类视频效果包含“生成”中的“四色渐变”“渐变”“镜头光晕”和“闪电”4种视频效果，以及“过时”中的“书写”“吸管填充”“圆形”和“油漆桶”等视频效果，如右两图所示。

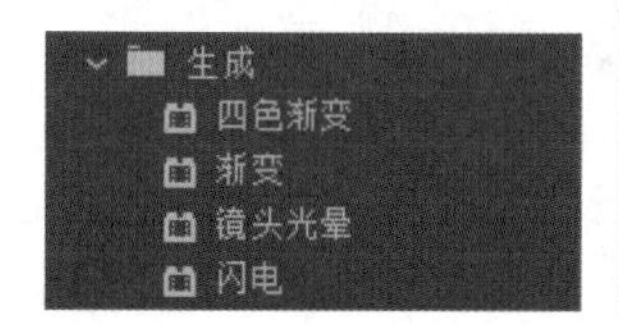

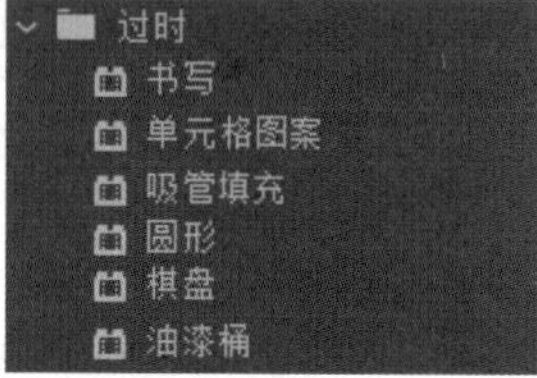

（1）四色渐变视频效果

“四色渐变”视频效果可产生4种颜色的渐变，每种颜色都由一个单独的效果点来控制。原始素材效果如下左图所示。为素材应用“四色渐变”视频效果之后，画面中默认显示4种颜色，左上角为黄色、右上角为绿色、左下角为洋红色、右下角为蓝色，如下右图所示。

在“效果控件”面板的“四色渐变”区域可以设置这4种颜色，以及“混合”“不透明度”和“混合模式”等参数，如下左图所示。设置后的画面效果如下右图所示。

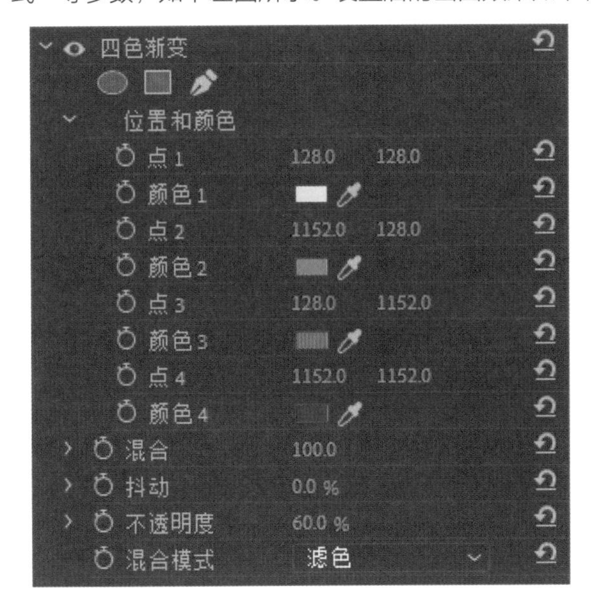

下面介绍“四色渐变”区域中相关参数的含义。

- **位置和颜色：** 设置渐变颜色的坐标位置和颜色倾向，不同的数值会使画面产生不同的效果。
- **混合：** 决定了四色间的融合程度和过渡效果。
- **抖动：** 设置各种颜色的杂点效果。
- **不透明度：** 设置画面中渐变色的不透明度。
- **混合模式：** 设置渐变层与原素材的混合方式，列表中包含16种混合方式。

（2）渐变视频效果

“渐变”视频效果可以在素材上方填充线性渐变或径向渐变。下左图为在原始素材上添加“渐变”视频效果并设置渐变颜色的效果。然后在“效果控件”面板中设置“与原始图像混合”为60%，画面效果如下右图所示。

（3）棋盘视频效果

“棋盘”视频效果可以创建类似棋盘的效果。原始素材效果如下左图所示。为素材应用“棋盘”视频效果并在“效果控件”面板中设置棋盘的相关参数，画面效果如下右图所示。

（4）圆形视频效果

“圆形”视频效果可以创建自定义的实色圆或圆环效果。原始素材效果如下左图所示。为素材应用“圆形”视频效果之后，在“效果控件”面板中设置圆形的“半径”“边缘半径”“混合模式”，并勾选“反转圆形”复选框，画面效果如下右图所示。

（5）网格视频效果

“网格”视频效果可以在画面中创建自定义网格，渲染后会产生带有网格画面的效果。原始素材效果如下左图所示。为素材应用“网格”视频效果之后，画面效果如下右图所示。

（6）镜头光晕视频效果

“镜头光晕”视频效果能够通过3种透镜过滤出光环，并选用不同强度的光从画面的某个位置放射出来。“镜头光晕”效果是随时间变化的视频效果，可以设定光照的起始位置和结束位置，以表达透镜光晕的移动过程。原始素材效果如下左图所示。为素材应用“镜头光晕”视频效果之后，画面效果如下右图所示。

“镜头光晕”视频效果包括4个参数，如右图所示。下面介绍各参数的含义。

- **光晕中心：** 设置光晕中心所在的位置。
- **光晕亮度：** 设置镜头光晕的范围及明暗程度。
- **镜头类型：** 在该列表中设置透镜焦距，包含“50—300毫米变焦”“35毫米定焦”和“105毫米定焦”。
- **与原始图像混合：** 设置镜头光晕效果与原素材层的混合程度。

（7）油漆桶视频效果

“油漆桶”视频效果是一种非破坏性的画笔工具，可以使颜色填充画面中的选择区域，获得美术绘画的效果。原始素材效果如下左图所示。为素材应用“油漆桶”视频效果之后，画面效果如下右图所示。

（8）闪电视频效果

“闪电”视频效果可以模拟天空中的闪电形态。原始素材效果如下页左图所示。为素材应用“闪电”视频效果之后，在“效果控件”面板中设置“起始点”“结束点”“分段”以及颜色之后，画面效果如下页右图所示。

“闪电”视频效果的相关参数如下右图所示。下面介绍重点参数的含义。

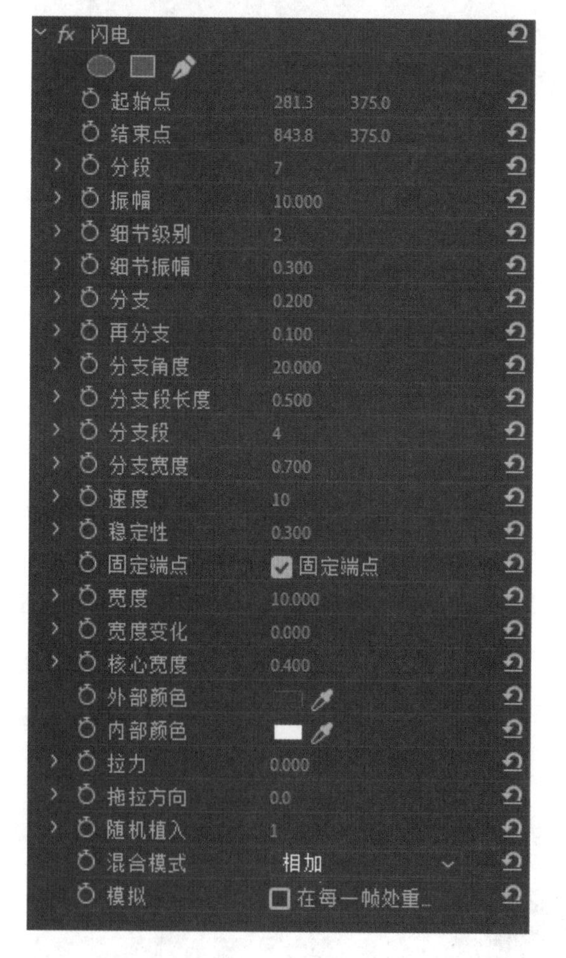

- **起始点：** 设置闪电线条起始位置的坐标点。
- **结束点：** 设置闪电线条结束位置的坐标点。
- **分段：** 设置闪电主干上的段数分支。
- **振幅：** 以闪电主干为中心点，设置闪电的扩张范围。
- **细节级别：** 设置闪电的粗细与自身曝光度。
- **细节振幅：** 设置闪电在每个分支上的弯曲程度。
- **分支：** 设置主干上分支的数量。
- **再分支：** 设置分支上的再分支数量，比“分支”更为精细。
- **分支角度：** 设置闪电各分支的倾斜角度。
- **分支段长度：** 设置闪电各个子分支的长度。
- **分支段：** 设置闪电分支的线段数，参数越大，线段越密集。
- **分支宽度：** 设置闪电子分支的宽度。
- **速度：** 设置闪电在画面中变换形态的速度。
- **稳定性：** 设置闪电在画面中的稳定性。
- **固定端点：** 勾选该复选框，闪电的初始点和结束点会固定在某一坐标上。
- **宽度：** 设置闪电的整体直径宽度。
- **宽度变化：** 根据参数的变化随机调整闪电的粗细。
- **核心宽度：** 设置闪电中心宽度的粗细变化。
- **外部颜色：** 设置闪电最外边缘的发光色调。
- **内部颜色：** 设置闪电内部填充颜色的色调。
- **拉力：** 设置闪电分支的伸展程度。
- **拖拉方向：** 设置闪电拉伸的方向。
- **混合模式：** 设置“闪电”视频效果和原素材的混合方式。

2.4.2 风格化视频效果组

“风格化”视频效果组中包含了“彩色浮雕”“查找边缘”“画笔描边”和“粗糙边缘”等13种视频效果，这些视频效果主要用于创建一些风格化的画面效果。

(1) Alpha发光视频效果

“Alpha发光”视频效果仅对具有Alpha通道的剪辑起作用，而且只对第一个Alpha通道起作用。

“Alpha发光”视频效果可以在Alpha通道指定的区域边缘产生一种颜色逐渐衰减或向另一种颜色过渡的效果，参数如下图所示。

下面介绍部分参数的含义。

- **发光：** 用来调整当前的发光颜色值。
- **亮度：** 用来调整画面Alpha通道区域的亮度。
- **起始颜色/结束颜色：** 用来设置发光的起始颜色和结束颜色。
- **淡出：** 勾选该复选框，发光会产生平滑的过渡效果。

(2) 复制视频效果

“复制”视频效果可以对素材进行复制，从而产生大量相同的素材。原始图像效果如下左图所示。应用“复制”视频效果并设置“计数”参数为4后，画面效果如下右图所示。

“复制”视频效果中只包含“计数”参数，该参数用于设置素材横向和纵向的复制数量。

(3) 画笔描边视频效果

“画笔描边”视频效果可以为画面应用使用美术画笔绘画的效果。原始素材效果如下页左图所示。为素材应用“画笔描边”视频效果，画面效果如下页右图所示。

（4）粗糙边缘视频效果

“粗糙边缘”视频效果可使剪辑的Alpha通道边缘粗糙化，从而使图像或光栅化文本产生一种粗糙的自然外观效果。

（5）闪光灯视频效果

“闪光灯”视频效果能够以一定的周期或随机地对一个剪辑进行算术运算。例如，每隔5秒，剪辑颜色就变成白色，并显示0.1秒，或剪辑颜色以随机的时间间隔进行反转。

（6）彩色浮雕视频效果

“彩色浮雕”视频效果除了不会抑制原始图像中的颜色之外，其他产生的效果与“浮雕”产生的效果一样。原始素材效果如下左图所示。为素材应用“彩色浮雕”视频效果，设置“方向”为45°、“起伏”的值为4后，画面效果如下右图所示。

（7）查找边缘视频效果

“查找边缘”视频效果可以对彩色画面的边缘以彩色线条进行圈定，对灰度图像用白色线条进行圈定。原始素材效果如下左图所示，为素材应用“查找边缘”视频效果之后，画面效果如下右图所示。

（8）马赛克视频效果

“马赛克”视频效果可以渲染画面，按照画面出现颜色层次，采用马赛克镶嵌图案代替原画面中的图像。通过调整滑块，可控制马赛克图案的大小，以保持原有画面的面貌。同时，也可选择较锐利的画面效果。该视频效果会随时间变化。原始素材效果如下左图所示。为素材应用“马赛克”视频效果，添加椭圆形的蒙版，并设置“水平块”和“垂直块”值为40，画面效果如下右图所示。

在“马赛克”视频效果中包含3个参数，下面介绍具体的含义。

- **水平块：** 设置马赛克的水平数量。
- **垂直块：** 设置马赛克的垂直数量。
- **锐化颜色：** 勾选该复选框，可以强化像素块的颜色阈值。

实战练习 使用“查找边缘”视频效果制作素描画

我们在前面学习了“风格化”组中的视频效果，接下来使用“查找边缘”视频效果并结合“黑白”视频效果来制作素描画，具体操作步骤如下。

步骤 01 启动Premiere Pro 2024并新建一个项目，执行“文件>导入”命令，在打开的“导入”对话框中选择“房屋.jpg”素材，单击“打开”按钮，如下左图所示。

步骤 02 将素材添加到“项目”面板，再将素材拖到“时间线”面板中，素材效果如下右图所示。

步骤 03 在“效果”面板中展开“视频效果”，在“风格化”列表中将“查找边缘”视频效果拖到“时间线”面板中的素材上方。然后在“效果控件”面板中设置“与原始图像混合”为20%，画面效果如下页左图所示。

步骤 04 在“效果”面板中搜索“黑白”视频效果，将该效果拖到素材上方，即可完成素材画的制作，画面效果如下页右图所示。

2.4.3 时间视频效果组

“时间”视频效果组中包含了“抽帧”和“残影”两种视频效果，这些效果与时间变化有关，主要用来创建一些特殊的视频效果。“时间”组视频效果如右图所示。

（1）抽帧视频效果

“抽帧”视频效果能控制素材的帧速率，并替代在“效果控件”面板中设置的“帧速率”的值。添加视频素材并应用“抽帧”视频效果后，为使效果明显，设置“帧速率”的值为2，这样，播放视频时就可以看到明显的抽帧效果。应用“抽帧”视频效果后的“节目”面板如右图所示。

（2）残影视频效果

“残影”视频效果是将视频的前几帧画面和当前帧画面按照半透明的方式叠加在一起，以使画面产生重影效果。“残影”视频效果可能会产生重复的视频效果，也可能产生少许类型效果。

在项目中导入“跑步.mp4”视频素材，添加“残影”视频效果。在“效果控件”面板中设置“残影数量”为2，这样在人物奔跑时，手臂会有2个重影，如右图所示。

知识延伸：“过渡”视频效果组

“过渡”视频效果组包含“块溶解”“渐变擦除”和“线性擦除”3种类型，如右图所示。

过渡
块溶解
渐变擦除
线性擦除

（1）块溶解视频效果

“块溶解”视频效果可以制作逐渐显现或隐去的溶解效果。在项目中添加原始素材，如下左图所示。在“效果控件”面板中设置“过渡完成”为50%、“块宽度”和“块高度”的值均为30，画面效果如下右图所示。

（2）渐变擦除视频效果

“渐变擦除”视频效果能够基于亮度值将素材与另一素材上的效果进行混合。将“房子.jpg”和“夜城市.jpg”两份素材添加到“项目”面板中，将“夜城市.jpg”素材拖到V1轨道，将“房子.jpg”素材拖到V2轨道，“节目”面板中的画面如下左图所示。设置“过渡完成”为60%、“过渡柔和度”为50%，画面效果如下右图所示。

（3）线性擦除视频效果

“线性擦除”视频效果能够擦除使用该效果的素材，以便看到下方的素材。在“时间线”面板中添加素材，使“冬天.jpg”在V1轨道上、“儿童.jpg”在V2轨道上，“节目”面板中的画面效果如下页左图所示。为“儿童.jpg”素材添加“线性擦除”视频效果并设置相关参数，画面效果如下页右图所示。

上机实训：制作水墨漫画效果的视频

扫码看视频

本章我们学习了视频效果的相关内容，理解了变形视频效果和画面质量视频效果的应用。接下来我们将应用“查找边缘”和“轨道遮罩键”视频效果，制作水墨漫画效果的视频。下面介绍具体的操作方法。

步骤 01 启动Premiere Pro 2024软件，执行“文件>新建>项目”命令，新建项目。执行“文件>导入”命令，在打开的对话框中选择“跑步.mp4”和“水墨.mp4”视频素材，单击“打开”按钮，如下左图所示。

步骤 02 在“项目”面板中将“跑步.mp4”素材拖到V1轨道上，然后按Alt键，将V1轨道上的素材拖到V2轨道上，完成素材的复制，如下右图所示。

步骤 03 在“效果”面板中搜索“查找边缘”视频效果，将该效果拖到V2轨道上，如下图所示。

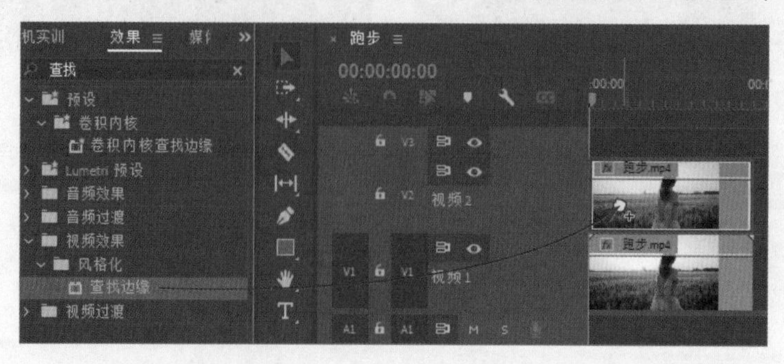

步骤04 在“效果控件”面板的“查找边缘”区域设置“与原始图像混合”为10%，画面效果如下图所示。

步骤05 将“水墨.mp4”视频素材拖到V3轨道上并调整大小，使其充满整个屏幕。右击V3轨道上的素材，在快捷菜单中选择“速度/持续时间”命令，在打开的对话框中设置“持续时间”为13秒，如下左图所示。

步骤06 设置完成的水墨效果如下右图所示。

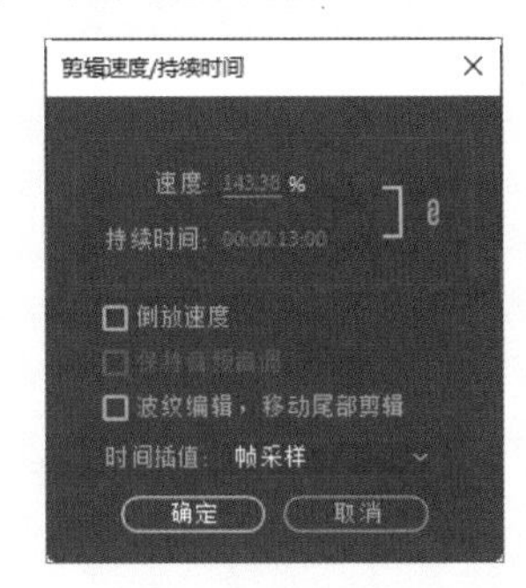

步骤07 在“效果”面板中搜索“轨道遮罩键”视频效果，并将该效果拖到V2轨道的素材上。在“效果控件”面板中设置“遮罩”为“视频3”、“合成方式”为“亮度遮罩”，如右图所示。

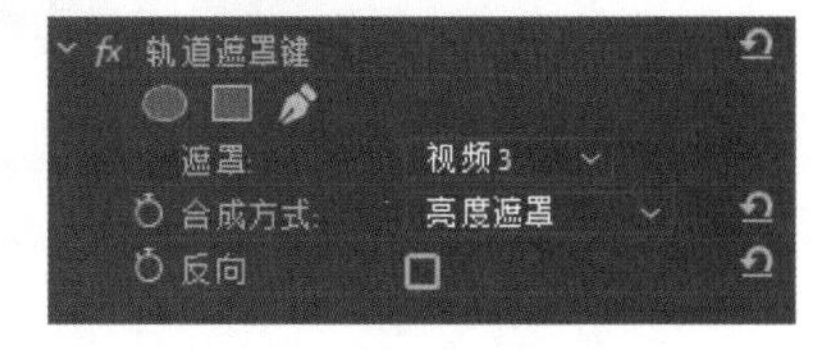

步骤08 水墨动画中的黑色部分将显示V1轨道上的素材，白色部分将显示V2轨道上的素材，画面效果如下面四图所示。

课后练习

一、选择题

（1）应用视频效果后，在时间线上的时间效果的上方会显示一条（　　）色的边界线，表明该素材应用了某种视频效果。

A. 黄　　B. 绿　　C. 红　　D. 蓝

（2）添加视频效果后，可以利用（　　）面板中的参数对视频效果进行设置。

A. 效果控件　　B. 效果　　C. 素材源　　D. 节目监视器

（3）应用多个视频效果后，产生的效果是（　　）。

A. 最下方的视频效果　　B. 所有视频效果的叠加

C. 最上方的视频效果　　D. 所有视频效果的顺序

（4）动画要表现出运动或变化效果，至少前后要给出（　　）个不同的关键状态，而中间状态的变化和衔接计算机可以自动完成。

A. 1　　B. 2　　C. 3　　D. 4

二、填空题

（1）从“效果”面板中选择视频效果，然后将其拖动到________上，即可将相应的视频效果添加到视频素材中。

（2）“模糊与锐化”视频效果组中的________效果，用于柔化画面，通过平衡画面中已定义的线条，并遮蔽区域的清晰边缘旁边的像素，使变化显得柔和；________效果则通过增加相邻像素的对比度来使模糊的画面变得清晰。

（3）“变形”视频效果组包含了“垂直翻转”“水平反转”________和“裁剪”等4种视频效果。

（4）________视频效果可以将图像的局部区域变形，从而产生类似鱼眼的变形效果。

（5）“中间值”视频效果可以用指定半径范围内像素的平均值来取代图像中的所有像素值。当指定的半径范围为________时，可以去除图像中的噪点。

三、上机题

本章主要学习Premiere视频效果的相关内容，接下来将使用“查找边缘”和“黑白”视频效果制作素描视频效果。

在Premiere中新建项目并导入“玩耍.jpg”素材，如下左图所示。为素材添加“查找边缘”视频效果，并在“效果控件”面板中设置“与原始图像混合”为10%，再添加“黑白”视频效果，最终效果如下右图所示。

第3章 视频过渡

本章概述

在Premiere中，用户可以利用一些视频过渡效果在素材之间建立丰富多彩的切换效果，使素材剪辑在素材中出现或消失，从而使影像间的切换变得平滑流畅。本章将介绍如何在视频的片段与片段之间添加过渡效果。

核心知识点

❶ 了解视频过渡的基本知识
❷ 了解视频过渡的作用
❸ 熟悉各种视频过渡效果的设置
❹ 掌握各种视频过渡效果的添加

3.1 认识视频过渡

一部完整的影视作品是由很多个镜头组成的，镜头之间组合显示的变化称为“过渡”。视频过渡可以使剪辑的画面更加富于变化、生动多彩。在视频过渡过程中，需要采用一定的技巧，如划像、溶解等，令场景或情节之间过渡平滑，使作品更加流畅生动。

3.1.1 什么是视频过渡

视频过渡也称为视频转场或视频切换，主要用于素材与素材之间的画面场景切换。对于视频制作人员来说，合理地为素材添加一些视频过渡效果，可以使两个或多个原本不相关的素材在过渡时更加平滑、流畅，使编辑画面更加生动和谐，也能大大提高素材编辑的效率。

在“效果”面板中展开“视频过渡”，其中包括Premiere中所有视频过渡的效果，有内滑、划像、擦除、溶解等8组，如下左图所示。

选择要添加的视频过渡效果，切换至“效果控件”面板，面板中会显示相关参数，如下右图所示。

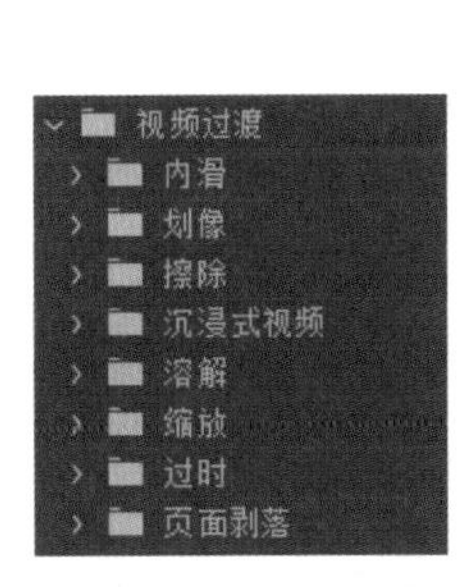

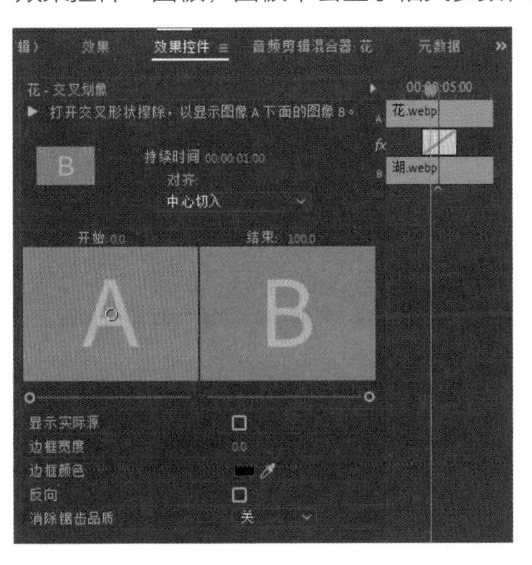

添加视频过渡效果和添加视频效果的方法一样，只需在“效果”面板中选中需要添加的视频过渡效果，如下页左图所示。然后按住鼠标左键，并将视频过渡效果拖动至“时间线”面板中的目标素材之间即可，如下页右图所示。如果需要删除添加的视频过渡效果，则在“时间线”面板中选中视频过渡效果的图标并按Delete键，即可完成删除。

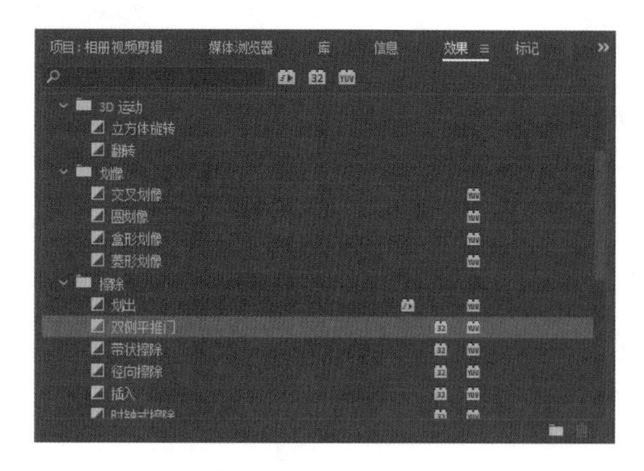

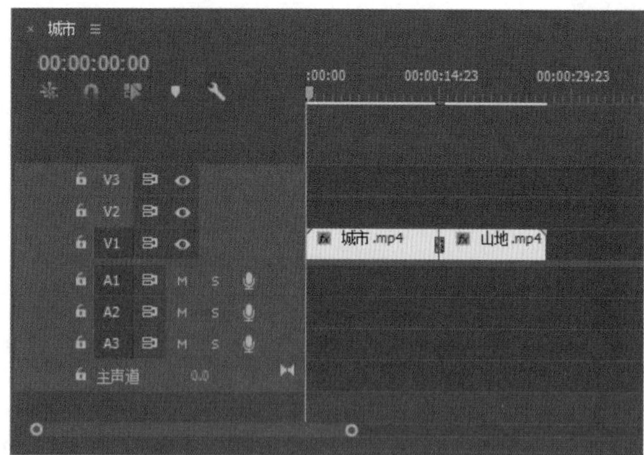

3.1.2 编辑视频过渡

将视频过渡效果添加到两个素材的连接处后，可以在“效果控件”面板中进一步设置添加的视频过渡效果的相关参数。

（1）设定持续时间

在“效果控件”面板中，用户可以通过设置“持续时间”参数，来控制视频过渡效果的持续时间，数值越大，视频过渡效果的持续时间越长，反之则持续时间越短。将“持续时间”设置为6秒第3帧，如下左图所示。我们会发现“时间线”面板中的视频过渡图标也变长了，如下右图所示。

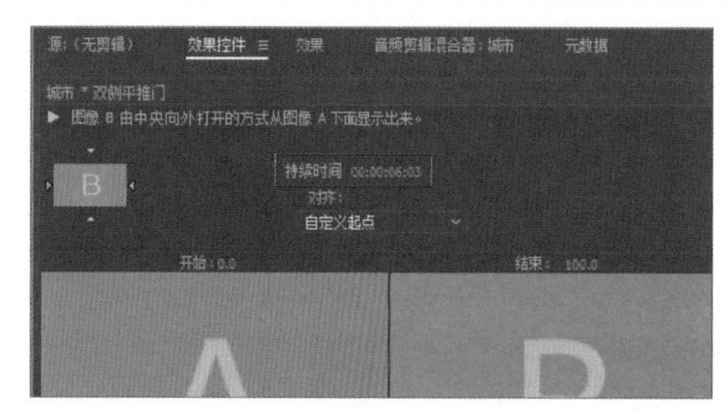

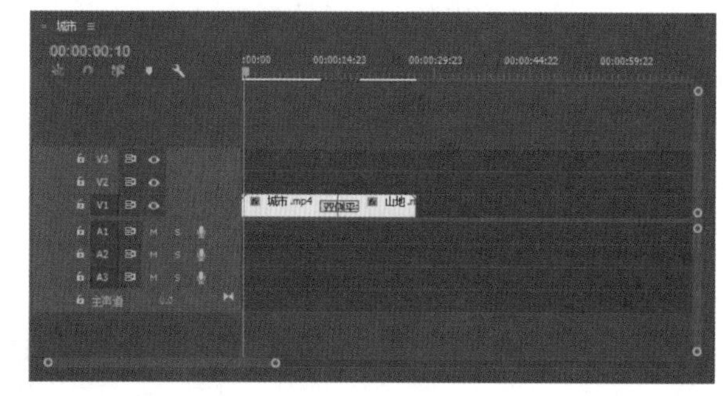

（2）编辑对齐参数

在“效果控件”面板中，“对齐”参数用于控制视频过渡效果的切割对齐方式，包括“中心切入”“起点切入”“终点切入”和“自定义起点”4种方式。

- **中心切入**：用户将视频过渡效果插入到两个素材的中心位置时，在“效果控件”面板的“对齐”下拉列表中选择“中心切入”对齐方式，如下左图所示。于是视频过渡效果由画面的中心位置开始，如下右图所示。

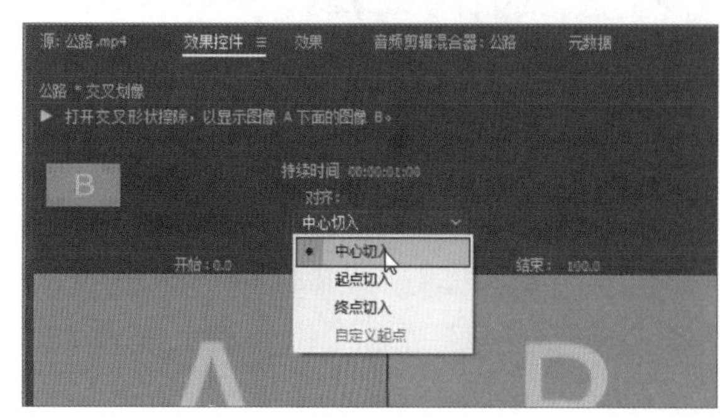

- **起点切入：**用户将视频过渡效果添加到某素材的开端时，在“效果控件”面板的“对齐”选项中，选择显示视频过渡效果的对齐方式为“起点切入”，如下左图所示。画面切换效果如下右图所示。

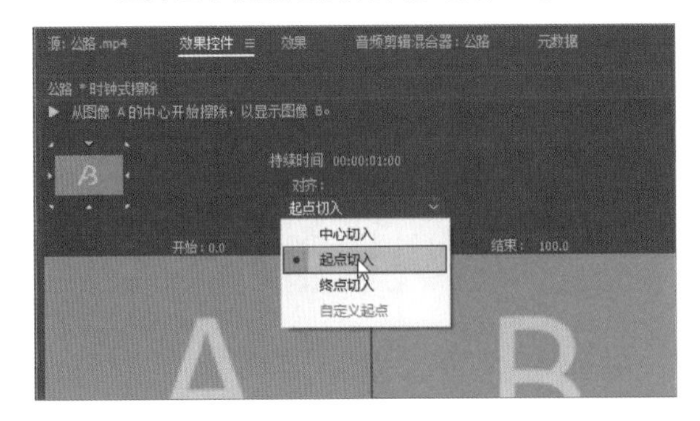

- **终点切入：**用户将视频过渡效果添加到某素材的结束位置时，在“效果控件”面板的“对齐”选项中，选择显示视频过渡效果的对齐方式为“终点切入”，如下左图所示。画面切换效果如下右图所示。

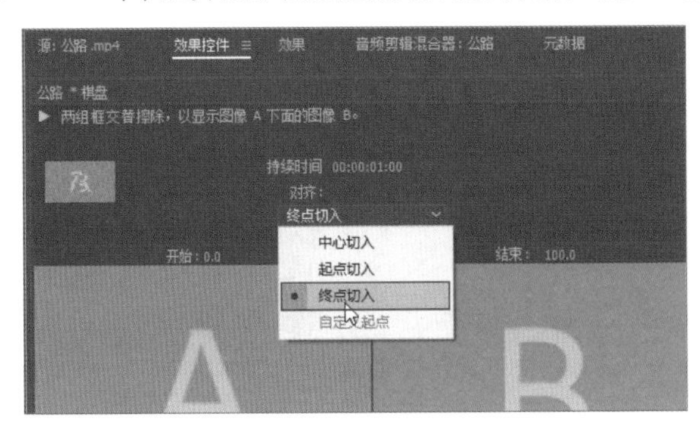

（3）设置开始、结束位置

在视频过渡效果预览区的上端，有两个控制视频过渡效果开始、结束的控件，即“开始”“结束”选项参数。

- **开始：**用于控制视频过渡效果开始的位置，其默认参数为0，表示视频过渡效果将从整个视频过渡过程的开始位置开始视频过渡。若将该参数设置为20，如下左图所示，则表示视频过渡效果将在整个视频时长20%的位置开始视频过渡，画面效果如下右图所示。

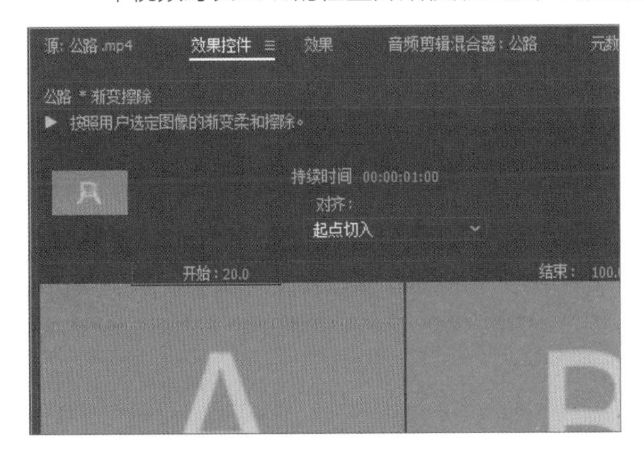

- **结束：**用于控制视频过渡效果结束的位置，其默认参数为100，表示视频过渡效果将从整个视频过渡过程的结束位置结束视频过渡。若将该参数设置为90，如下页左图所示，则表示视频过渡效果将在整个视频时长90%的位置结束视频过渡，画面效果如下页右图所示。

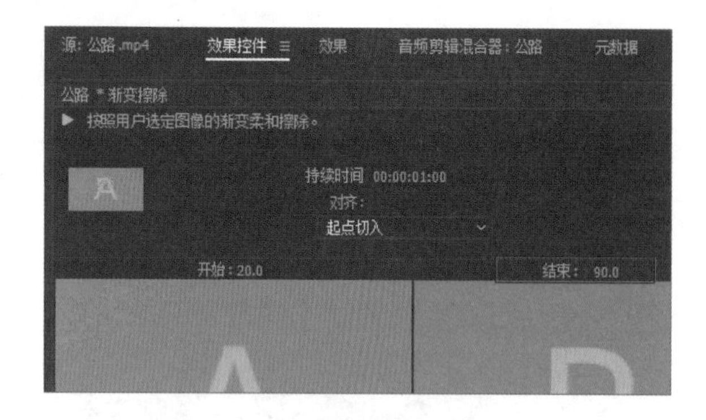

（4）显示素材实际效果

在“效果控件”面板中，有两个视频过渡效果预览区域，分别为A和B，用于显示应用于A和B两个素材上面的视频过渡效果。为了能更好地根据素材设置视频过渡效果参数，需要在这两个预览区域中显示素材的效果。“显示实际源”复选框用于在视频过渡效果预览区域中显示实际的素材效果，其默认状态为不勾选状态，如下左图所示。勾选该参数的复选框，会在视频过渡效果的预览区中显示素材的实际效果，如下右图所示。

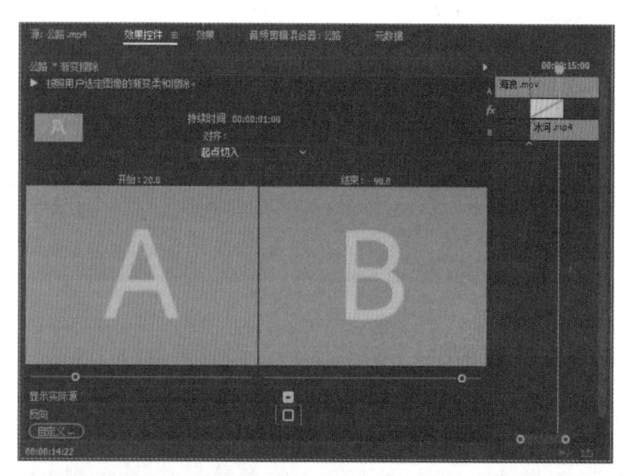

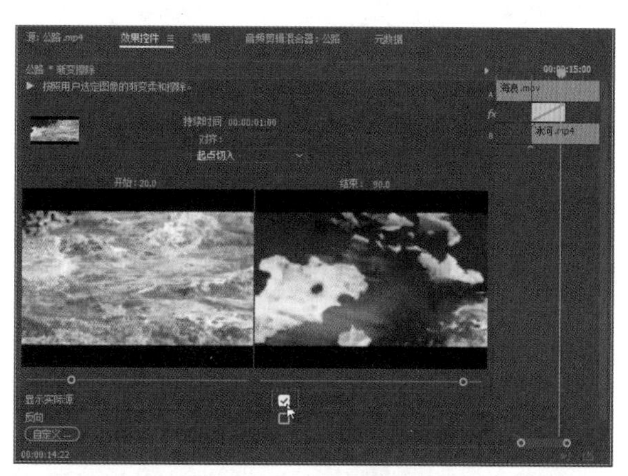

> **提示：设置视频过渡效果的边框颜色及大小**
>
> 部分视频过渡效果在过渡过程中会产生一定的边框效果，而在“效果控件”面板中，就有控制这些边框效果宽度、颜色的参数，如“边框宽度”和“边框颜色”等，用户可以根据自己的喜好进行设置。

3.2 视频过渡效果应用

作为一款优秀的视频编辑软件，Premiere内置了许多视频过渡效果供用户使用。熟练并恰当地运用这些过渡效果可使素材衔接更为自然流畅，并增加作品的艺术性。下面将对软件中内置的视频过渡效果进行介绍。

3.2.1 “内滑”视频过渡

“内滑”视频过渡效果组主要是通过画面滑动的方式完成场景的切换。该组中包含了“内滑”“带状内滑”“急摇”和“推”等视频过渡效果。

- **内滑**：和“推”的过渡效果类似，能将素材B从左向右进行滑动，直到完全覆盖素材A并显示素材B

为止。为素材添加“内滑”视频过渡效果后，画面效果如下两图所示。

- **带状内滑**：该视频过渡效果使素材B以分散的带状从画面的两边向中心靠拢，合并成完整的影像，并将素材A覆盖。为素材添加“带状滑动”视频过渡效果后，画面效果如下两图所示。

- **推**：该视频过渡效果使素材A和素材B左右并排在一起，素材B会把素材A向一边推动，使素材A离开画面，并使素材B逐渐占据素材A的位置。添加“推”视频过渡效果后，画面效果如下两图所示。

- **Center Split**：该视频过渡效果使素材A从中间按纵横分为4部分，并且这4部分会向外移出画面，从而显示素材B的画面。为素材应用“Center Split”视频过渡效果后，画面效果如下两图所示。

● **Split**：该视频过渡效果使素材A从中间垂直地分为两部分，这两部分会向两侧移出画面，从而显示素材B的画面。为素材应用“Split”视频过渡效果后，画面效果如下两图所示。

3.2.2 “划像”视频过渡

“划像”视频过渡是通过分割画面来完成场景切换的，包含了“交叉划像”“圆划像”“盒形划像”和“菱形划像”4种类型。

● **交叉划像**：该视频过渡效果使素材B以一个十字形出现，且该十字形会越来越大，以至于将素材A完全覆盖。添加“交叉划像”的视频过渡效果后，画面效果如下两图所示。

● **圆划像**：该视频过渡效果使素材B以圆形的呈现方式逐渐扩大到素材A上，直到完全显示素材B。应用“圆划像”的视频过渡效果后，画面效果如下两图所示。

● **盒形划像**：该视频过渡效果使素材B以矩形的形状出现，并从中心划开，盒子的形状会逐渐增大，直至将素材A完全覆盖，应用该效果的画面效果如下页左图所示。

● **菱形划像**：该视频过渡效果使素材B以菱形的形状出现，并在素材A的任意位置展开，直至将素材A

完全覆盖，应用该视频过渡效果后，画面效果如下右图所示。

3.2.3 “擦除”视频过渡

“擦除”视频过渡效果组的视频过渡效果是以各种素材擦除方式来完成场景的切换。该组包含了“划出”“双侧平推门”“带状擦除”“时钟式擦除”“径向擦除”“棋盘”和“百叶窗”等视频过渡效果。

- **划出：** 该视频过渡可以使素材A从左向右逐渐划出直到完全消失，同时显示出素材B。为素材添加“划出”视频过渡效果后，画面效果如下两图所示。

- **双侧平推门：** 该视频过渡可以使素材A从中间向两边推去，并逐渐显现出素材B，直到素材B填满整个画面。
- **带状擦除：** 该视频过渡效果可以使素材B以带状的形式出现，并从画面的两边插入，最终组成完整的影像并将素材A完全覆盖。为素材应用“带状擦除”视频过渡效果后，画面效果如下两图所示。

- **时钟式擦除：** 该视频过渡效果可以使素材A以时钟转动的方式进行画面旋转并擦除，直到画面完全显示出素材B。
- **径向擦除：** 该视频过渡效果可以使素材A以左上角为中心点，顺时针被擦除，并逐渐显示素材B。为素材应用“径向擦除”视频过渡效果，画面效果如下页两图所示。

- **棋盘：**该视频过渡可以使素材B以方块的形式逐渐显现在素材A上方，直到素材A完全被素材B覆盖。为素材添加“棋盘”视频过渡效果后，画面效果如下两图所示。

- **棋盘擦除：**该视频过渡效果可以使素材B呈多个板块在素材A上出现，并进行画面擦除，最终组合成完整的影像，并将素材A覆盖。
- **楔形擦除：**该视频过渡效果可以使素材B以扇形形状逐渐呈现在素材A中，直到素材A被素材B完全覆盖。
- **水波块：**该视频过渡效果可以使素材A以水波形式横向擦除，直到画面完全显现出素材B。
- **油漆飞溅：**该视频过渡效果可以使素材B以泼墨的方式出现在素材A上，随着墨点越来越多，最终将素材A覆盖。在素材上添加“油漆飞溅”视频过渡效果后，画面效果如下两图所示。

提示：“油漆飞溅”效果说明

“油漆飞溅”视频过渡效果具有强烈的艺术感，适合一些高雅艺术素材之间的过渡。

- **百叶窗：**该视频过渡效果可以模拟真实百叶窗拉动的动态效果，以百叶窗的形式将素材A逐渐过渡到素材B。
- **螺旋框：**该视频过渡会使素材B以螺旋的形态逐渐呈现在素材A中，直到素材B完全覆盖素材A。为素材添加“螺旋框”视频过渡效果后，画面效果如下页两图所示。

- **随机块：** 该视频过渡可以使素材B以多个方块的形式呈现在素材A上方。
- **随机擦除：** 该视频过渡效果可以使素材B沿选择的方向呈随机块，并逐渐擦除素材A。为素材添加“随机擦除”视频过渡效果后，画面效果如下两图所示。

- **风车：** 该视频过渡效果可以模仿风车旋转的擦除效果。素材B以风车旋转叶的形式逐渐出现在素材A上，直到素材B完全覆盖素材A。为素材添加“风车”视频过渡效果后，画面效果如下两图所示。

3.2.4 “溶解”视频过渡

“溶解”视频过渡效果组主要以淡化、渗透等方式产生过渡效果。使用该组视频过渡效果，可以将画面从素材A过渡到素材B中，过渡效果自然柔和。该类视频过渡效果包括了“交叉溶解”“胶片溶解”“叠加溶解”和“白场过渡”等。

- **交叉溶解：** 该视频过渡效果可以使素材A的结束部分与素材B的开始部分交叉叠加，直到完全显示素材B。素材A是树叶，素材B为红色的藻类，添加“交叉溶解”视频过渡效果后，画面效果如下页两图所示。
- **胶片溶解：** 该视频过渡效果可以使素材A逐渐变色为胶片反色效果并逐渐消失，同时，图像B也由胶片反色效果逐渐显现，并恢复正常色彩。

- **非叠加溶解**：该视频过渡效果可以使素材A从黑暗部分消失，而素材B则从最亮部分到最暗部分依次进入屏幕，直至最终完全占据整个屏幕。

- **叠加溶解**：该视频过渡效果可以使素材A和素材B以亮度叠加的方式相互融合，并且在过渡的同时对画面色调及亮度进行相应调整。为素材添加该效果后，画面效果如下两图所示。

- **白场过渡**：该视频过渡效果使素材A逐渐变白，再从白色画面逐渐过渡到素材B。为素材应用“白场过渡”后，画面效果如下两图所示。
- **黑场过渡**：该视频过渡效果使素材A逐渐变黑，再从黑暗画面中逐渐过渡到素材B。

实战练习 制作水墨画动画效果

本节我们学习了“内滑”“划像”“擦除”和“溶解”等视频过渡效果，接下来将通过水墨画动画效果的制作，对所学内容进行巩固。下面介绍具体的操作方法。

步骤 01 打开Premiere软件，新建一个项目，设置“项目名”和“项目位置”，单击“创建”按钮。然后执行“文件>导入”命令，在打开的“导入”对话框中选择准备好的6张图片，如下左图所示。

步骤 02 在“项目”面板中将素材1.png—6.png拖到“时间线”面板中的V1轨道上，如下右图所示。

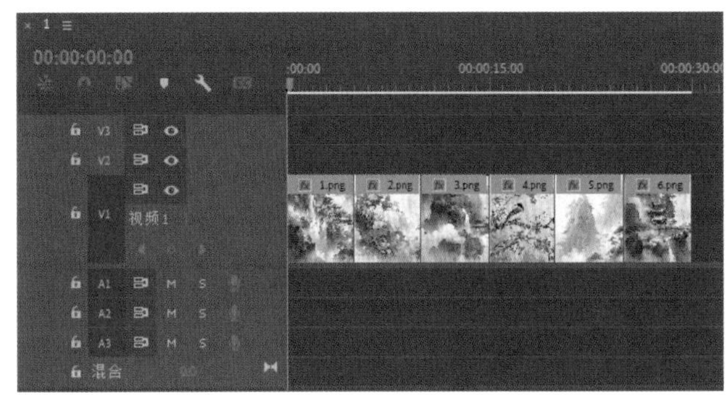

步骤 03 在“时间线”面板中选中所有素材并右击，在快捷菜单中选择“速度/持续时间”命令，打开“剪辑速度/持续时间”对话框，设置“持续时间”为3秒，再勾选“波纹编辑，移动尾部剪辑”复选框，单击“确定”按钮，如下左图所示。

步骤 04 在“效果”面板的“扭曲”列表中，将“旋转扭曲”视频效果添加到1.png素材上，如下右图所示。

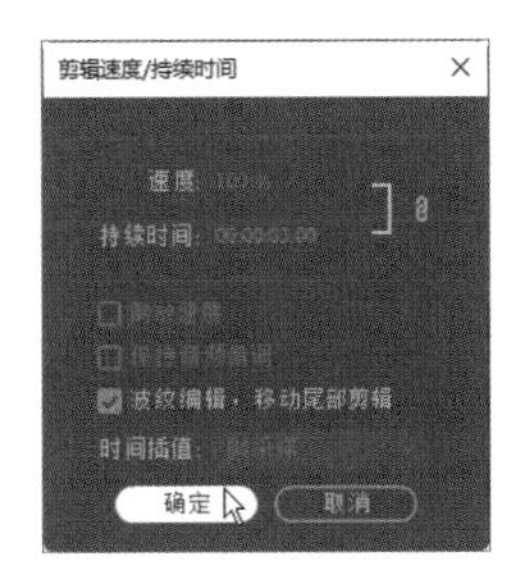

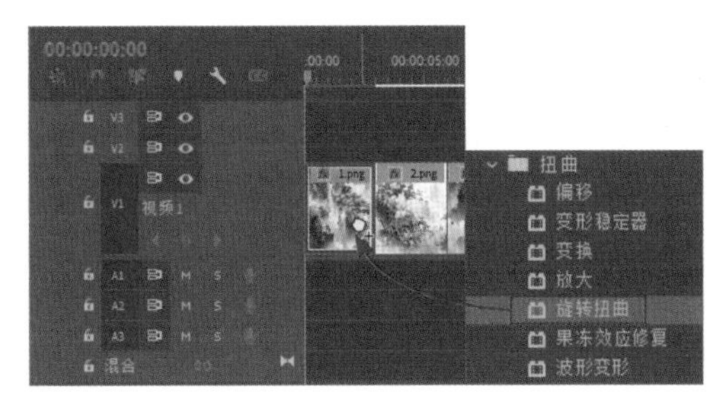

步骤 05 将时间线定位在起始位置，选择1.png素材，在“效果控件”面板中展开“旋转扭曲”，单击角度前面的“切换动画”按钮，添加关键帧并设置“角度”为230°，如下左图所示。根据相同的方法将时间线定位在1秒左右，再添加关键帧，并设置“角度”为0°。

步骤 06 设置旋转扭曲后，“节目”面板中的起始画面效果如下右图所示。

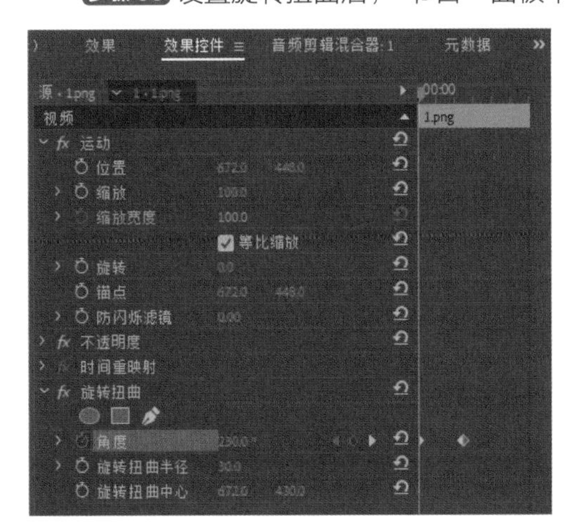

步骤 07 在“效果”面板中添加“油漆飞溅”视频过渡效果到1.png和2.png素材之间，滑动时间线并查看，效果如下图所示。

步骤 08 选择添加的“油漆飞溅”视频过渡效果，在“效果控件”面板中设置“持续时间”为2秒，如下左图所示。

步骤 09 接着分别在右侧的素材之间添加“交叉划像”“白场过渡”“棋盘”和“交叉溶解”视频过渡效果，“时间线”面板如下右图所示。

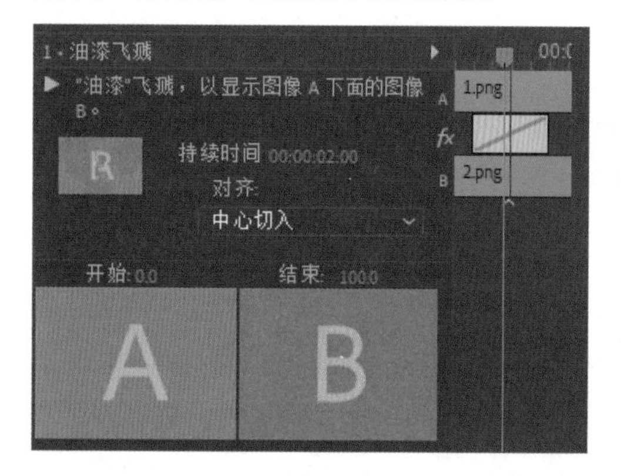

步骤 10 选择6.png素材，在“效果控件”面板中将“高斯模糊”添加到6.png素材上，将时间线定位在第17秒，添加“模糊度”的关键帧，在第18秒处再添加“模糊度”的关键帧，并设置“模糊度”为12，如下左图所示。

步骤 11 为视频的结尾添加由清晰变模糊的动画效果，在第18秒左右的画面效果如下右图所示。

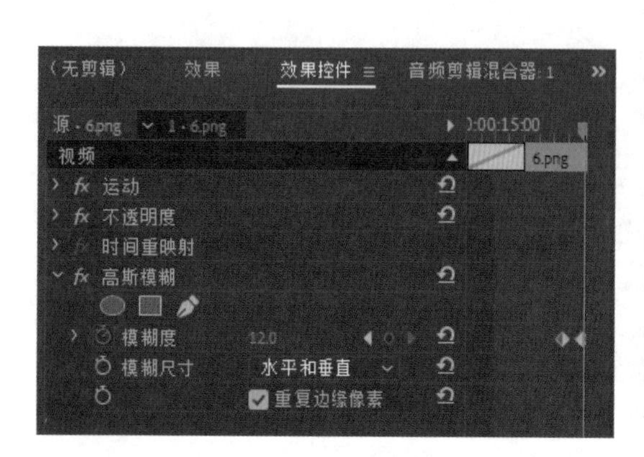

3.3 应用其他过渡效果

在Premiere中，除了上述几个视频过渡效果外，还有一些其他的视频过渡效果组，如“过时”“缩放”“沉浸式视频”和“页面剥落”视频过渡，下面对其进行介绍。

3.3.1 “过时”视频过渡

“过时”视频过渡效果可将相邻的两个素材进行层次划分，实现从二维到三维的过渡效果。“过时”视频过渡效果组中包含了“渐变擦除”“立方体旋转”和“翻转”等视频过渡效果。

- **渐变擦除：** 该视频过渡效果可将素材A淡化，直到完全显现出素材B。为素材添加“渐变擦除”视频过渡效果后，画面效果如下两图所示。

为素材添加“渐变擦除”视频过渡效果时，会打开“渐变擦除设置”对话框，可以设置“柔和度”值并选择图像，如右图所示。单击“选择图像”按钮，在打开的对话框中选择准备好的图像素材，Premiere可以使素材A与上传的图像结合并淡化，直到显示素材B。

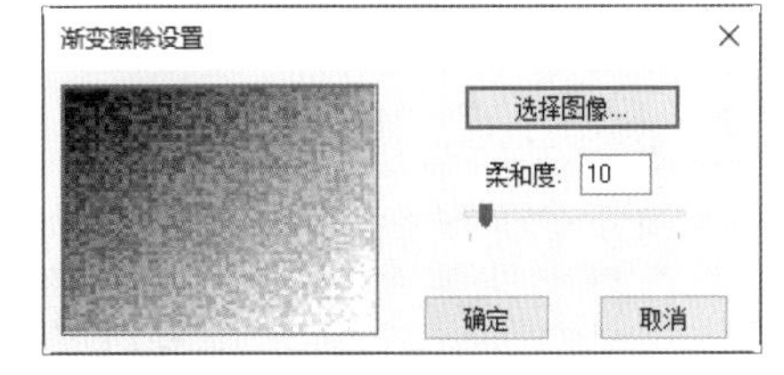

- **立方体旋转：** 该效果可以使素材A和素材B如同立方体的两个面一样过渡转换，画面效果如下左图所示。
- **翻转：** 该效果能使素材A和素材B组成纸片的两个面，在翻转过程中一个面离开，另一个面出现，画面效果如下右图所示。

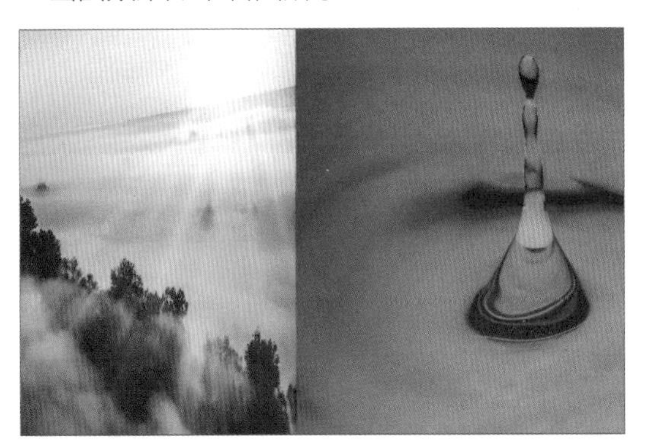

提示：视频“翻转”效果的自定义设置

应用“翻转”效果后，在“效果控件”面板中单击“自定义”按钮，可以在弹出的“翻转设置”对话框中对翻转效果进行详细设置。“带”可以设置翻转的影像数量，“填充颜色”可以设置空白区域的颜色。

3.3.2 “缩放”视频过渡

“缩放”视频过渡效果组主要是通过缩放图像来完成场景的切换。该组包含了“交叉缩放”“缩放”等视频过渡效果。

- **交叉缩放：** 该效果可以使素材A被逐渐放大至撑出画面，素材B以素材A最大的尺寸比例逐渐缩小并进入画面，最终在画面中缩放至原始比例。为素材应用“交叉缩放”视频过渡效果后，画面对比效果如下两图所示。

3.3.3 “页面剥落”视频过渡

“页面剥落”视频过渡效果组可以使素材A以各种卷页动作的形式消失，最终显示出素材B。该组包含了“翻页”和“页面剥落”视频过渡效果。

- **翻页：** 该视频过渡效果可以使素材A以页角对折的形式逐渐消失，卷起时背面为透明状态，直到呈现出素材B。为素材添加“翻页”视频过渡效果后，画面对比效果如下两图所示。

- **页面剥落：** 该视频过渡效果类似于“翻页”视频过渡效果的对折效果，但卷曲时的背景是渐变色，如右图所示。

知识延伸：视频过渡效果插件

在Premiere中，除了自带的各种视频过渡效果外，还支持由第三方提供的视频过渡效果插件，这些插件极大地丰富了Premiere的视频制作效果。下面介绍两种常用的视频过渡效果插件及其他效果插件的安装方法。

（1）Hollywood FX

如果说“好莱坞”是电影的代名词，那么Hollywood FX差不多就是电影转场效果的代名词。用过Hollywood FX的人无不被其丰富的场景特效、强大的特效控制能力所折服。

Hollywood FX是品尼高公司（Pinnacle）的产品，它实际上是一种专做3D转场特效的软件，可以作为很多其他视频编辑软件的插件来使用。如果把它的prm文件拷贝到Premiere的Plug-ins目录下，就可以在Premiere里直接调用。FX也可以脱离Premiere单独运行。

（2）Spice Master

Spice Master可以为Premiere增加300多个精彩的转场效果。该插件可以自定义转场，方法是用Photoshop做出有渐变效果的灰度图片（模式是灰度，8位通道），大小一般是320×240，存为TIF格式。可以添加到Spice Master的转场库中，也可以下载现成的转场库。

如果找不到这个插件，也可以仔细研究Premiere中自带的Gradientwipe，效果类似，都是根据所选图像的深浅程度进行动态切换。如果这些插件是AEX格式或PRM格式，则可以复制到安装目录下的Plug-ins\zh_CN文件夹中。当然，这些插件必须是Premiere Pro 2024的插件，如果是其他版本的效果插件，是不能用于Premiere Pro 2024的。

（3）插件安装方法

- **直接复制：** 如果是文件夹形式或是以aex、prm结尾的效果插件，直接复制即可。
- **需要安装：** 如果是xxx.exe文件，则为需要安装的插件。

（4）插件安装失败的原因及解决办法

- **插件版本与软件版本不匹配**

许多PR6.5以前常用的插件不支持Premiere Pro 2024，或者要更换新版本才能支持Premiere Pro 2024，这是由于Premiere Pro 2024引入了After Effects内核。在Premiere Pro 2024中，很多After Effects的插件都是可以用的。

- **安装方式不对**

软件的默认安装位置为C:\Program Files\Adobe\Adobe Premiere XXX。

如果是直接复制的插件，把插件复制到C:\Program Files\Adobe\Adobe Premiere XXX \Plug-ins\Common（有些是Plug-ins\zh_CN\或Plug-ins\en_US\）；如果是需要安装的插件，执行安装程序.exe安装插件即可。

- **安装位置不对**

首先需要找到软件安装位置（右键单击Premiere Pro 2024的图标，选择“属性”命令，弹出对话框），如果是直接复制的插件，就把插件复制到安装位置\Adobe Premiere XXX \Plug-ins\Common（有些是Plug-ins\zh_CN\或Plug-ins\en_US\）；如果是需要安装的插件，则执行安装程序.exe，然后把安装后产生的插件文件或文件夹复制到安装位置\Adobe Premiere XXX \Plug-ins\Common（有些是Plug-ins\zh_CN\或Plug-ins\en_US\）。

上机实训：制作清新风格的视频

扫码看视频

本章我们学习了Premiere视频过渡效果的相关内容，包括各种类型的视频过渡效果。下面将使用所学的视频过渡效果制作清新风格的视频，具体的操作方法如下。

步骤 01 在Premiere中新建项目，接着执行“文件>新建>序列”命令，在打开的“新建序列”对话框中展开“DV-PAL”，选择“宽屏32kHz”选项，输入序列的名称，单击“确定”按钮，如下左图所示。

步骤 02 执行“文件>导入”命令，在打开的对话框中将准备好的素材都导入到Premiere中，如下右图所示。

步骤 03 执行“文件>新建>颜色遮罩”命令，打开“新建颜色遮罩”对话框，保持默认设置并单击“确定”按钮。打开“拾色器”对话框，设置颜色为深绿色，单击“确定”按钮。然后弹出“选择名称”对话框，设置名称后单击“确定”按钮，如下三图所示。

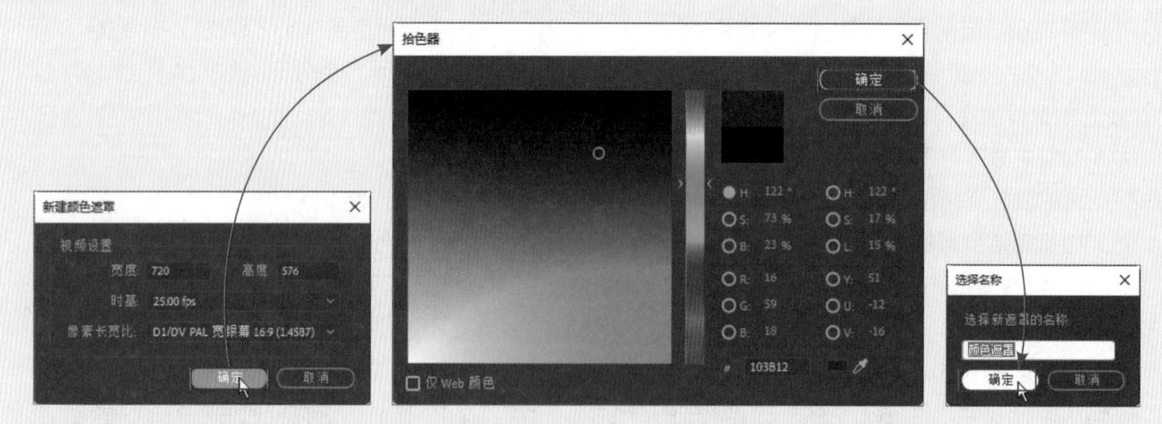

步骤 04 将“项目”面板中创建的“颜色遮罩”拖到“时间线”面板的V1轨道上，在“效果”面板中将“划像”文件夹下的“交叉划像”视频过渡效果添加到颜色遮罩的开始位置，画面效果如下页左图所示。

步骤 05 将时间线定位在第10帧处，使用文字工具在画面中间输入英文，然后在“效果控件”面板中展开“文本”列表，设置字体、字号、对齐方式，并适当调整字符间距。参数设置如下页右图所示。

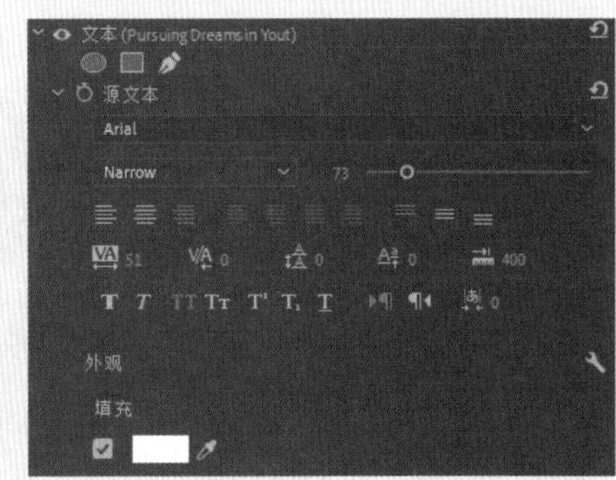

步骤06 下面设置文本的动画。在“时间线”面板中选择文本，在“效果控件”面板中将时间线定位在开始处，单击“切换动画”按钮，添加关键帧，设置“缩放”值为43。再将时间线定位在第24帧处，添加关键帧，设置“缩放”值为100，如下图所示。然后就制作出了文本从画面中心逐渐变大的动画效果。

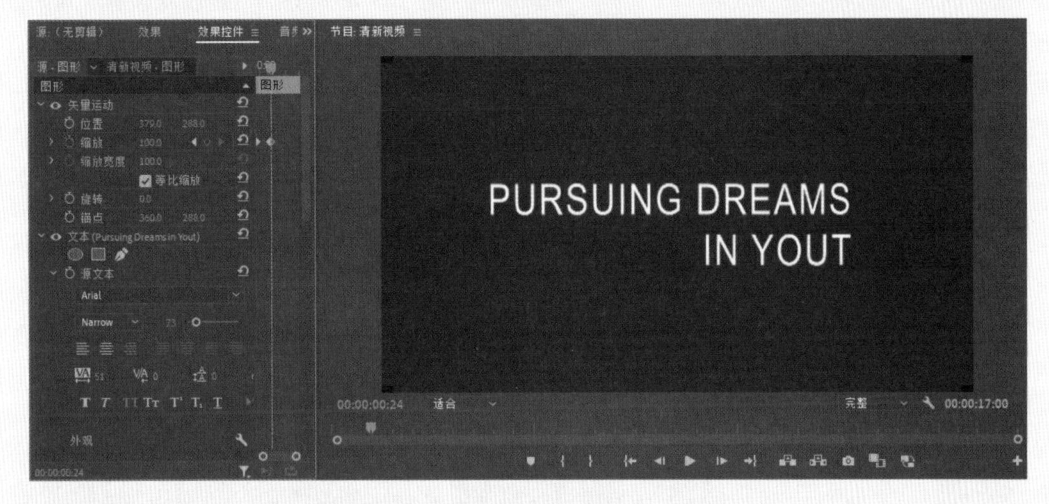

步骤07 最后将时间线定位在2秒处，按Ctrl+K组合键对文字和颜色遮罩进行裁剪（用户也可以使用剃刀工具进行裁剪），“时间线”面板如下左图所示。

步骤08 将“项目”面板中的1.jpg到5.jpg拖到“时间线”面板的V1轨道上。选择添加的素材并右击，在快捷菜单中选择“速度/持续时间”命令，在打开的“剪辑速度/持续时间”对话框中设置“持续时间”为3秒，勾选“波纹编辑，移动尾部剪辑”复选框，如下右图所示。

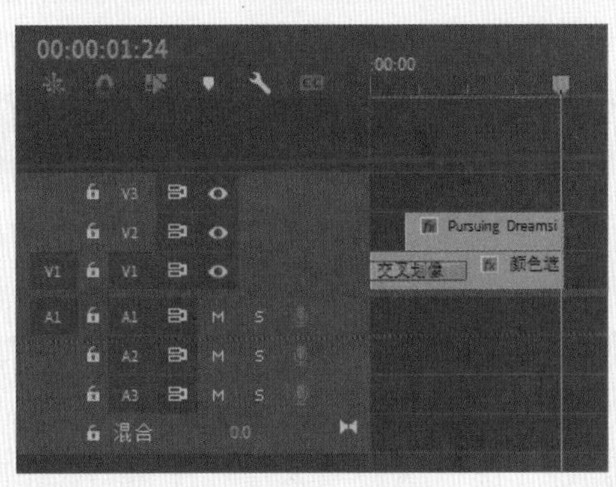

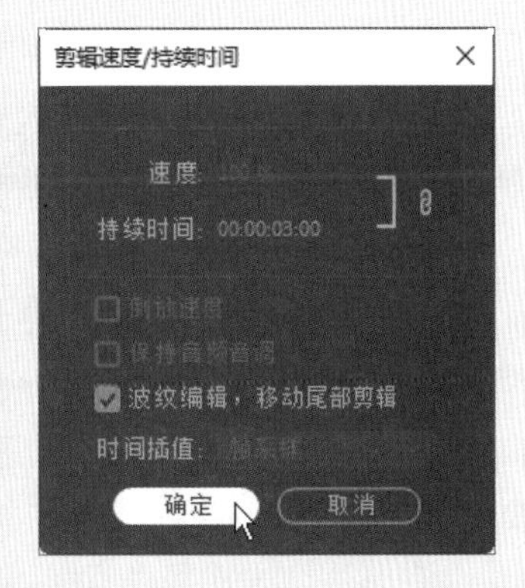

步骤09 在“时间线”面板中选择素材1.jpg，在“效果控件”面板中展开“运动”属性，设置“缩放”值为85，使素材正好充满画面，如下页左图所示。然后根据相同的方法调整其他素材的大小。

步骤10 在“效果”面板中“视频过渡”下方展开“划像”文件夹，将“菱形划像”视频过渡效果拖到最前方两个素材之间，滑动时间线并查看添加后的效果，如下右图所示。

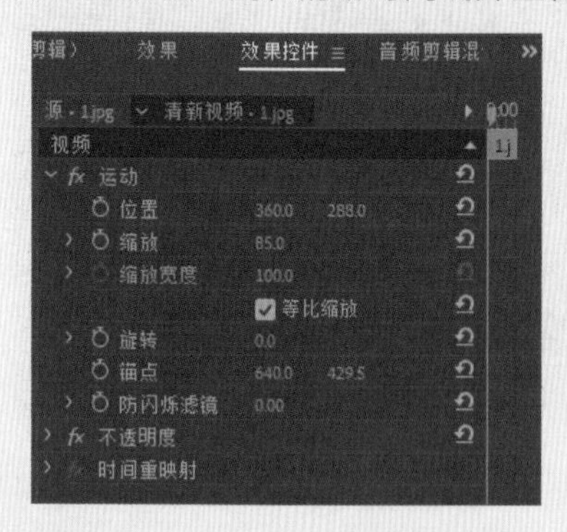

步骤 11 在“效果”面板中展开“擦除”文件夹，将“随机块”过渡效果拖到1.jpg和2.jpg素材之间。选择“随机块”过渡效果，在“效果控件”面板中单击“自定义”按钮，打开“随机块设置”对话框，设置“宽”和“高”的值，如下左图所示。

步骤 12 设置完成后，滑动时间轴并查看“随机块”视频过渡的效果，如下右图所示。

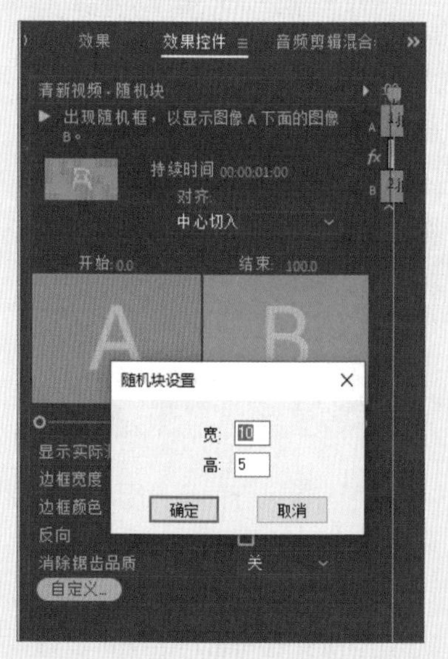

步骤 13 根据相同的方法在2.jpg和3.jpg两个素材之间添加“交叉缩放”视频过渡效果，如下左图所示。

步骤 14 在3.jpg和4.jpg之间添加“渐变擦除”视频过渡效果，如下右图所示。

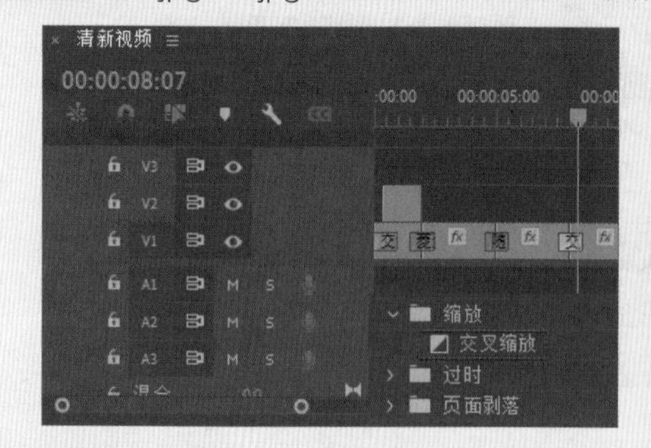

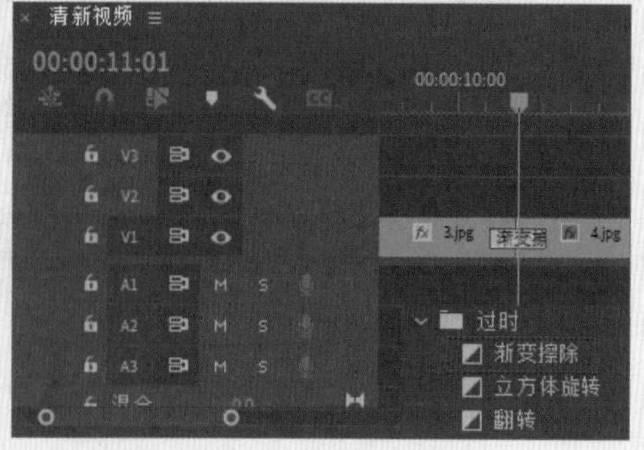

步骤 15 在4.jpg和5.jpg素材之间添加“交叉溶解”视频过渡效果，如下页左图所示。

步骤 16 在素材5.jpg的最后添加“胶片溶解”视频过渡效果，如下页右图所示。

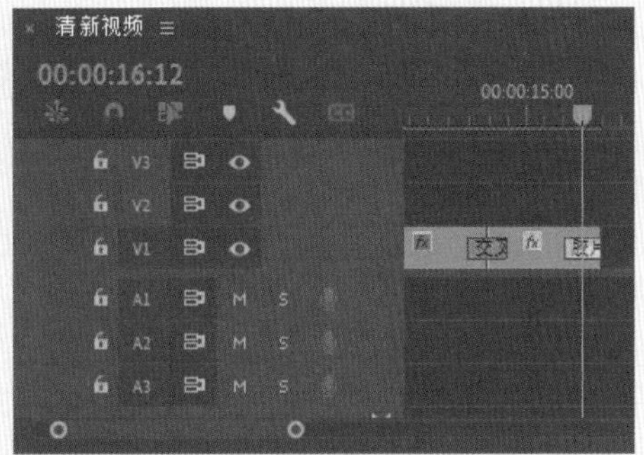

步骤17 将“6.mp4”素材添加到5.jpg素材的右侧，在“效果控件”面板中设置“缩放”值为35，如下左图所示。

步骤18 右击添加的素材，在快捷菜单中选择“取消链接”命令，然后删除音频文件。使用剃刀工具适当分割视频素材，并删除多余部分，视频画面效果如下右图所示。

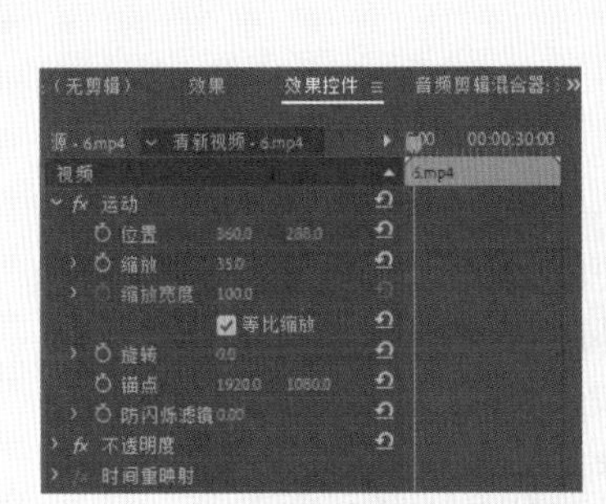

步骤19 在“效果”面板中搜索“亮度曲线”视频效果，并添加到视频素材上，在“效果控件”面板中适当调整亮度曲线，如下左图所示。

步骤20 此时的视频画面要明亮很多，效果如下右图所示。

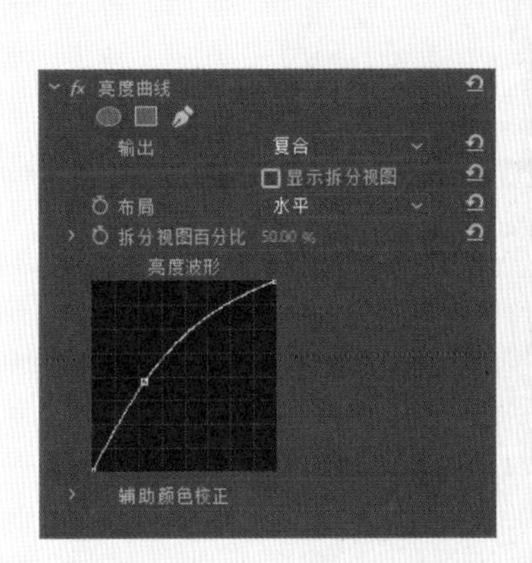

步骤21 在“效果”面板中搜索“颜色平衡”视频效果，并添加到视频素材上。然后在“效果控件”面板中适当增加“红色”和“绿色”的颜色值，画面效果如下页图所示。

步骤22 将时间线定位在视频素材开始的位置，在“节目”面板中单击“导出帧”按钮，将该帧的图像拖到视频素材上方的V2轨道上，如下左图所示。

步骤23 在“效果”面板中搜索“裁剪”视频效果并将其拖到V2轨道的素材上。然后在“效果控件”面板中设置“左侧”“顶部”“右侧”和“底部”的值均为20%，如下右图所示。

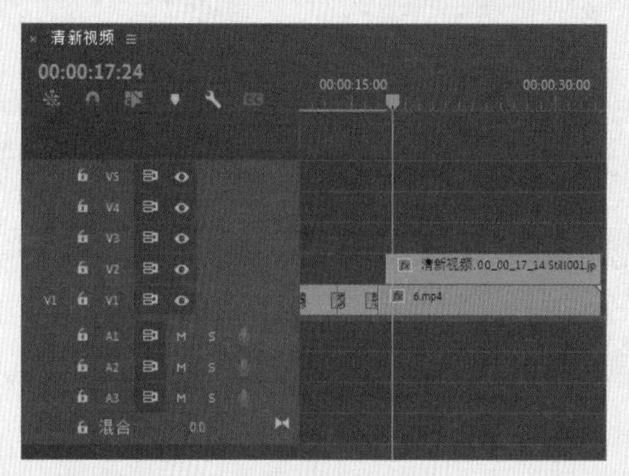

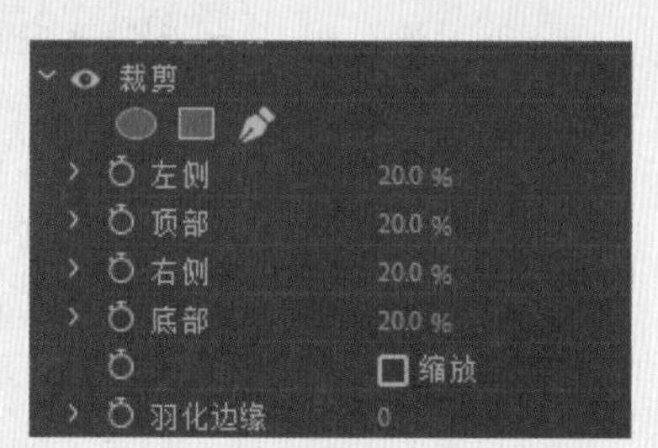

步骤24 再为V2轨道上的素材添加“径向阴影”视频效果，在“效果控件”面板中设置“阴影颜色”为白色、“投影距离”为6，并调整“光源”的数值，使白色阴影均匀地分布在四周，如下图所示。

步骤25 在“效果”面板中将“白场过渡”视频过渡效果添加到V2轨道素材的左侧，画面显示定格画

面之前使用的白场过渡，如下左图所示。

步骤26 使用文字工具，在定格画面中间的公路上输入文本“勇往直前”，然后在“效果控件”面板中设置字体的格式，画面效果如下右图所示。

步骤27 将“音乐.mp3”素材拖到“时间线”面板的A1轨道上，然后右击，在快捷菜单中选择“音频增益”命令，打开“音频增益”对话框，设置“调整增益值”为-18，单击“确定”按钮，如下左图所示。

步骤28 调小音频增益后，使用剃刀工具将多余的音频文件分割并删除，如下右图所示。

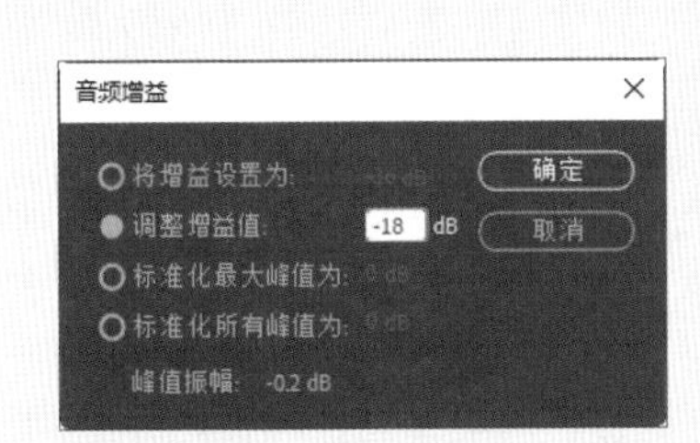

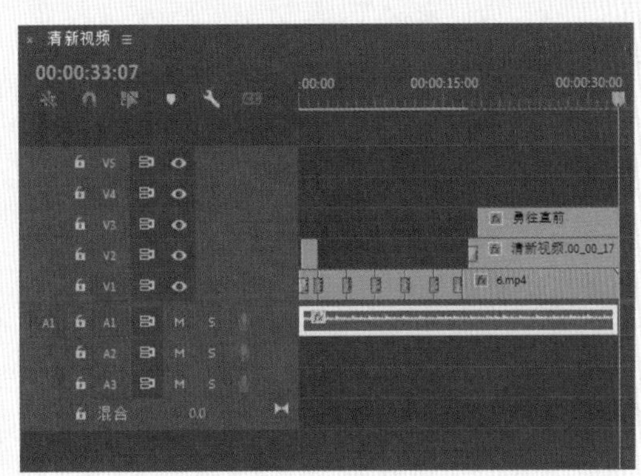

步骤29 裁剪音频后，音乐会突然结束。在“效果”面板中搜索“指数淡化”音频过渡效果，并将其拖到音频文件的末尾，让音乐逐渐消失，如下图所示。

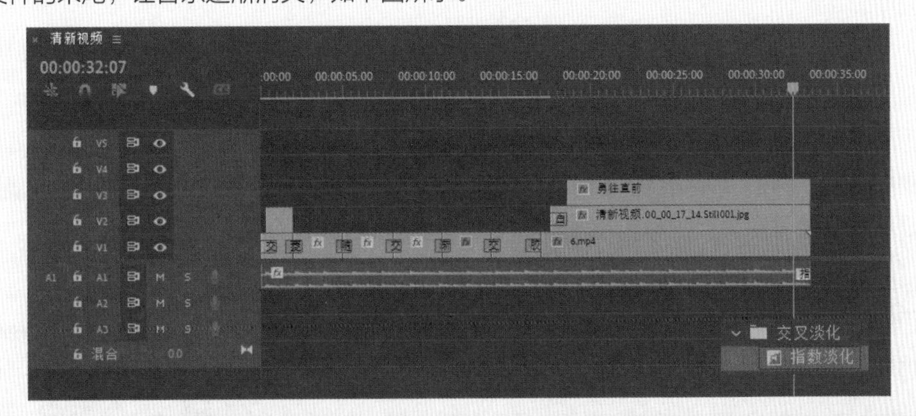

提示：音频过渡

本示例在调整音乐时使用了“指数淡化”的音频过渡效果，这方面的内容将在之后的章节中介绍。

课后练习

一、选择题

（1）（　　）效果组中的过渡效果是通过分割画面来完成场景切换的。

A. 划像　　B. 擦除　　C. 内滑　　D. 溶解

（2）用户将视频过渡效果插入到两个素材的中心位置时，在“效果控件”面板中的“对齐”选项中选择（　　）对齐方式，视频过渡效果便位于两个素材的中心位置。

A. 起点切入　　B. 中点切入

C. 自定义切入　　D. 中心切入

（3）（　　）效果组主要是以淡化、渗透等方式产生过渡效果。

A. 划像　　B. 内滑　　C. 溶解　　D. 擦除

（4）（　　）视频过渡效果使素材A和素材B左右并排在一起，素材B把素材A向一边推动，使素材A离开画面，素材B逐渐占据素材A的位置。

A. 滑动　　B. 推　　C. 中心拆分　　D. 带状滑动

（5）（　　）效果可以使素材A和素材B如同立方体的两个面一样过渡转换。

A. 旋转　　B. 翻转　　C. 立方体旋转　　D. 立方体翻转

二、填空题

（1）__________视频过渡效果可以使素材A从画面中心分成4片并向4个方向滑行，逐渐露出素材B。

（2）__________视频过渡效果组主要使素材A以各种卷页动作的形式消失，最终显示出素材B。

（3）__________视频过渡效果可以使素材A以页角对折的形式逐渐消失，呈现出素材B。

（4）__________效果可以使素材B从素材A的中心出现，并逐渐放大，最终覆盖素材A。

（5）__________视频过渡效果可以使素材B以盒子的形状出现，并从中心划开，并且盒子的形状逐渐增大，以至于将素材A完全覆盖。

三、上机题

打开本书中提供的素材文件，利用本章学习的视频过渡效果，制作一个以美食为主题的素材剪辑。首先在Premiere中新建项目，再新建序列。将准备好的素材添加到“时间线”面板中，然后根据设计需要调整各素材的时间并分割音频文件，如下左图所示。再添加视频过渡效果，例如添加“棋盘”效果，画面效果如下右图所示。

第4章 调色、合成和抠像

本章概述

本章主要介绍在Premiere Pro 2024中对素材进行调色、合成与抠像的方法，从而使影片通过剪辑产生画面合成效果。在学习这些功能的时候，我们将结合实战练习进一步加强理解相关知识，使读者能够完全掌握所学知识。

核心知识点

1. 熟悉画面颜色的调整操作
2. 了解合成的概念
3. 掌握视频合成的方法
4. 掌握抠像的方法

4.1 调色

调色主要是对视频素材的各项颜色属性进行调整，使画面颜色的整体效果、鲜艳程度等达到编辑需要。调整画面颜色的视频效果主要位于“调整”“色彩校正”和“图像控制”视频效果组中，下面分别对其进行简要介绍。

4.1.1 “调整”视频调色效果

“调整”视频效果组中包含了4种效果，分别是“ProcAmp”“光照效果”“提取”和“色阶”，如右图所示。这类效果可以调整素材的颜色、亮度、质感等，实际应用中主要用于修复原始素材的偏色及曝光不足等缺陷，也可以通过调整素材的颜色或者亮度来制作特殊的色彩效果。

（1）ProcAmp视频效果

“ProcAmp”视频效果是“调整”视频效果组中最常用的效果，同时也是最简单、最方便的调色工具，可以对素材的亮度、对比度、色相、饱和度进行整体控制。原始素材效果如下左图所示。应用“ProcAmp”视频效果后，素材的效果如下右图所示。

为素材应用“ProcAmp”视频效果后，在“效果控件”面板中可以设置“亮度”“对比度”“色相”和“饱和度”的值，如右图所示。

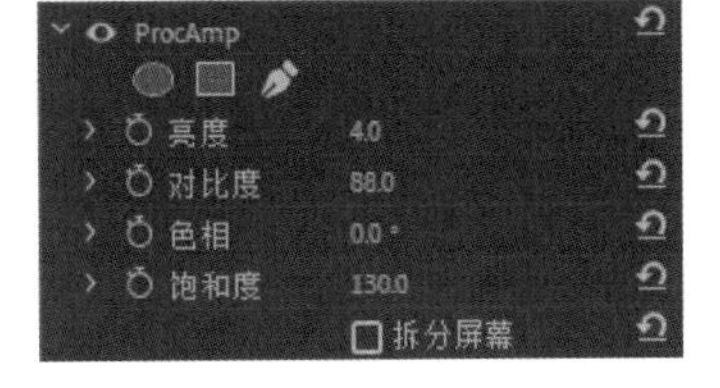

“亮度”用于调整画面的明亮程度；“对比度”用于设置颜色明暗对比的强烈程度；“色相”用于设置画面的整体色调。

“拆分屏幕”复选框用于控制以上设置参数应用到画面的范围，默认为50%，表示画面中一半是调整过的效果，另一半是原图。右图的左侧为调整参数后的效果，右侧为原图，可以很好地形成对比。

（2）光照效果视频效果

“光照效果”视频效果能使图像产生三维造型效果或光线照射效果，从而为图像添加特殊的光线。未使用该视频效果的素材如下左图所示。使用该视频效果的素材如下右图所示。

为素材添加“光照效果”视频效果后，在“效果控件”面板中可以设置光照的相关参数，例如“环境光照颜色”“表面材质”“曝光”等，如下左图所示。

展开“光照1”，还可以设置光源的类型、颜色和半径等，如下右图所示。我们也可以在同一个画面中设置多个光源。

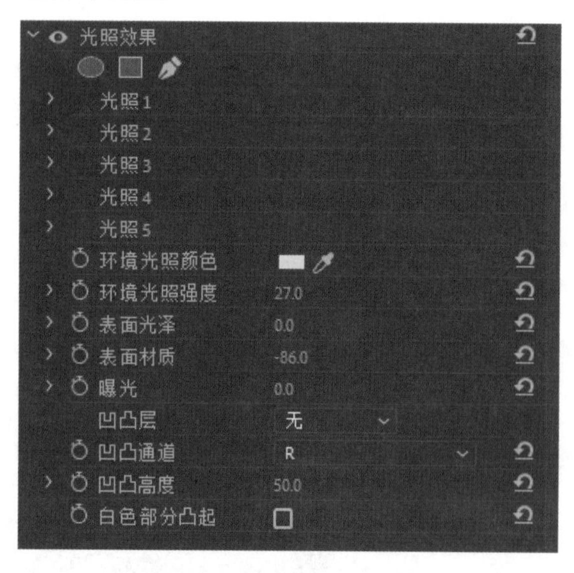

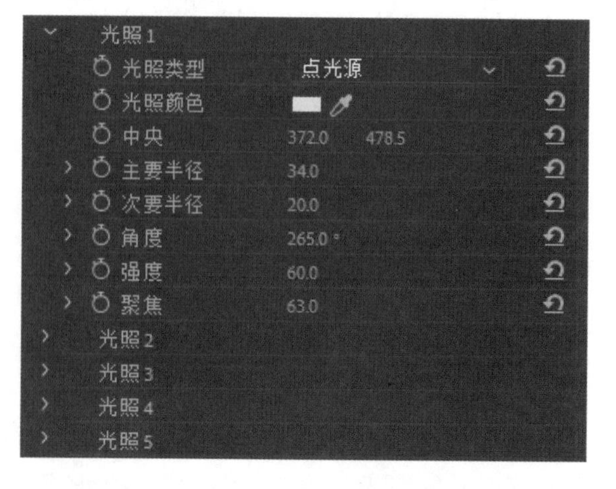

下面介绍设置光照效果的主要参数。

- **光照类型：** 下拉列表中包含平行光、全光源和点光源选项。平行光是一种平行于场景物体表面的光源，适用于创造强烈的光影效果；点光源是一种单点发光的光源，适用于创造局部的强光照射效果。

- **光照颜色**：用于设置光照的颜色。单击右侧色块，在打开的“拾色器”对话框中设置颜色。
- **中央**：通过设置右侧的参数，可以调整光照的位置。
- **半径**：半径的值越大，光照越小。包括“主要半径”和“次要半径”的设置。
- **角度**：设置光照的角度。
- **强度**：强度的值会影响光线的亮度和阴影的深浅。

（3）提取视频效果

“提取”视频效果可以提取画面的颜色，通过控制像素的灰度值来将图像转换为灰度模式。原始素材为彩色图像，效果如下左图所示。为素材添加“提取”视频效果后，画面效果如下右图所示。

为素材应用“提取”视频效果后，在“效果控件”面板中可以设置相关参数，如右图所示。

- **输入黑色阶**：表示画面中黑色的提取情况，数值越大，黑色区域越大。
- **输入白色阶**：表示画面中白色的提取情况。
- **柔和度**：用于调整画面的灰度，数值越大，其灰度越高。

提取
输入黑色阶 64
输入白色阶 194
柔和度 67
反转

（4）色阶视频效果

“色阶”视频效果通过将图像各个通道的输入颜色级别范围重新映像到一个新的输出颜色级别范围，从而改变画面的质感。该效果与Photoshop中同名滤镜的作用及使用方法类似。原始素材为彩色图像，如下左图所示。为素材添加“色阶”视频效果之后，画面效果如下右图所示。

4.1.2 “颜色校正”视频调色效果

“颜色校正”视频效果可以对素材的颜色进行细致地校正。在Premiere Pro 2024中，“颜色校正”视频效果包括“ASC CDL”“Brightness & Contrast”“Lumetri颜色”“色彩”“视频限制器”和“颜色平衡”，如右图所示。

（1）ASC CDL视频效果

“ASC CDL”视频效果可以对素材文件进行红、绿、蓝3种色相及饱和度的调整。原始素材效果如下左图所示。为素材应用“ASC CDL”视频效果后，画面效果如下右图所示。

（2）Brightness & Contrast视频效果

“Brightness & Contrast”视频效果可以调整素材的亮度和对比度参数。原始素材效果如下左图所示。为素材应用Brightness & Contrast视频效果，并在“效果控件”面板中适当增加亮度和对比度的值，画面效果如下右图所示。

- **亮度**：调节画面的明暗程度。
- **对比度**：调节画面中颜色的对比度。

（3）Lumetri颜色视频效果

“Lumetri颜色”视频效果可以在素材文件的通道中进行颜色调整。原始素材效果如下页左图所示。为素材应用“Lumetri颜色”视频效果后，画面效果如下右图所示。

为素材添加“Lumetri颜色”视频效果，在“效果控件”面板中可以设置相关参数，如右图所示。“Lumetri颜色”视频效果主要参数的含义如下。

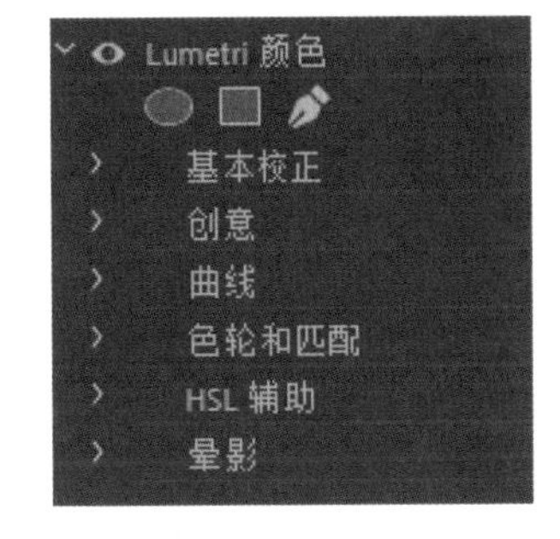

- **基本校正**：可以调整素材文件的色温、对比度、曝光程度等。
- **创意**：包括“强度”和“调整”效果参数的调节。
- **曲线**：包含“RGB曲线”和“色相饱和度曲线”的效果参数设置。
- **HSL辅助**：对素材文件中颜色的调整具有辅助作用。
- **晕影**：对素材文件中颜色的数量、中点、羽化进行调节。

（4）色彩视频效果

“色彩”视频效果可以通过更改颜色对图像进行颜色的变换处理。原始素材效果如下左图所示。为素材应用“色彩”视频效果后，画面效果如下右图所示。

（5）颜色平衡视频效果

“颜色平衡”视频效果可以调整素材中阴影红绿蓝、中间调红绿蓝和高光红绿蓝所占的比例。原始素材效果如下页左图所示。应用“颜色平衡”视频效果并适当调整参数后，画面效果如下右图所示。

为素材添加“颜色平衡”视频效果后，“效果控件”面板中的参数如右图所示。

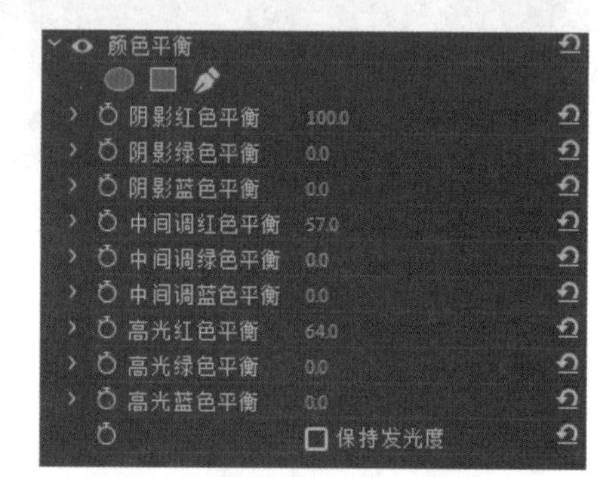

- **阴影红色平衡/阴影绿色平衡/阴影蓝色平衡：** 调整素材中阴影部分的红、绿、蓝颜色的平衡情况。
- **中间调红色平衡/中间调绿色平衡/中间调蓝色平衡：** 调整素材中间调部分的红、绿、蓝颜色的平衡情况。
- **高光红色平衡/高光绿色平衡/高光蓝色平衡：** 调整素材中高光部分的红、绿、蓝颜色的平衡情况。

提示：“颜色平衡”视频效果的应用

在使用“颜色平衡”视频效果调整素材的颜色平衡时，若用户不为参数添加关键帧，那么该视频效果将全局调整素材的颜色平衡。

若用户为该视频效果的参数添加关键帧，即可以实现视频效果动态调整素材的效果，还可以只调整素材一部分的颜色平衡。该方法主要用于调整素材局部的颜色平衡。

实战练习 制作暖色调的视频

本节我们学习了颜色校正视频效果的应用，知道了调节视频颜色的功能，下面将使用“Brightness & Contrast”和“Lumetri颜色”视频效果制作暖色调风格的视频。

步骤 01 首先启动Premiere，新建一个项目，将“自行车.jpg”素材添加到“项目”面板中，再拖到“时间线”面板的V1轨道上，如下左图所示。

步骤 02 在“效果”面板中将“Brightness＆Contrast”视频效果拖到V1轨道的素材上，如下右图所示。

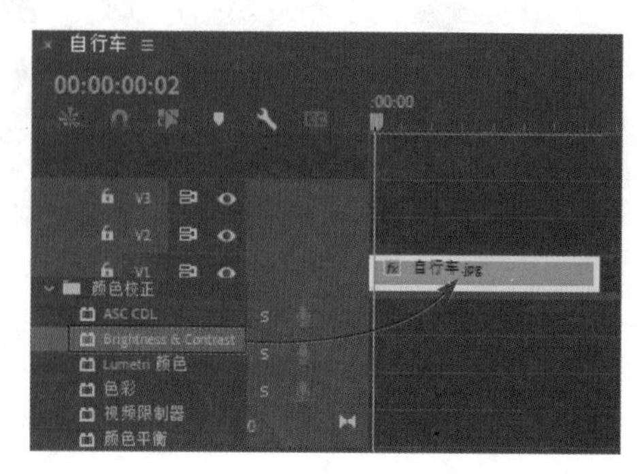

步骤 03 选择添加的素材，在“效果控件”面板中展开“Brightness & Contrast”视频效果，设置“亮度”和“对比度”的数值为20，如下左图所示。

步骤 04 为素材添加“Lumetri颜色”视频效果，在“效果控件”面板中设置“基本校正”下“色温”的值为50。展开“曲线”，在“RGB曲线”下方调整白色、红色和蓝色曲线，如下右图所示。

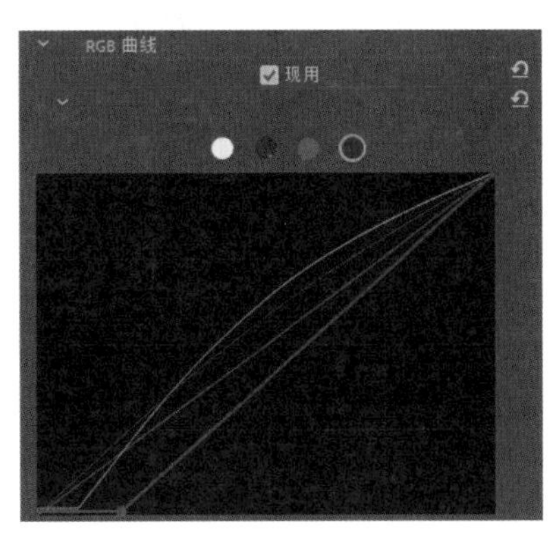

步骤 05 调整完成后的画面效果如右图所示。

4.1.3 “图像控制”视频调色效果

“图像控制”视频效果可以平衡画面中强弱、浓淡、轻重的色彩关系，使画面更加符合观众的观看感受。“图像控制”视频效果组中包含了“灰度系数校正”“黑白”“颜色替换”和“颜色过滤”4种效果。

(1) 灰度系数校正视频效果

“灰度系数校正”视频效果通过修正图像中间色调来调整Camma值。原始素材效果如下左图所示。为素材应用“灰度系数校正”视频效果，在“效果控件”面板中设置“灰度系数”的值为20，画面效果如下右图所示。

（2）黑白视频效果

“黑白”视频效果能忽略图像的颜色信息，将彩色图像转为黑白灰度模式的图像。原始素材效果如下左图所示。为素材应用“黑白”视频效果后，画面效果如下右图所示。

“黑白”视频效果没有任何控制参数可供用户调整，将该视频效果添加至素材，即可将彩色素材调整为灰色素材。

（3）颜色替换视频效果

“颜色替换”视频效果能将图像中指定的颜色替换为另一种指定颜色，而其他颜色保持不变。为素材添加“颜色替换”视频效果时，只需在“效果控件”面板中设置视频效果替换颜色的参数，即可替换指定的颜色。原始素材效果如下左图所示。为素材应用“颜色替换”视频效果后，画面效果如下右图所示。

在使用“颜色替换”视频效果替换某种颜色时，单击颜色后的吸管工具，通过在视口中拾取某种颜色，可以快速定义被替换的颜色及目标颜色。

为素材应用“颜色替换”视频效果后，在“效果控件”面板中可以设置“相似性”“纯色”“目标颜色”和“替换颜色”等参数，下面介绍各参数的含义。

- **相似性：** 用于设置相似色彩的容差值，即增加或减少所选颜色的范围。
- **纯色：** 勾选该复选框后，“颜色替换”视频效果将应用在指定的纯色目标颜色上，不会有任何过渡。
- **目标颜色：** 用于设置被替换的颜色。用户可以单击右侧的色块，在打开的“拾色器”对话框中指定颜色；也可以单击右侧的吸管按钮，在画面中吸取颜色。

- **替换颜色：** 用于设置替换当前颜色的颜色。

（4）颜色过滤视频效果

“颜色过滤”视频效果能过滤图像中指定颜色之外的其他颜色，即图像中只保留指定颜色，其他颜色以灰度模式显示。原始素材效果如下左图所示。为素材应用“颜色过滤”视频效果后，画面效果如下右图所示。

实战练习 制作双色画面的效果

本节我们学习了“图像控制”效果组中的视频效果，并理解了这些视频效果是如何改变画面颜色的。下面我们将应用“黑白”视频效果，制作双色画面的效果。

步骤 01 首先打开Premiere，新建一个项目，将“亲子.jpg”素材添加到“项目”面板中。单击“项目”面板下方的“新建项”按钮，在列表中选择“颜色遮罩”选项，并设置颜色为白色，如下左图所示。

步骤 02 将“颜色遮罩”拖到“时间线”面板中的V1轨道上，再将“亲子.jpg”素材拖到V2轨道上，如下右图所示。

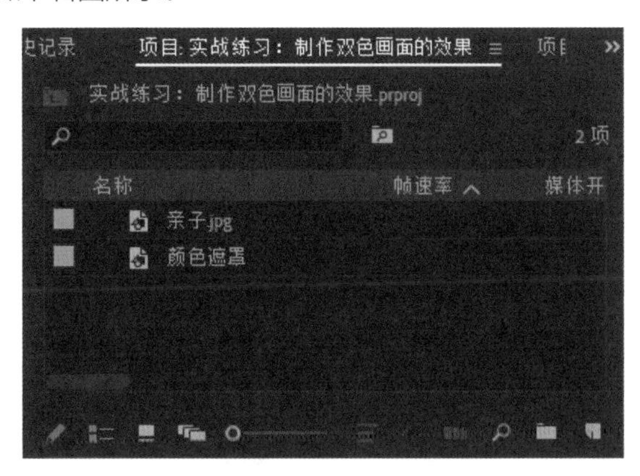

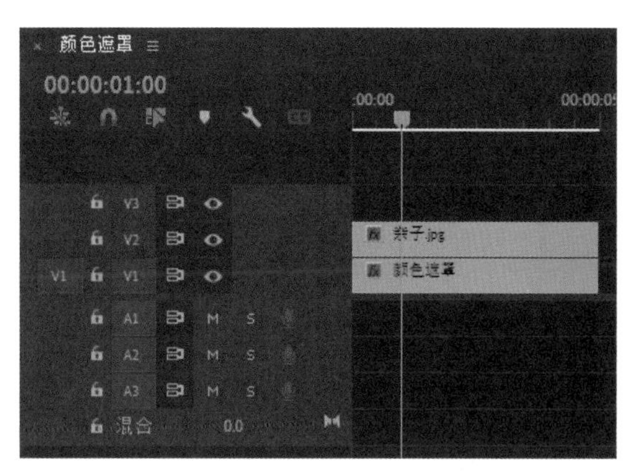

步骤 03 在“效果”面板中搜索“裁剪”视频效果，将其拖到“亲子.jpg”素材上。在“效果控件”面板中设置“右侧”为15%，在画面的右侧裁剪部分“亲子.jpg”素材，以显示下方白色的颜色遮罩。画面效果如下页左图所示。

步骤 04 在“效果”面板中将“黑白”视频效果拖到“亲子.jpg”素材上方，此时彩色素材变为黑白素材。在“效果控件”面板的“黑白”下方单击矩形蒙版的图标，再勾选“已反转”复选框，如下页右图所示。

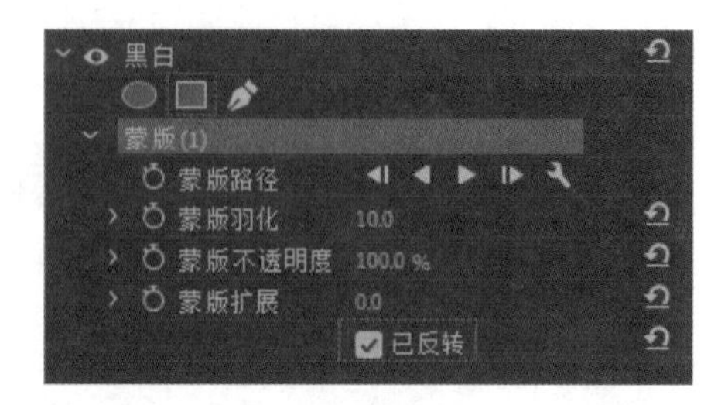

步骤05 在“节目”面板中添加矩形蒙版，并且蒙版内容的画面为彩色，其他部分为黑白，如下左图所示。

步骤06 分别选择控制点，在移动时按住Shift键可以水平或垂直移动控制点。调整蒙版的大小，如下右图所示。

步骤07 将光标移动至蒙版四个角的任意一个控制点附近，对蒙版进行旋转，如下左图所示。

步骤08 选择矩形工具，在画面中绘制矩形并将其调整至和蒙版一样的大小。在“效果控件”面板中展开“形状”列表，设置无填充、搭边颜色为红色、大小为4，画面效果如下右图所示。

步骤09 使用垂直文字工具在画面右侧的白色区域输入文本，并在“效果控件”面板的“文本”列表中设置字体、大小和填充颜色等参数，画面最终效果如下页图所示。

4.1.4 “过时”视频调色效果

“过时”视频效果组中包含很多可以调色的功能，例如“RGB曲线”“RGB颜色校正器”“三向颜色校正器”和“亮度曲线”等。

（1）RGB曲线视频效果

“RGB曲线”视频效果可以通过调整颜色通道来调节颜色，从而呈现出更丰富的颜色效果。原始素材效果如下左图所示。为素材应用“RGB曲线”视频效果，在“效果控件”面板中调整参数后，画面效果如下右图所示。

为素材应用“RGB曲线”视频效果后，在“效果控件”面板中可以设置“输出”“布局”“拆分视图百分比”和“辅助颜色校正”等参数。下面介绍主要参数的含义。

- **输出**：列表中包含“合成”和“亮度”两个输出类型。
- **布局**：列表中包含“水平”和“垂直”两种布局类型。
- **拆分视图百分比**：调整素材文件的视图大小。
- **辅助颜色校正**：可以通过色相、饱和度、亮度等定义颜色，并针对画面中的颜色进行校正。

（2）RGB颜色校正器视频效果

“RGB颜色校正器”视频效果可以对素材文件的阴影、高光和中间调进行调整。原始素材的效果如下页左图所示。为素材应用“RGB颜色校正器”视频效果并调整相关参数后，效果如下页右图所示。

（3）三向颜色校正器视频效果

“三向颜色校正器”和“RGB颜色校正器”类似，可以对素材文件的阴影、调光和中间调进行调整。原始素材效果如下左图所示。为素材添加“三向颜色校正器”视频效果并调整参数后，画面效果如下右图所示。

为素材添加“三向颜色校正器”视频效果后，在“效果控件”面板中会显示相关参数，如右图所示。下面介绍各主要参数的含义。

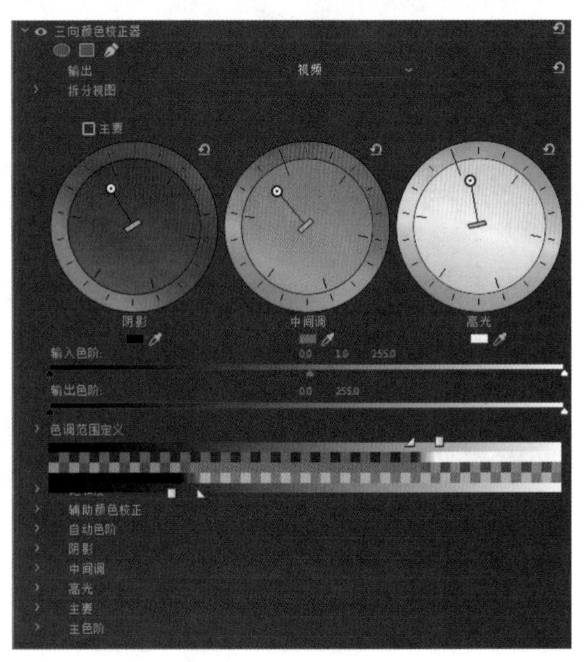

- **输出**：可以查看素材文件的色调范围，其列表中包含“视频”和“亮度”两种输出类型。
- **拆分视图**：设置视图的校正情况。
- **色调范围定义**：通过滑动滑块，可以调节阴影、中间调、高光的色调范围和阈值。
- **饱和度**：可以调整素材文件的饱和度情况。
- **辅助颜色校正**：可以进一步对颜色进行精确调整。
- **自动色阶**：调整素材文件的阴影、高光等情况。
- **阴影**：针对画面中的阴影部分进行调整。
- **中间调**：可以调整素材文件的中间调颜色。
- **高光**：用于调整素材文件的高光部分。

- **主要：** 用于调整画面的整体色调。
- **主色阶：** 用于调整画面中的黑白灰色阶。

（4）亮度曲线视频效果

“亮度曲线”视频效果可以使用曲线来调整素材的亮度。原始素材效果如下左图所示。应用“亮度曲线”视频效果并调整曲线后，画面效果如下右图所示。

“亮度曲线”视频效果包括“输出”“显示拆分视图”“布局”“拆分视图百分比”和“亮度波形”等参数。下面介绍各参数的含义。

- **输出：** 通过“输出”设置，可以查看素材文件的最终效果，列表中包含“复合”和“亮度”两种方式。
- **显示拆分视图：** 勾选该复选框，可显示素材文件调整前后的对比效果。
- **布局：** 包含“水平”和“垂直”两种布局方式。
- **拆分视图百分比：** 调整视图的大小情况。
- **亮度波形：** 通过调整曲线的形状，调节画面的亮度。将曲线向上拖动则画面变亮，将曲线向下拖动则画面变暗。

（5）亮度校正器视频效果

“亮度校正器”视频效果可以调整画面的亮度、对比度和灰度值。原始素材效果如下页左图所示。为素材应用“亮度校正器”视频效果，在“效果控件”面板中适当提高高光部分的亮度，画面效果如下页右图所示。

为素材应用“亮度校正器”视频效果后，“效果控件”面板中的参数如右图所示。

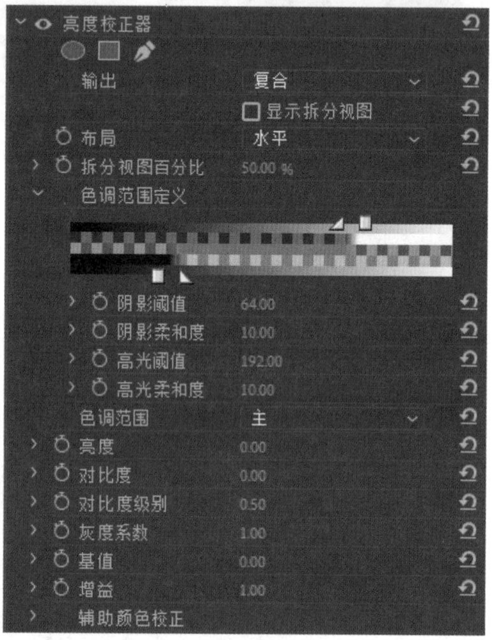

亮度校正器
输出 复合
显示拆分视图
布局 水平
拆分视图百分比 50.00 %
色调范围定义
阴影阈值 64.00
阴影柔和度 10.00
高光阈值 192.00
高光柔和度 10.00
色调范围 主
亮度 0.00
对比度 0.00
对比度级别 0.50
灰度系数 1.00
基值 0.00
增益 1.00
辅助颜色校正

下面介绍主要参数的含义。

- **色调范围定义：** 展开后，在色调范围定义条上拖动滑块能调节阴影、中间调和高光的范围。“阴影阈值”用于定义阴影的色调范围；“阴影柔和度”用于定义柔化边缘的阴影色调范围；“高光阈值”用于调节高光的色调范围；“高光柔和度”用于确定柔化边缘的高光色调范围。
- **亮度：** 设置画面的亮度。
- **对比度：** 设置画面的对比度。
- **对比度级别：** 是衡量画面亮部与暗部差异程度的重要指标。
- **基值：** 增加特定的偏移像素值。结合增益使用，能够使图像变亮。
- **增益：** 对图像亮度信号的放大程度，用于调整图像的亮度水平。

（6）快速模糊视频效果

“快速模糊”视频效果可以根据调整的模糊数值来控制画面的模糊程度。原始素材效果如下左图所示。应用“快速模糊”视频效果后，设置“模糊度”为10，画面效果如下右图所示。

下面介绍“快速模糊”视频效果的参数。

- **模糊度：** 数值越大，画面越模糊。

- **模糊维度**：设置模糊的方向，列表中包含“水平和垂直”“水平”和“垂直”3种模糊方式。
- **重复边缘像素**：勾选该复选框，可以对画面边缘像素进行模糊处理。

（7）颜色平衡（RGB）视频效果

“颜色平衡（RGB）”视频效果可以修改素材红、绿和蓝色通道的平衡。原始素材效果如下左图所示。添加“颜色平衡（RGB）”视频效果，适当降低“红色”数值，画面效果如下右图所示。

为素材应用“颜色平衡（RGB）”视频效果，在“效果控件”面板中可以设置“红色”“绿色”和“蓝色”的值，下面介绍这3个参数的含义。

- **红色**：增加该参数的数值会增加图像中的红色，减少数值则减少图像中的红色，并且此时会增加青色。增加青色的原因是红色减少，而图像中的绿色和蓝色相对较多。
- **绿色**：增加该参数的数值会增加图像中的绿色，减少数值则减少图像中的绿色，并且此时会增加洋红色。洋红色增加的原因是绿色减少，而图像中的红色和蓝色相对较多。
- **蓝色**：增加该参数的数值会增加图像中的蓝色，减少数值则减少图像中的蓝色，并且此时会增加黄色。黄色增加的原因是蓝色减少，而图像中的红色和绿色相对较多。

（8）颜色平衡（HLS）视频效果

“颜色平衡（HLS）”视频效果可以通过色相、亮度和饱和度参数调整画面色调。原始素材效果如下左图所示。调整“色相”的值后，画面效果如下右图所示。

“颜色平衡（HLS）”视频效果包含以下参数。

- **色相**：用于调整素材的颜色偏向。
- **亮度**：用于调整素材的明亮程度。
- **饱和度**：用于调整素材的饱和度强度，数值为-100时为黑白色。

4.2 合成

虽然Premiere Pro 2024不是专用的合成软件，却有着强大的合成功能。不仅能够组合和编辑剪辑，还能使剪辑或者其他剪辑相互叠加，从而生成合成效果。Premiere Pro 2024既可以合成视频剪辑，也可以合成静止图像，或者在二者之间相互合成。

合成一般用于制作效果比较复杂的电影，简称复合电影，通过多个视频轨道的叠加、透明，以及应用各种类型的键来实现。在电视制作上，键控技术也常被称作抠像（Keying），在电影制作中称为遮罩。Premiere Pro 2024建立叠加的效果，是在多个视频轨道中的剪辑实现切换之后，再将叠加轨道上的剪辑叠加到底层的剪辑上，叠加视频轨道编号较高的剪辑会叠加在编号较低的视频轨道剪辑上，并在监视器窗口中优先显示出来，也就意味着在其他剪辑的上面播放剪辑。

在介绍合成之前，需要先了解几个与合成有关的概念，分别为透明、Alpha调整、遮罩和键。

4.2.1 透明

使用透明叠加的原理，使每个剪辑都有一定的不透明度。在不透明度为0%时，图像完全透明；在不透明度为100%时，图像完全不透明；而不透明度介于两者之间时，图像呈半透明。叠加是将一个剪辑部分地显示在另一个剪辑之上，利用的是剪辑的不透明度。Premiere可以通过对不透明度的设置，为对象制作透明叠加混合效果。

在Premiere Pro 2024中，打开一张素材图片，并向叠加轨道中（V2轨道或者更高的轨道）添加其他素材，如下左图所示。然后选择上方的素材，在“效果控件”面板中设置不透明度为50%，画面效果如下右图所示。

在Premiere中，用户可以使用Alpha通道、遮罩、蒙版和键来定义影像中的透明区域和不透明区域，通过设置影像的透明度并结合不同的混合模式，可以创建出绚丽多彩的视频视觉效果。

4.2.2 Alpha通道

影像的颜色信息保存在3个通道中，这3个通道分别是红色通道、绿色通道和蓝色通道。另外，在影像中还包含一个看不见的第4个通道，那就是Alpha通道。Alpha通道可以用来将图像及其透明度信息存储在一个文件中，而不会干扰颜色通道。

在Premiere Pro监视器面板中查看Alpha通道时，白色表示完全不透明，黑色表示完全透明，灰色阴影表示部分透明。

4.2.3 蒙版

蒙版是一个层（或者是任意一个通道），用于定义层的透明区域。白色区域定义的是完全不透明的区域，黑色区域定义的是完全透明的区域，两者之间的区域则是半透明的，这一点类似于Alpha通道。通常，Alpha通道被用作蒙版，但是使用蒙版定义影像的透明区域比使用Alpha通道更好一些，因为在很多的源影像中不包含Alpha通道。

很多格式的影像都包含Alpha通道，比如TGA、TLF、EPS、PDF、Quick time等。

实战练习 使用蒙版放大头像

了解了合成的概念后，接下来我们将使用蒙版和关键帧制作放大头像的效果。在操作中，首先对视频素材进行裁剪，然后创建蒙版，并通过添加关键帧设置蒙版中图像的大小，来制作出老虎头像变大的效果。

步骤 01 首先启动Premiere软件，执行“文件>新建>项目”命令，在打开的对话框的“名称”文本框中输入“实战练习:使用蒙版放大头像”，选择合适的项目位置，单击“创建”按钮，如下左图所示。

步骤 02 导入“老虎.mp4”素材文件，并拖到“时间线”面板的V1轨道上，如下右图所示。

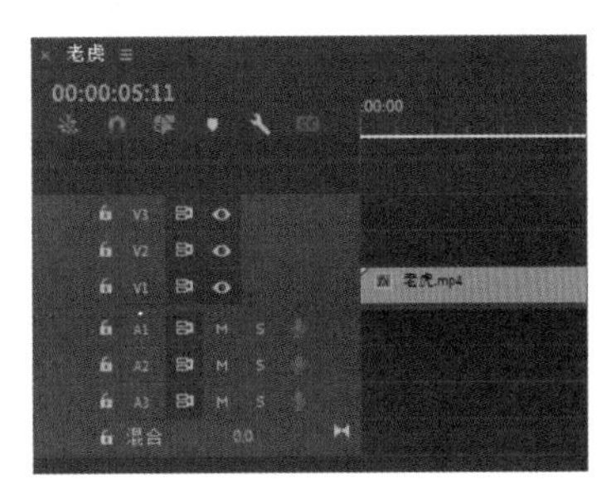

步骤 03 将时间线定位在02:14的位置，使用剃刀工具对视频文件进行分割。使用相同的方法，在04:04的位置也分割素材，如下左图所示。

步骤 04 选择“选择工具”，将分割的中间素材拖到V2轨道上，时间与下方素材分割的时间相同，如下右图所示。

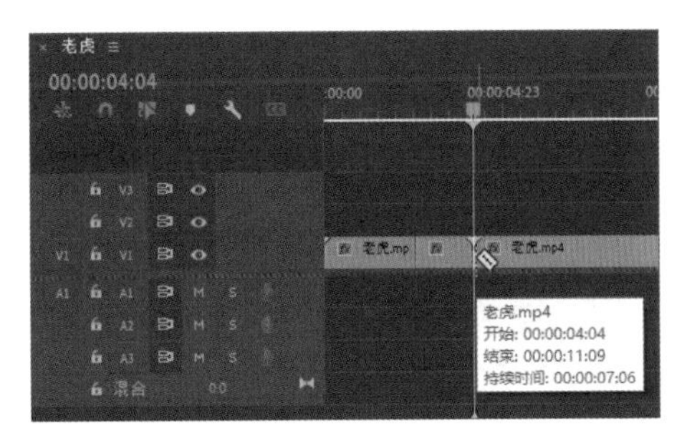

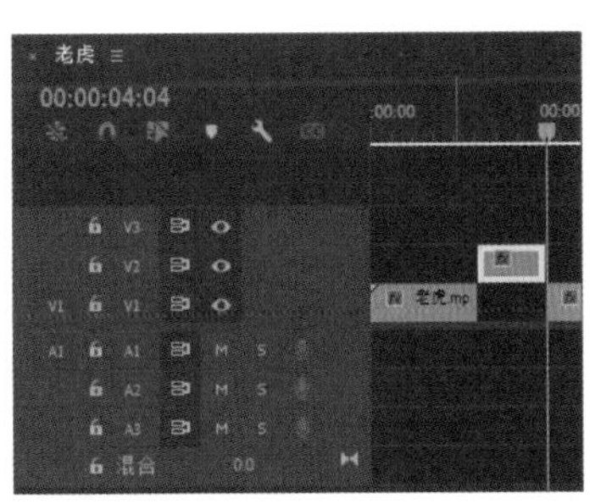

步骤 05 将光标定位在V1轨道上第1段素材的右侧，按住鼠标左键并拖动使其与第2段素材结合，如下页左图所示。

步骤 06 选择V2轨道上的素材，在“效果控件”面板中展开“不透明度”，单击“椭圆蒙版”按钮，在画面中创建蒙版，如下右图所示。

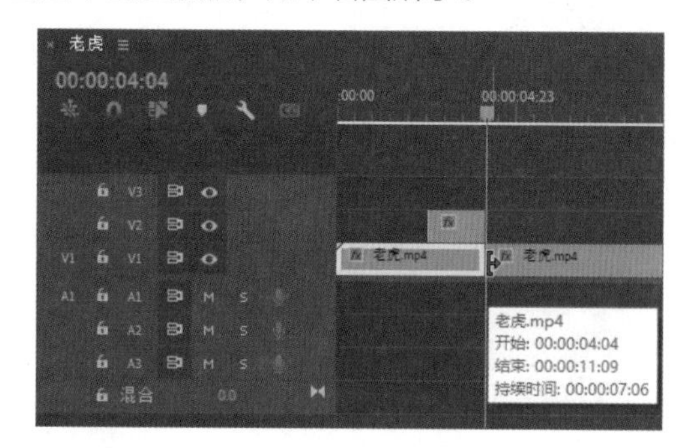

步骤 07 单击V1轨道右侧“切换轨道输出”按钮，隐藏V1轨道的视频。在监视窗口直接调整蒙版上的4个控制点的位置，只显示老虎的头部，如下左图所示。

步骤 08 蒙版的范围调整后，在“效果控件”面板中单击“蒙版路径”左侧的“切换动画”按钮，添加关键帧。再单击“向前跟踪所选蒙版”按钮，在弹出的对话框中会显示跟踪进度，跟踪完成后，即可在添加的关键帧右侧添加跟踪的关键帧，如下右图所示。

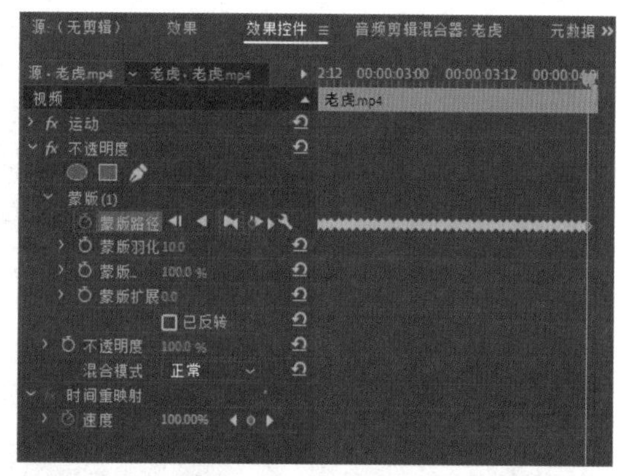

提示：“向前跟踪所选蒙版”按钮的作用

在步骤08中单击“向前跟踪所选蒙版”按钮，目的是使创建的蒙版在画面中跟随老虎头部进行运动。

步骤 9 播放并查看设置后的效果。当老虎转头时，头部会逐渐变大，并且蒙版会跟随老虎的头部运动，然后恢复到正常大小。老虎头部变大效果的相关设置如下左图所示。老虎头部变大的画面效果如下右图所示。

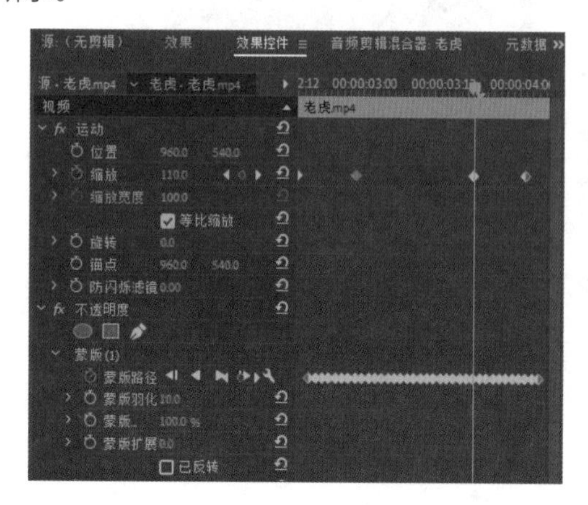

4.2.4 键

键使用特定的颜色值（颜色键成者色度键）和亮度值（亮度键）来定义影像中的透明区域。断开颜色值时，颜色值或者亮度值相同的所有像素都将变成透明的。使用键可以很容易地为一幅颜色或亮度一致的影像替换背景，这种技术一般称为蓝屏或绿屏技术（也就是背景色完全是蓝色的或者绿色的，当然也可以使用其他纯色的背景）。

实战练习 设置视频的渐隐效果

下面介绍在“效果控件”面板中设置视频渐隐效果的操作步骤，具体如下。

步骤01 启动Premiere Pro 2024并新建一个项目，将“树叶.jpg”“人物.jpg”和“书.jpg”素材拖到“项目”面板中，并分别将3个素材拖到V1和V2轨道上，使相邻素材交叉的时间为1秒，如下左图所示。

步骤02 选择“树叶.jpg”素材，切换至“效果控件”面板，分别在开始处、05:00、08:00和结束处添加关键帧，如下右图所示。

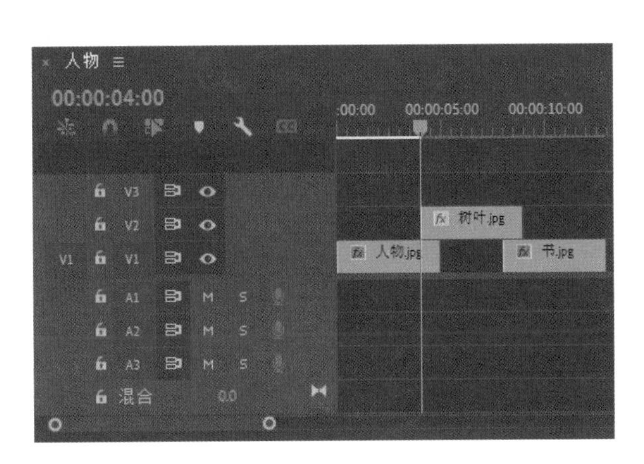

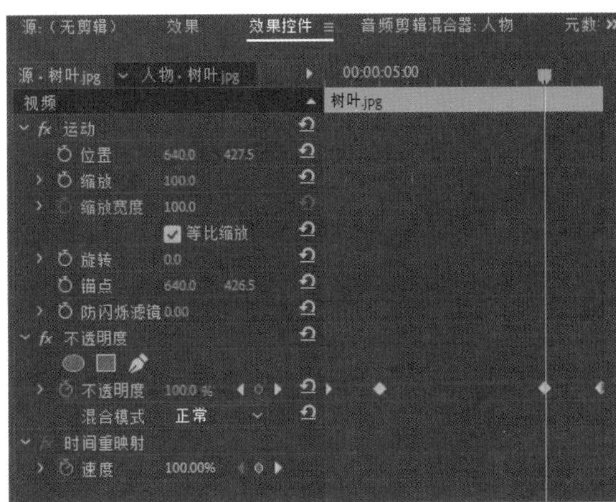

步骤03 展开“不透明度”，下方显示不透明度的曲线，向下拖动开始处的控制点，使不透明度为0%，如下图所示。

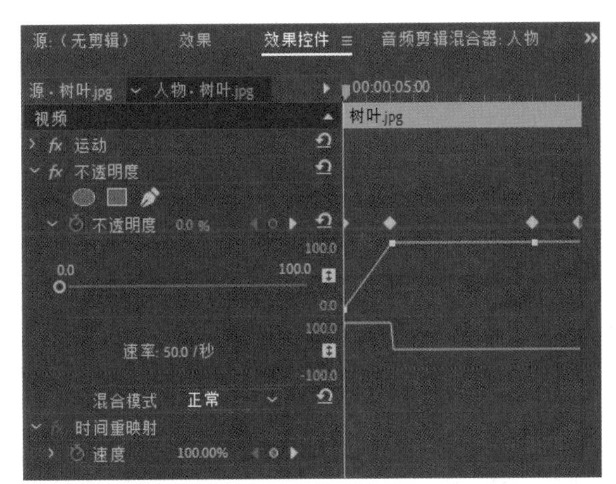

步骤 04 根据相同的方法，将结束处的控制点向下拖动，设置不透明度为0%，如右图所示。

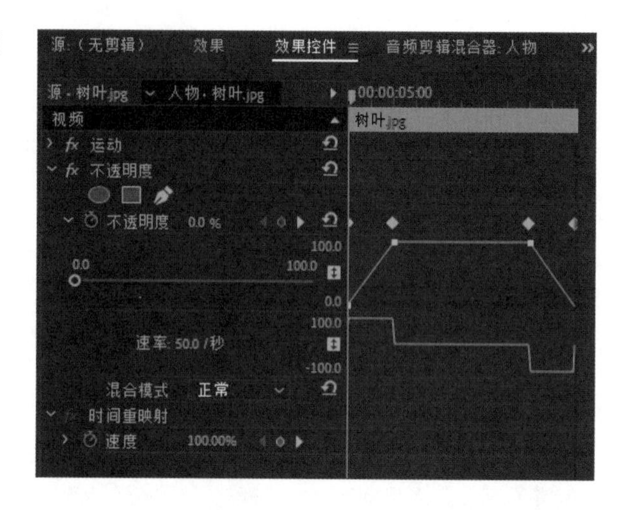

步骤 05 滑动时间线，可在“节目”面板预览画面效果，如下两图所示。

4.3 抠像

在Premiere Pro 2024中，抠像也叫键控。键（key）是基于颜色值或者亮度值来定义剪辑中的透明区域。在很多影视特效或者天气预报中经常使用键来合成特效，天气预报电视节目的合成效果如下图所示。

在Premiere Pro 2024中常用的抠像效果有9种，分别为“过时”效果组中的“图像遮罩键”“差值遮罩”“移除遮罩”和“非红色键”；“键控”效果组中的“Alpha调整”“亮度键”“超级键”“轨道遮罩键”和“颜色键”。

4.3.1 Alpha调整

“Alpha调整”可以选择一个画面作为参考，按照灰度等级决定该画面的叠加效果，并通过调整“不透明度”值得到不同的画面效果。为素材添加“Alpha调整”视频效果后，“效果控件”面板中的参数如右图所示。

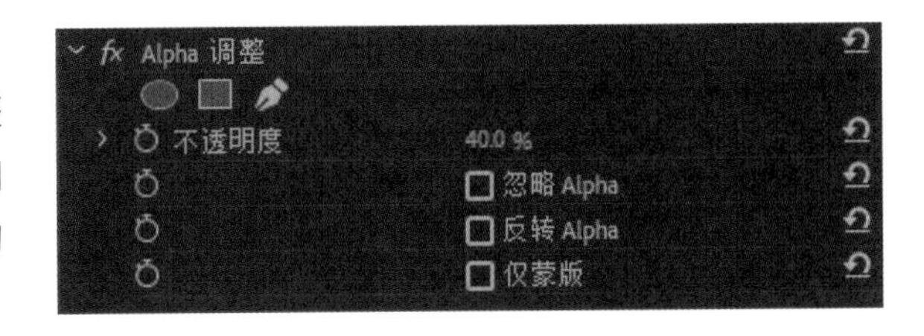

下面介绍各参数的含义。

- **不透明度：** 该参数的数值越小，Alpha通道中的图像越透明。
- **忽略Alpha：** 勾选该复选框，会忽略Alpha通道。
- **反转Alpha：** 勾选该复选框，将Alpha通道进行反转。
- **仅蒙版：** 勾选该复选框，仅显示Alpha通道的蒙版，不显示其中的图像。在画面中创建矩形蒙版并调整大小，效果如下左图所示。勾选“仅蒙版”复选框后，矩形蒙版区域为白色，调整“不透明度”数值后，仅在该区域显示下方图像，画面效果如下右图所示。

Alpha通道中，黑色区域为透明区域，白色区域为不透明区域，灰度区域依灰度值渐变透明。使用该键可以转换剪辑中的透明区域，也就是说可以把透明区域转换成不透明区域，同时把不透明区域转换成透明区域。许多软件都可以产生具有Alpha通道的图像，然后引入Premiere中使用。

4.3.2 亮度键

亮度键依画面中的亮度值创建透明，屏幕上亮度越低的像素点越透明，适合含有高对比度区域的图像。利用“阈值”及“屏蔽度”滑块，可以调节画面中的对比细节，如右图所示。下面介绍该键在“效果控件”面板中的控制选项。

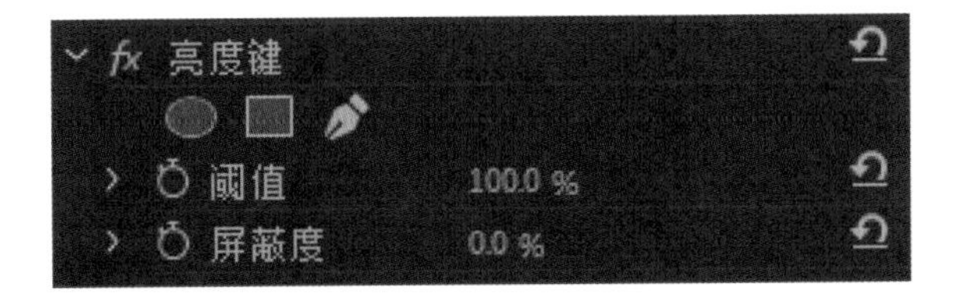

- **阈值：** 用于把灰度级图像或彩色图像转换成高对比度的黑白图像。原始素材效果如下页左图所示。设置“阈值”为80%的画面效果如下页右图所示。
- **屏蔽度：** 调整被叠加剪辑阴暗部分的细节（加黑或者加亮）。

4.3.3 超级键

“超级键”可以使用吸管工具在画面中吸取需要抠除的颜色，此时该颜色会在画面中消失。通常，“超级键”视频效果用在以纯色为背景的画面上。为素材添加“超级键”视频效果后，“效果控件”中的参数如右图所示。

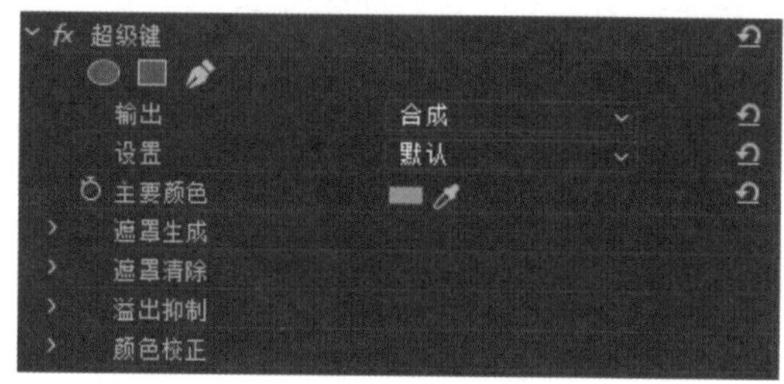

下面介绍各主要参数的含义。

- **输出**：设置素材的输出类型，列表中包含“合成”“Alpha通道”和“颜色通道”3种类型。
- **设置**：设置抠像的类型，列表中包含“默认”“弱效”“强效”和“自定义”4种类型。
- **主要颜色**：用于设置透明的颜色。例如，在“时间线”面板的V1轨道上为“桌面.webp”素材文件，V2轨道上为“雪球.mp4”素材，使用“主要颜色”的吸管工具吸取“雪球.mp4”素材的绿幕背景，如下左图所示。吸取完成后，背景的绿色被设置为透明色，并显示V1轨道上的素材，画面效果如下右图所示。

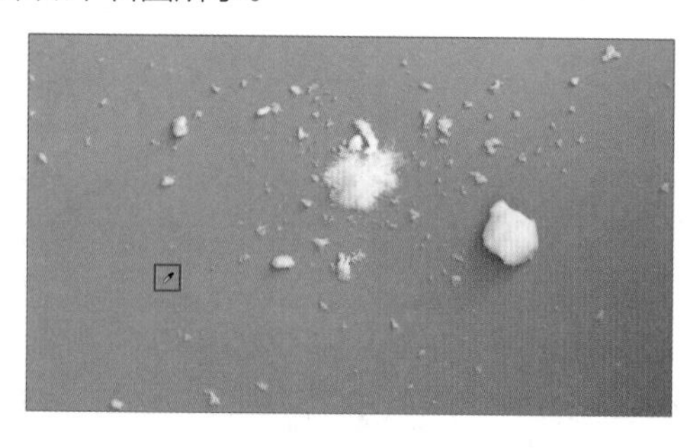

- **遮罩生成**：用于调整遮罩产生的方式，包括“透明度”“高光”“阴影”“容差”“基值”等。
- **遮罩清除**：用于调整遮罩的属性类型，包括“抑制”“柔化”“对比度”和“中间点”等。
- **溢出抑制**：用于设置对溢出色彩的抑制，包括“降低饱和度”“范围”“溢出”和“亮度”等。
- **颜色校正**：对素材颜色的校正，包括“饱和度”“色相”和“明亮度”等。

4.3.4 轨道遮罩键

轨道遮罩该键可以建立一个运动遮罩，任何剪辑都可以作为遮罩。遮罩中的黑色区域为透明，白色区域为不透明，灰度区域为半透明。要获得精确效果，应该选择灰度图像做遮罩。若选择彩色图像做遮罩，则会改变剪辑颜色。

轨道遮罩键是把当前上方轨道的图像或影片作为透明遮罩使用，用户可以使用任何剪辑或者静止图像作为轨道遮罩，也可以通过素材的亮度值定义轨道的透明度。在屏蔽中的白色区域不透明，黑色区域可以创建透明，灰色则生成半透明。

包含运动的遮罩称为运动遮罩，其中包含动画的效果，也可以为静止图像遮罩设置动画效果，只要把运动效果应用到静止图像遮罩中即可。但是要考虑使遮罩的帧尺寸比项目的帧尺寸更大一些，这样在动画播放时不至于使遮罩的边缘进入视图中。

为素材应用“轨道遮罩键”视频效果后，“效果控件”面板中的参数如右图所示。

下面介绍各参数的含义。

- **遮罩：** 选择用来跟踪抠像的视频轨道。
- **合成方式：** 用于设置合成的类型，列表中包含“Alpha遮罩”和“亮度遮罩”两种类型。
- **反向：** 勾选该复选框，可以反向选择效果。

实战练习 制作印花文字

学习了轨道遮罩键的相关内容，接下来我们将使用它制作印花文字，下面介绍具体的操作方法。

步骤 01 打开Premiere，新建项目，将“人物.jpg”和“水母.mp4”素材拖到“项目”面板中。将“人物.jpg”素材拖到V1轨道上，将“水母.mp4”素材拖到V2轨道上，并对V2轨道上的素材进行分割，如下左图所示。

步骤 02 选择文字工具，在画面中输入“Think”文本，在“效果控件”面板中展开“文本”，设置字体、字号等格式，画面效果如下右图所示。

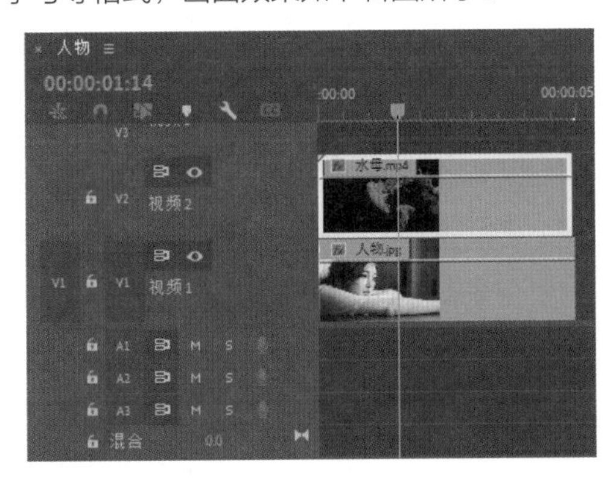

步骤 03 调整文字时长，使其与另外两个素材时长相同。切换至“效果”面板，将“键控”下方的“轨道遮罩键”视频效果拖到“水母.mp4”素材上，如下左图所示。

步骤 04 选择“水母.mp4”素材，在“效果控件”面板中展开“轨道遮罩键”，设置“遮罩”为“视频3”，如下右图所示

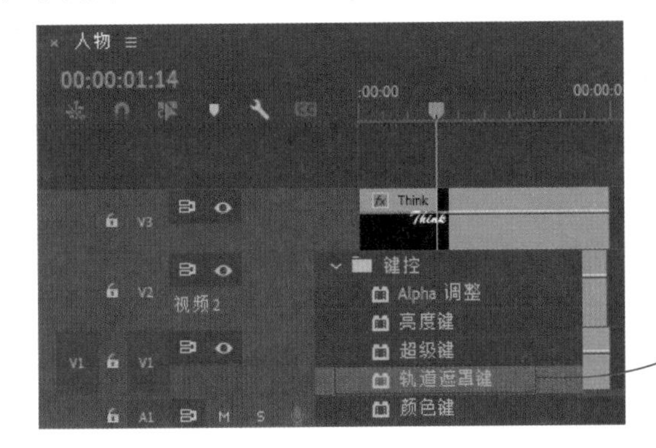

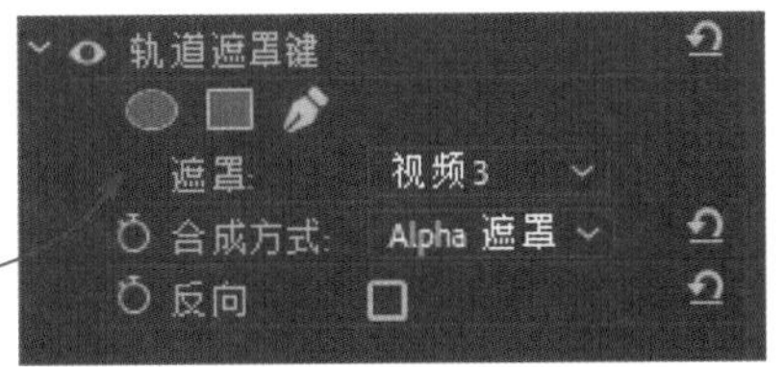

步骤05 设置后，印花文字即制作完成。当播放时，文字的背景是不断变化的，如下图所示。

4.3.5 颜色键

"颜色键"视频效果是抠像中最常用的效果之一，使用吸管工具吸取画面颜色即可将该种颜色变为透明效果。为素材应用"颜色键"视频效果后，在"效果控件"面板中的参数如右图所示。

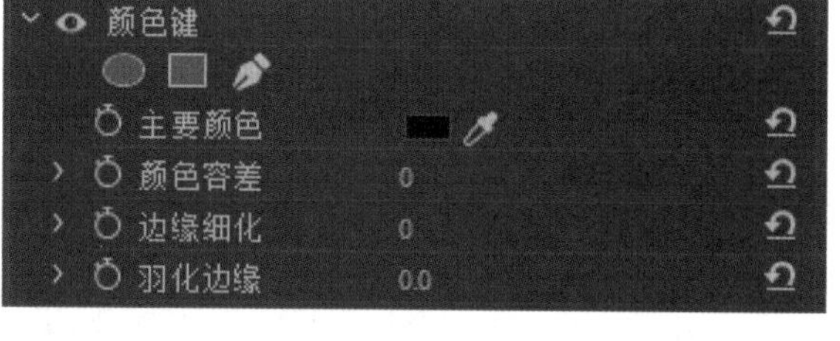

下面介绍各参数的含义。

- **主要颜色**：设置抠像的目标颜色。用户可以单击色块打开"拾色器"对话框设置颜色，也可以使用右侧的吸管工具在画面中吸取颜色。V1轨道上为"树木.jpg"素材，V2轨道上是"打开门.mp4"视频素材，画面效果如下左图所示。为"打开门.mp4"视频素材添加"颜色键"视频效果后，使用吸管工具吸取绿色，则大部分绿色为透明色，并显示V1轨道中的素材，画面效果如下右图所示。

- **颜色容差**：针对"主要颜色"吸取的颜色进行设置。使用吸管工具吸取绿色后，门的边缘还包含部分绿色，设置"颜色容差"为80，可见视频素材中所有绿色均为透明的，如下页左图所示。
- **边缘细化**：设置边缘的平滑程度。设置"边缘细化"为2，使绿色与红色过渡处更加平滑，如下页右图所示。
- **羽化边缘**：设置边缘的柔和程度。

4.3.6 “过时”视频效果组中的抠像

“过时”视频效果组中的抠像主要包括“图像遮罩键”“差值遮罩”“移除遮罩”和“非红色键”，下面分别介绍这4种抠像的视频效果。

（1）图像遮罩键

“图像遮罩键”视频效果可以使用一个遮罩图像的Alpha通道或亮度值来控制素材的透明区域。为素材添加“图像遮罩键”视频效果后，在“效果控件”面板中的参数如右图所示。

下面介绍各参数的含义。

- **按钮：** 单击该按钮，打开“选择遮罩图像”对话框，可以选择合适的图像作为遮罩的素材文件。
- **合成使用：** 列表中包含“Alpha遮罩”和“亮度遮罩”选项，默认选项为“Alpha遮罩”。
- **反向：** 勾选该复选框，遮罩效果将与实际效果相反。

（2）差值遮罩

“差值遮罩”视频效果先将指定的图像与剪辑进行比较，然后删除剪辑中与图像匹配的点，并做透明处理，而留下差异的区域。用户也可以用该键剔除剪辑中杂乱的静止背景。为素材添加“差值遮罩”视频效果后，“效果控件”面板中的参数如右图所示。

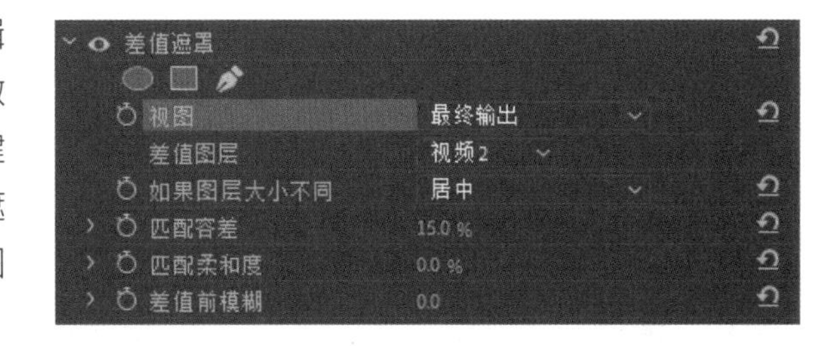

下面介绍各参数的含义。

- **视图：** 用于设置合成图像的最终显示效果，包含“最终输出”“仅限源”和“仅限遮罩”3种输出方式。
- **差值图层：** 设置与当前素材产生差值的层。
- **如果图层大小不同：** 如果差异层和当前素材层的尺寸不同，则设置层与层之间的匹配方式。“居中”表示中心对齐；“伸展以适配”表示拉伸差异层来匹配当前素材层。
- **匹配容差：** 设置层与层之间的容差匹配值。
- **匹配柔和度：** 设置层与层之间的匹配柔和程度。
- **差值前模糊：** 用于设置素材的模糊程度，值越大，素材越模糊。

将“自然.jpg”素材放在V1轨道上，将“树木.jpg”素材放在V2轨道上。为V2轨道上的素材添加“差值遮罩”视频效果后，显示V1轨道上素材的画面，如下左图所示。在“差值遮罩”下使用自由绘制贝塞尔曲线工具沿着人物绘制蒙版，画面效果如下右图所示。

(3) 移除遮罩

“移除遮罩”视频效果可以为对象定义遮罩，在对象上方建立一个遮罩轮廓，将白色或黑色区域转换为透明效果进行移除。应用“移除遮罩”后，“效果控件”面板中的参数如右图所示。

遮罩类型： 选择移除的颜色，列表中包含“白色”和“黑色”两种类型。

(4) 非红色键

“非红色键”视频效果是在蓝、绿色背景的画面上创建透明效果，使剪辑中的非红（蓝色和绿色）像素成为透明的。为V1轨道添加红色的颜色遮罩、V2轨道添加“吊兰.jpg”素材后，画面效果如下左图所示。为“吊兰.jpg”素材添加“非红色键”视频效果后，画面效果如下右图所示。

为素材应用“非红色键”视频效果后，“效果控件”面板中的参数如右图所示。

下面介绍各参数的含义。

- **阈值：** 调整素材文件的透明度，默认“阈值”为100%，将该值设置为50%时，画面效果如下页左图所示。

- **屏蔽度**：设置素材文件中“非红色键”效果的控制位置和图像屏蔽度。“阈值”为100%、“屏蔽度”为10%时，画面效果如下右图所示。

- **去边**：可以选择去除素材的绿色边缘或者蓝色边缘。
- **平滑**：设置素材文件的平滑程度，包含“低”和“高”两种程度。
- **仅蒙版**：设置素材文件在操作中自身蒙版的状态。

提示：抠像在影视中的作用

“抠像”是影视制作中常用的技术，特别是很多特技场面，进行了大量的“抠像”处理。“抠像”效果的好坏，一方面取决于前期对人物、背景、灯光等的准备和拍摄的原素材，另一方面则依赖后期合成制作中的“抠像”技术。

不光是一些电影大片的制作应用了颜色键技术，现在的很多电视广告、MV制作也应用了大量的“多层画面合成”技术，这些技术都是利用了不同轨道中透明信息的原理实现的。

知识延伸：通道的应用

通道本质上就是选区，无论通道有多少种表示选区的方法，无论有多少种有关通道的解释，至少从现在开始，通道就是选区。

(1)通道的作用

通道中记录了图像的大部分信息，这些信息从始至终都与它的操作密切相关，一般来说，通道的主要作用如下。

- 表示选择区域：也就是要代表的部分。利用通道可以建立像头发丝一样的精确选区。
- 表示墨水强度：利用信息面板可以体会到这一点，不同通道可以用256灰度来表示不同的亮度，在Red通道里有一个红色的点，而在其他的通道上显示则是纯黑色，即亮度为0。
- 表示不透明度：其实这是我们平时最常使用的一个功能。

(2)通道的分类

通道作为图像的组成部分，与图像的格式密不可分，图像颜色、格式的不同决定了通道的数量和模式，在“通道”面板中可以直观地看到。Premiere中涉及的主要通道如下。

复合通道

复合通道不包含任何信息，实际上它只是同时预览并编辑所有颜色通道的一个快捷方式。复合通道通常被用来在单独编辑完一个或多个颜色通道后，使“通道”面板返回它的默认状态。对于不同模式的图像，其通道的数量是不一样的。在Premiere中，通道涉及3个模式，对于一个RGB图像，有RGB、R、G、B 4个通道；对于一个CMYK图像，有CMYK、C、M、Y、K 5个通道；对于一个Lab模式的图像，有Lab、L、a、b 4个通道。

颜色通道

在Premiere中编辑图像，实际上就是在编辑颜色通道。这些通道把图像分解成一个或多个色彩部分，图像的模式决定了颜色通道的数量，RGB有3个颜色通道；CMYK有4个颜色通道；灰度只有一个颜色通道，它们包含了所有将被打印或显示的颜色。在一幅图像中，像素点的颜色就是由这些颜色模式中的原色信息进行描述的，那么所有像素点组成的某一种原色信息，便构成一个颜色通道。例如一幅RGB图像的红色通道便是由图像中所有像素点的红色信息组成，绿色通道和蓝色通道也是如此，它们都是颜色通道，这些颜色通道的不同信息配比构成了图像中不同颜色的变化。

每个颜色通道都是一幅灰度图像，只代表一种颜色的明暗变化。所有的颜色通道混合在一起时，便形成图像的彩色效果，也就是构成了彩色的复合通道。对于RGB模式的图像，颜色通道中较亮的部分表示这种颜色用量大，较暗的部分表示该颜色用量少；而对于CMYK图像来说，颜色通道较亮的部分表示该颜色的用量少，较暗的部分表示该颜色用量大。所以当图像中存在整体颜色偏差时，可以方便地选择图像中的一个颜色通道，并对其进行相应的校正。如果RGB原稿色调中红色不够，我们可以单独选择其中的红色通道来对图像进行调整。选择红色通道可以提高整个通道的亮度，或使用填充命令在红色通道内填入具有一个透明度的白色，增加图像中红色的用量，达到调节图像的目的。

专色通道

专色通道是一种特殊的颜色通道，可以使用青色、洋红、黄色、黑色以外的颜色来绘制图像。专色通道一般用得较少且多与打印相关。

Alpha通道

Alpha通道是计算机图形学中的术语，指的是特别的通道，有时特指透明信息，但通常的意思是非彩色通道。这是我们真正需要了解的通道，可以说我们在Premiere中制作出的种种特殊效果都离不开Alpha通道，它最基本的用处在于保存选取范围，并且不会影响图像的显示和印刷效果。

Alpha通道具有以下属性：每个图像（16位图像除外）最多可包含24个通道，包括所有颜色通道和Alpha通道。所有通道都具有8位灰度图像，可显示256灰级，可以随时增加或删除Alpha通道，可为每个通道指定名称、颜色、蒙版选项、不透明度等，但不影响原来的图像。所有的新通道都具有与原图像相同的尺寸和像素数目。将选区存储在Alpha通道中可使选区永久保留，可在以后随时调用，也可用于其他图像中。也有一些图像是不带Alpha通道的，这就需要为其制作Alpha通道。

- **编辑及删除通道：**对图像的编辑实质上是对通道的编辑，因为通道是真正记录图像信息的地方，色彩的改变、选区的增减、渐变的产生，都可以追溯到通道中。
- **单色通道：**这种通道的颜色比较特别，也可以说是非正常的。如果在“通道”面板中随便删除其中一个通道，就会发现所有的通道都变成黑白的了，原有的彩色通道即使不删除也会变成灰度的。

上机实训：制作清新风格的问候视频

扫码看视频

本章的内容比较多，包括调色、合成和抠像等，接下来我们结合所学内容制作清新风格的问候视频。步骤如下。

步骤 01 启动Premiere Pro 2024软件，新建一个项目，然后将“上机实训”的文件夹拖到“项目”面板中，其中包含4张图像素材和1个音频素材，如下左图所示。

步骤 02 将“项目”面板中的“背景.jpg”素材拖到V1轨道上，将“桌子上的花.jpg”素材拖到V2轨道上，并调整素材的大小和位置，将“桌子上的花.jpg”素材移到下方，画面效果如下右图所示。

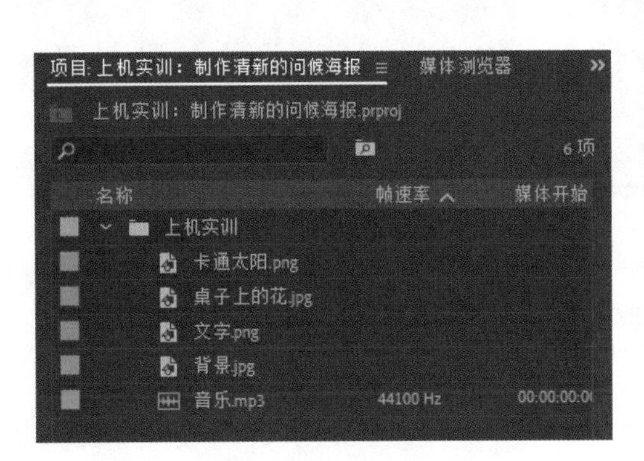

步骤 03 在“效果”面板搜索框中输入“颜色键”，即可找到“颜色键”效果，将效果拖到“桌子上的花.jpg”素材上。打开“效果控件”面板，编辑“颜色键”参数。使用吸管工具吸取视频背景颜色，如下左图所示。

步骤 04 在边缘还有明显的蓝色，将“颜色容差”值设为50，放大画面，可见边缘的蓝色部分消失，画面效果如下右图所示。

步骤05 在“效果”面板中搜索“RGB曲线”视频效果，将该效果拖到“背景.jpg”素材上，在“效果控件”面板中分别调整“主要”“红色”和“蓝色”的曲线，如下左图所示。

步骤06 调整完成后，背景的颜色变深了，花的红色部分更鲜明了，画面效果如下右图所示。

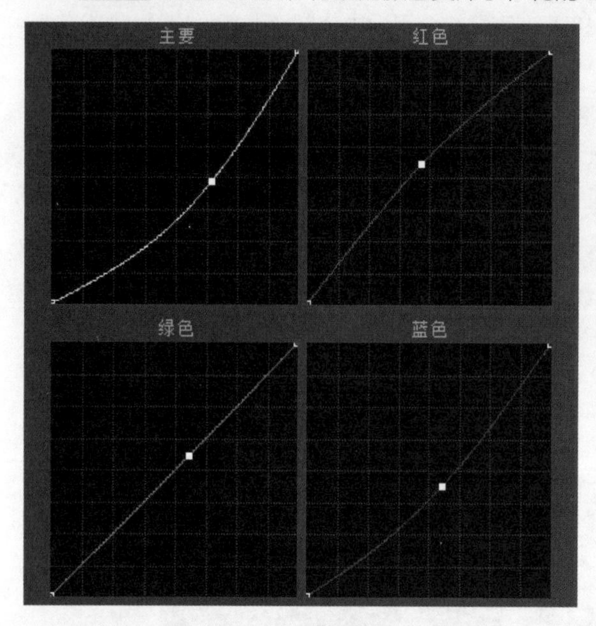

步骤07 在“效果”面板中搜索“亮度曲线”视频效果，并将该效果添加到“桌子上的花.jpg”素材上，在“效果控件”面板中适当调整“亮度波形”的曲线，如右图所示。

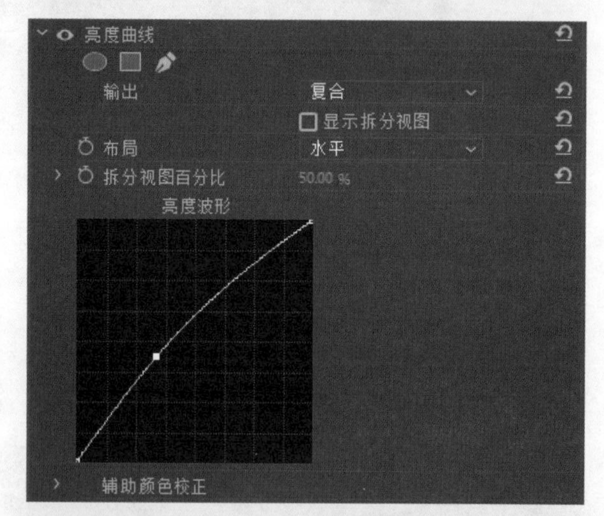

步骤08 调整完成后，素材变得更明亮，光线也更充足了，画面效果如右图所示。

步骤09 将“文字.png”素材拖到V3轨道上，调整大小和位置，使其位于中间偏左的位置，如右图所示。

步骤10 在V3轨道的左侧右击，在快捷菜单中选择“添加单个轨道”命令，在V3上方添加V4轨道，将“卡通太阳.png”素材添加到V4轨道上，并调整到上方，画面效果如下左图所示。

步骤11 最后，使用文本工具在画面中输入“good morning”文本，在“效果控件”面板中设置文本的字体和颜色，画面最终效果如右图所示。

课后练习

一、选择题

（1）在Premiere Pro 2024中，“图像控制”包含了“黑白”“颜色过滤”“颜色替换”和（　　）4种视频效果。

A.“灰度系数校正”　　B.“位移”　　C.“旋转”　　D.“椭圆”

（2）亮度键依画面中的亮度值创建透明，屏幕上亮度越（　　），像素点越透明。

A. 高　　B. 强　　C. 低　　D. 透明

（3）“颜色替换”视频效果能将图像中指定的颜色替换为另一种指定颜色，而其他颜色保持不变。在使用“颜色替换”视频效果时，只需要切换到（　　）面板中，就可以快速设置视频效果替换颜色的参数。

A. 源　　B. 效果控件　　C. 时间线　　D. 元数据

（4）“快速模糊”视频效果中“模糊维度”的方式为（　　）。

A. 水平和垂直　　B. 水平　　C. 垂直　　D. 以上都是

二、填空题

（1）合成一般用于制作效果比较复杂的电影，简称复合电影。用户可以通过多个视频轨道的__________、透明以及应用各种类型的键来实现。

（2）“提取”视频效果可以提取画面的颜色信息，通过控制像素的__________来将图像转换为灰度模式显示。

（3）__________基于颜色值或者亮度值来定义剪辑中的透明区域，而且在影视特效或者电视节目中经常使用。

（4）“颜色键”效果指定的颜色会变为黑色，并且通过调整颜色容差、__________和羽化边缘的参数，最终实现任意颜色的抠像操作。

三、上机题

将“上机题”文件夹中的素材导入Premiere的“项目”面板中，将“倒计时.mp4”素材放在另一个素材的上方，通过“颜色键”视频效果吸取倒计时的数字颜色，再适当调整“颜色容差”和“边缘细化”的参数。最终效果如下两图所示。

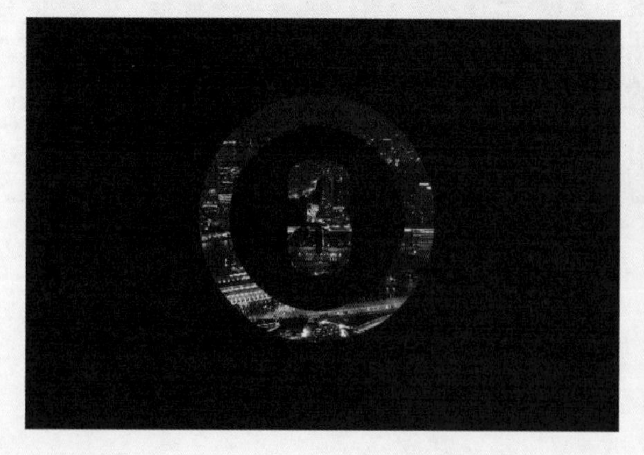

第5章 音频效果

本章概述

在制作影视节目时，声音是非常重要的元素，无论是同期的配音、后期的效果，还是背景音乐，都是不可缺少的。本章重点介绍Premiere中的音频处理功能，使用户掌握音频剪辑的知识，并熟练操作。

核心知识点

1. 了解音频效果的基础知识
2. 掌握音频素材的基本操作
3. 掌握音频混合处理的方法
4. 熟悉应用音频效果的方法

5.1 音频效果基础

声音是多媒体影音作品创作中必不可少的元素，与图像、字幕等有机地结合，共同承载着创作者要表达的信息。因此，声音素材的制作与运用是多媒体影音制作非常重要的一环。以往，无论是声音的拾取与记录，还是音频信号的调整和效果处理，均需要昂贵的专业设备和专业人员操作。

如今，随着数字技术的广泛应用，各种音频制作设备因高性能、低价格而“飞入寻常百姓家”，而且随着计算机的普及与性能的不断提高，原来只有价格昂贵、体积庞大的专业音频制作设备才具有的强大功能，可以通过软件实现。这些数字音频应用程序的用户界面通常非常友好，直观易懂，一般多媒体开发人员能很快掌握其操作方法。正是这些数字音频技术的普及，使得今天的音频素材制作不再是专业影音制作单位的专营业务，也不再是音响工程师的垄断职业。在Premiere Pro 2024中，用户可以很方便地编辑音频效果，本节主要介绍处理音频效果的相关知识。

5.1.1 音频的分类

在Premiere Pro 2024中，用户可以新建单声道、立体声及5.1声道3种类型的音频轨道，每一种轨道只能添加相应类型的音频素材，下面分别对这3种音频进行介绍。

（1）单声道

单声道的音频素材只包含一个音轨，其录制技术是最早问世的音频制式。单声道因其文件小、硬件要求低，目前依然有着广泛的应用，如应用于手机铃声。若使用双声道的扬声器播放单声道音频，则两个声道的声音完全相同。

单声道音频素材在“源”监视器面板中的显示效果如下页左图所示。

（2）立体声

立体声是在单声道的基础上发展起来的，在使用立体声录音技术录制音频时，使用左右两个单声道系统，将两个声道的音频信息分别记录，可以准确再现声源点的位置及其运动效果，其主要作用是为声音定位。

立体声音频素材在“源”监视器面板中的显示效果如下页右图所示。

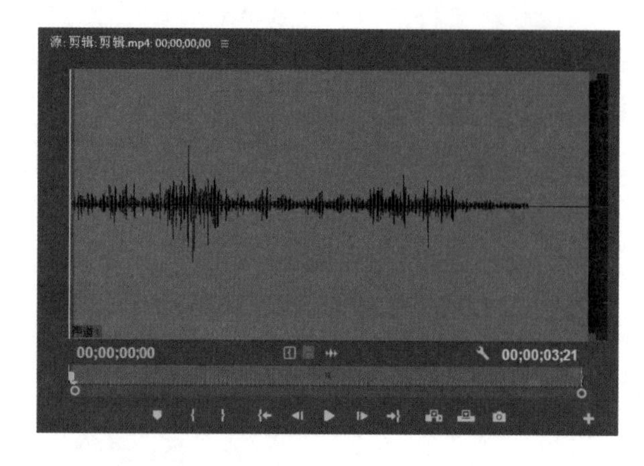

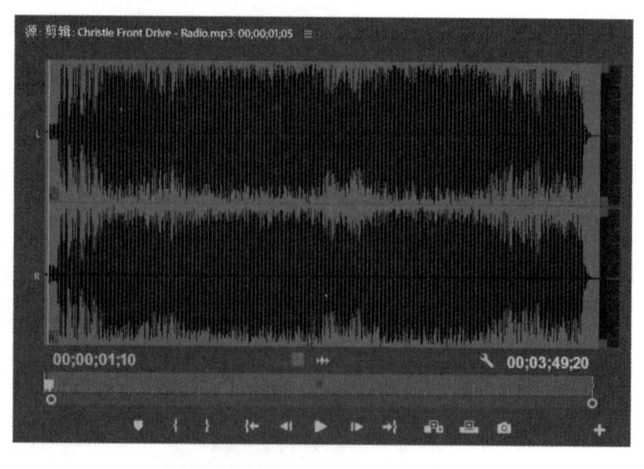

视频编辑中常用的音频类型为立体声，而在有DVD等高品质音频的需要时，均采用5.1声道环绕声系统，单声道类型则很少使用。

（3）5.1声道

5.1声道录音技术是美国杜比实验室1994年发明的，因此该技术最早的名称为杜比数码（俗称AC－3）环绕声，主要应用于电影的音效系统，是DVD影片的标准音频格式。5.1声道采用高压缩的数码音频压缩系统，能在有限的范围内将5＋0.1声道的音频数据全部记录在合理的频率带宽之内。

5.1声道包括左、右主声道，中置声道，右后、左后环绕声道以及一个独立的超重低音声道。由于超重低音声道仅提供100Hz以下的超低音信号，该声道只被看作是0.1个声道，因此杜比数码环绕声简称5.1声道环绕声系统。

5.1.2 音频处理的基本常识

画面与声音元素有机结合，可以共同构筑形象，产生视听结合的综合信息。视频作品最大的特点是能诉诸视觉和听觉，视听关系处理是否得当关系到影片表现是否充分。下面介绍一些有声影视的基本常识。

（1）声音在影片中的作用

声音在影片中的作用主要表现在以下方面。

- 合理运用声音，可以节省视觉画面，扩展影视时空。
- 由于声音的连贯性，影片容易获得顺畅流利、不露剪辑痕迹的效果。在不同时间、不同场面的镜头或镜头段落之间的连接上，用持续的同一声音（画外解说、人物内心独白、音乐等）作为背景，可以钩锁起不同场景的镜头，使其自然地成为一组，给观众造成相互关联的印象。
- 通过对话可以刻画人物性格。应用画外解说、人物内心独白、回忆的声音、幻觉中的声音以及人物主观对声音的歪曲等，可以揭示人物内心世界。
- 声音也可以描写环境，烘托气氛，给场景增加实感。
- 影视中常常通过声音与画面之间的对位，使音响的艺术运用具有深刻的表意功能，表现出画面蕴含的哲理。

（2）人的声音语言

在影片中，人的声音语言包括台词对白以及以画外音形式出现的独白、旁白（含解说词）等，这些都是影视声音中积极、活跃的因素。人声语言除了具有表达逻辑思维的功能，其音调、音色、力度、节奏等因素具有情绪、性格、气质等形象方面的丰富表现力。

- **对白：** 即人物之间的对话。这种对话可以传递信息、表达想法，可以刻画性格、吐露感情，还可以烘托环境、发展情节。
- **独白：** 用来表现人物某个时刻的想法和心理过程，是人物独自表述或倾吐内心活动的一种画外音，是进行心理描写的重要手段。
- **旁白：** 也是一种画外音，是叙事、抒情的重要手段。主要用于介绍故事发生的时间、地点，以及时代背景、社会环境，也可以结合人物首次出场的肖像造型，对人物的姓名、职业、年龄及重要的前史进行简要介绍，还可以在剧情进行大幅度时空跳跃时，对省略的事件过程做简短说明，使之过渡自然。此外，有时也用于对剧情发表点评。
- **解说词：** 用于从客观叙述者的角度对画面进行交代、说明或评论，主要以画面内容为基础，是根据画面内容的发展而编写的一种旁白语言，在电视新闻、纪录片和科教片中应用广泛。

（3）音乐语言

音乐语言指为影视作品编配的音乐，是作品中一个重要的表意、抒情因素。影视中的音乐除具有一般音乐艺术的共性外，还具有以下特点。

- **附属性：** 即一般不是一个孤立的作品，需要与画面结合。其主题的显示和发展，和声、配器等作曲技巧的使用，风格的确定和段落的安排等都必须与整个画面形象融为一体。
- **间断性：** 音乐语言不可能自始至终充斥在影视作品中，只能根据内容的需要，在若干地方发挥作用，与影视作品的总体流程相伴而行、分段陈述、间断出现。

音乐语言的种类很多，有说明或交代背景的背景音乐，有抒发人物或创作者内在情感的抒情性音乐，有对画面上的事物及具体音响特征进行描绘的音乐，有表现处于矛盾冲突中人物情感和心理状态的戏剧性音乐，有说明画面动作、速度、节奏、民族色彩、时代特征等的说明性音乐，还有主题音乐和插曲等。

（4）音响语言

音响语言是除人声和音乐语言外，所有能够传达信息、表达思想或交代环境的声音形态的总称，常见的音响语言有以下几种。

- **自然音响：** 如风声、雷声、流水声、波涛声、动物吼叫声、虫鸣声等。
- **机械音响：** 如汽车声、飞机声、轮船声等。
- **人的非语言声：** 如笑声、哭声、走路声等。

5.1.3 数字音频的处理

我们已经知道了什么是数字音频，以及怎样采集音频素材，这些都是原始的音频素材。一般我们在影视合成中使用的音频，必须通过一系列的编辑处理，这就是音频的剪辑与特效应用，也叫音频媒体的数字化处理。

基本的音频数字化处理包括不同采样率、频率、通道数之间的变换和转换。变换只是简单地将一种音频格式视为另一种音频格式。针对音频数据本身进行各种变换，包括淡入、淡出、音量调节等。通过数字滤波算法进行变换，包括高通、低通、带通等滤波处理。而转换则通过重采样进行，其中还可以根据需要采用插值算法以补偿失真。

随着虚拟技术不断发展，人们不再满足单调、平面的声音，而更倾向于具有空间感的三维声音效果。人类感知声源位置的最基本理论是双耳理论，这种理论基于两种因素：两耳间声音的到达时间差和两耳间声音的强度差。时间差是由于距离造成的，当声音从正面传来，距离相等，所以没有时间差。但若偏右

3°，则到达右耳的时间就要比左耳约慢30微秒，而正是这30微秒，使得我们辨别出了声源的位置。强度差则是因为人的头部遮挡，使声音衰减，产生了强度的差别，使得靠近声源一侧的耳朵听到的声音强度大于另一耳。

基于双耳理论，只要把一个普通的双声道音频在两个声道之间进行相互混合，便可以听起来具有三维音场的效果，这涉及到音场的两个概念：音场的宽度和深度。

音场的宽度利用时间差的原理完成，由于现在是对普通立体声音频进行扩展，所以音源的位置始终在音场的中间不变，这样就简化了我们的工作，要处理的就只有把两个声道的声音进行适当延时和强度减弱后相互混合。由于这样的扩展是有局限性的，即延时不能太长，否则就会变为回音，所以音场的深度利用强度差的原理完成，具体的表现形式是回声音场越深，则回音的延时越长。所以在回音的设置中应至少提供3个参数：回音的衰减率、回音的深度和回音之间的延时。通过这些针对性的处理，我们可以很好地模拟出三维空间的声音。

声音的三维化处理可以使听觉通道与视觉通道同时工作，视频与音频信息的多通道结合可以创造出极为逼真的虚拟空间。

5.2 编辑和设置音频

在Premiere Pro 2024中，可以使用多种方法对音频素材进行编辑，我们可以根据自身的习惯选择适合自己的编辑方法。本节将通过调整音频速度、调整音频增益、解除音频链接等知识，介绍音频素材的编辑方法。

5.2.1 音频素材的基本使用

在Premiere中，如果想很方便地编辑音频效果，首先要掌握音频素材的基本使用，包括音频轨道和导入音频素材方面的知识，下面对其进行介绍。

（1）音频轨道

音频轨道与视频轨道虽然同处“时间线”面板中，但是它们的本质是不同的。首先，视频轨道在顺序上有先后，上面轨道中的图像会遮盖下面轨道的图像；音频轨道没有顺序上的先后，也不存在遮挡关系。其次，视频轨道都是相同的；而音频轨道有单声道和双声道等类型之分，一种类型的轨道只能引入相应的音频素材，并且音频轨道的类型可以在添加轨道时进行设置。“音频轨道”面板如下图所示。

音频轨道还有主轨道和普通轨道之分，主轨道上不能引入音频素材，只起到从整体上控制和调整声音的效果。

（2）导入音频素材

在Premere中，导入音频的方法与导入视频的方法相似。执行“文件>导入”命令，在弹出的“导入”对话框中选择准备导入的音频文件，例如“.mp3”“.avi”“.wav”等格式的文件，单击“打开”按钮，如下左图所示。导入的音频片段会出现在“项目”面板中，如下右图所示。

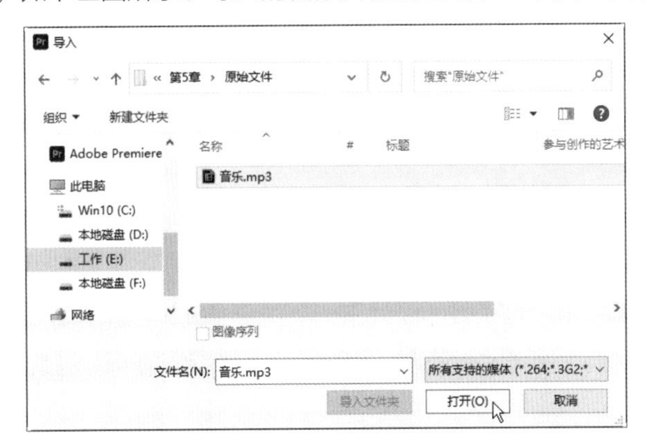

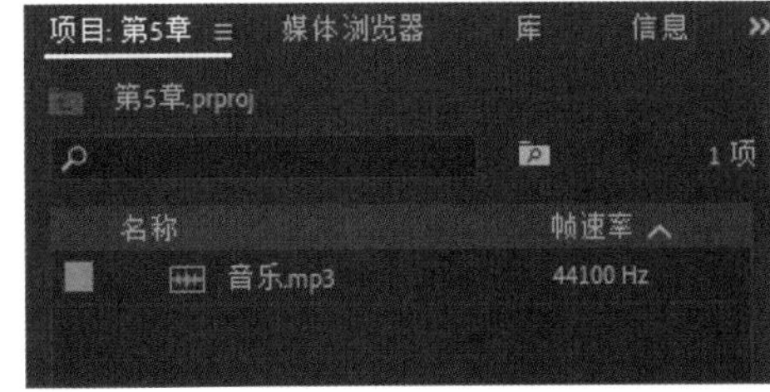

这时，在音频素材上按住鼠标左键不放，光标会变成握拳的状态，然后将音频素材拖动到“时间线”面板的音频轨道上，音频轨道呈绿色，如右图所示。

音频素材在音频轨道上的位置可以通过鼠标拖动来改变，从而配合不同的视频片段。

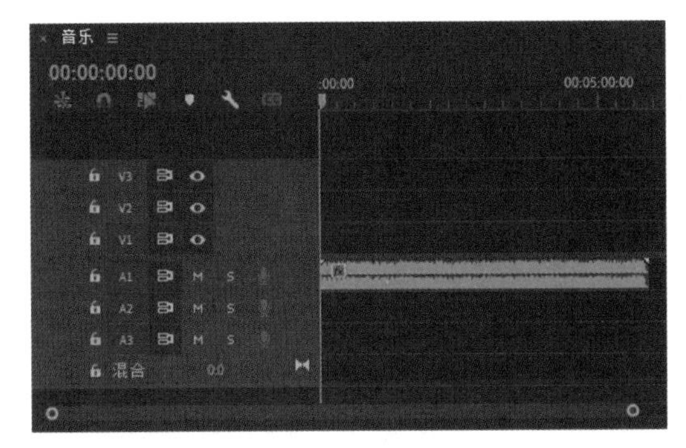

提示：更改音频的声道

如果视频素材中的音频为单声道，那么无论将视频放在哪个视频轨道上，Premiere都会将其音频放在新建的音频轨道上。我们可以更改音频素材的声道：首先将“时间线”面板中的音频素材清除，在“项目”面板中右击音频素材，在快捷菜单中选择“修改>音频声道”命令，打开“修改剪辑”对话框，在“音频声道”中更改“剪辑声道格式”即可，如右图所示。

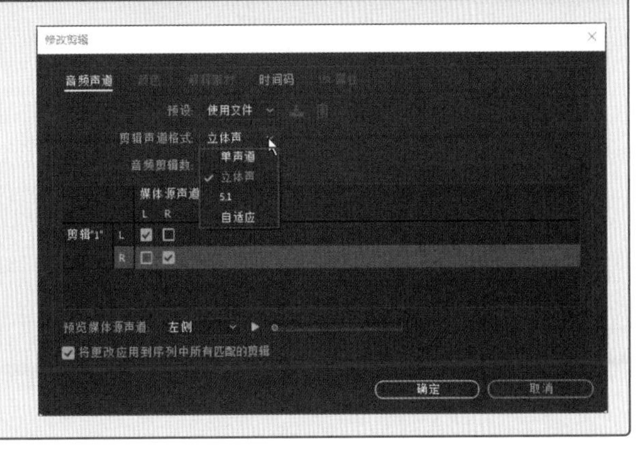

（3）解除音频和视频的链接

在Premere中，将带有音频的视频素材放入“时间线”面板后，我们可以独立于视频编辑音频。为此，首先需要解除音频和视频的链接，下面介绍具体操作方法。

将带有音频的视频素材导入“项目”面板，将素材拖到“时间线”面板中，此时无论我们选择视频轨道上的素材，还是音频轨道上的素材，都会同时选中两个素材，如下页左图所示。在“时间线”面板中右击素材，在快捷菜单中选择“取消链接”命令，如下页右图所示，即可取消链接视频和音频素材，并可以单独设置。

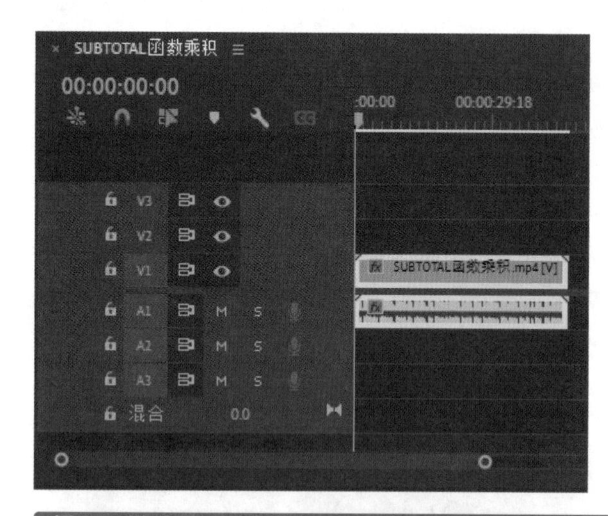

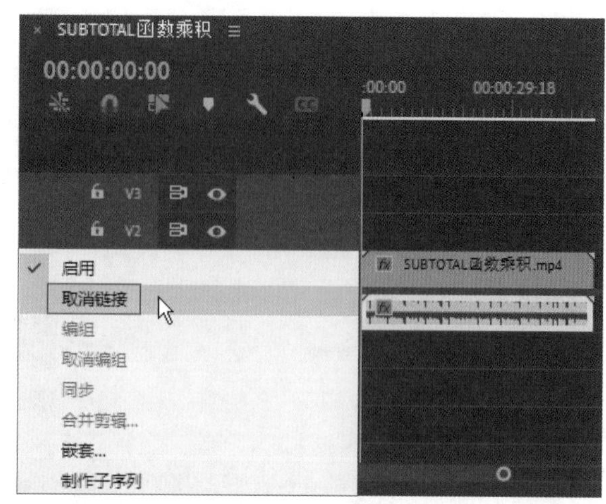

提示：链接音频和视频

如果要重新链接音频和视频，可以先选择要链接的音频和视频并右击，在快捷菜单中选择“链接”命令。

5.2.2 调整音频速度

在Premiere Pro 2024中，用户同样可以像调整视频素材的播放速度一样，改变音频的播放速度，且可以在多个面板中使用多种方法进行操作。在本小节中介绍的操作方法是执行“速度/持续时间”命令调整播放速度。

音频的持续时间是指音频入点、出点之间的素材持续时间。因此，对于音频持续时间的调整就是通过入点、出点的设置来进行的。要改变整段音频，则可以在“时间标尺”面板中使用选择工具，直接拖动音频的边缘，改变音频轨迹上音频素材的长度。当然，还可以通过以下几个途径执行“速度/持续时间”命令。

（1）在“项目”面板

要在“项目”面板中执行“速度/持续时间”命令，则首先在该面板中选择需要设置的素材，之后单击鼠标右键，在弹出的快捷菜单中执行“速度/持续时间”命令。

（2）在“源”监视器面板

要在“源”监视器面板中执行“速度/持续时间”命令，则首先将要调整的音频素材在“源”监视器面板中打开，之后在“源”监视器面板的预览区中单击鼠标右键，在弹出的快捷菜单中执行“速度/持续时间”命令。

（3）在“时间线”面板

“时间线”面板是Premiere中最主要的编辑面板，在该面板中可以按照时间顺序排列和连接各种素材、剪辑片段和叠加图层、设置动画关键帧和合成效果等。

在“时间线”面板中执行“速度/持续时间”命令比较简单。首先需要将素材添加到“时间线”面板并选择素材，再单击鼠标右键，在弹出的快捷菜单中执行“速度/持续时间”命令。

（4）使用菜单栏

“剪辑”菜单中的命令主要用于对素材文件进行常规的编辑操作，其中包括“速度/持续时间”命令。

首先选择素材，如在“项目”“时间线”等面板中选择素材，之后在菜单栏中执行“剪辑>速度/持续时间”命令。

通过以上4种方法执行“速度/持续时间”命令之后，在弹出的“剪辑速度/持续时间”对话框中设置素材的播放速度，如右图所示。

在默认情况下，“速度”参数与“持续时间”参数是相关联的，其中任何参数变动时，另一个参数都会自动发生相应的变化。用户若只是需要调整一个参数变化，而未调整的参数不变，则需要先解除这两个参数的链接关系。

5.2.3 调整音频增益

音频增益是指音频信号电平的强弱，它直接影响音量的大小。如果在“时间线”面板中有多条音频轨道且多条音频轨道上都有音频素材文件，就需要平衡这几个音频轨道的增益，否则一个素材的音频信号将会或低或高影响浏览。

同时，如果一个音频素材在数字化的时候捕获设置不当，也会造成增益过低，而用Premiere提高素材的增益，则有可能增大素材的噪声设置，造成失真。在本节中，将通过对浏览音频增益效果的面板与调整音频增益强弱命令两方面知识的讲解，介绍调整素材音频增益效果的操作方法。

（1）浏览音频增益面板

在Premiere中，用于浏览音频素材增益强弱的面板是“主音频计量器”面板，该面板只能用于浏览，无法对素材进行编辑调整，面板如右图所示。

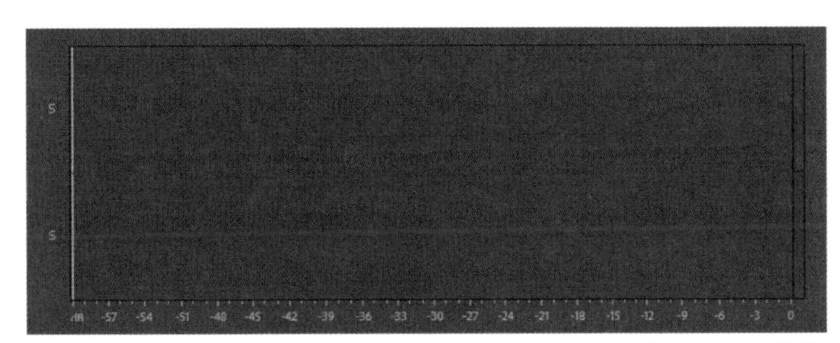

将音频素材拖到“时间线”面板，在“节目”面板中播放音频素材时，“主音频计量器”面板中将以两个柱状来表示当前音频的增益强弱，如下左图所示。若音频音量超出安全范围，柱状将显示出红色，如下右图所示。

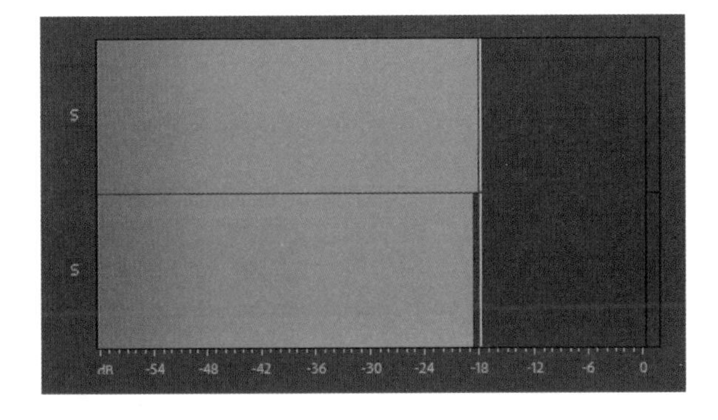

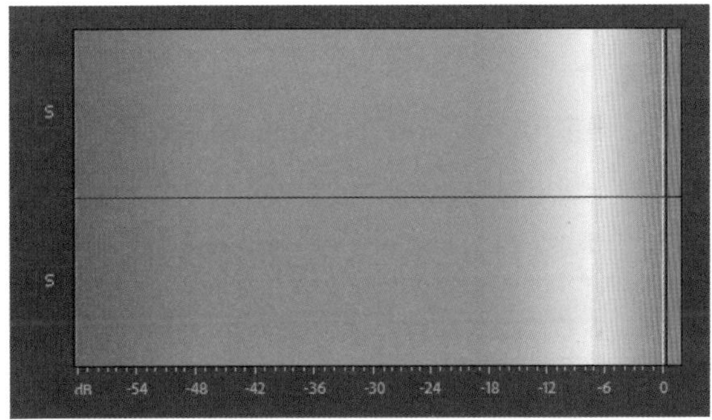

（2）调整音频增益强弱的命令

调整音频增益强弱的命令主要是“音频增益”命令，执行该命令，即可打开“音频增益”对话框，如右图所示。

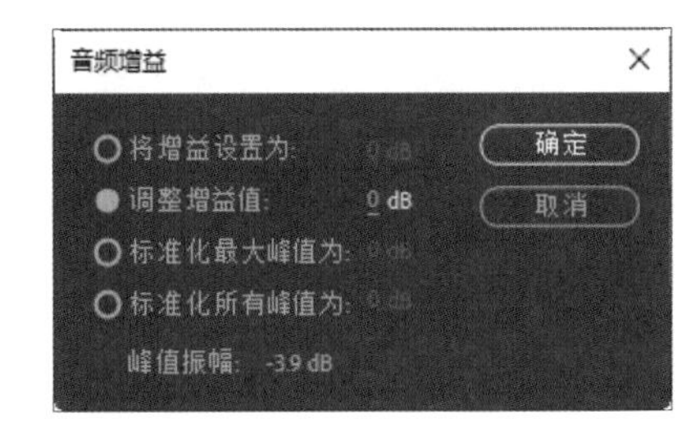

下面对“音频增益”对话框的参数进行详细介绍。

- **将增益设置为：**选中该单选按钮，能够将素材的增益峰值降低到用户设置的参数。

- **调整增益值：** 在没有选中“将增益设置为”单选按钮之前，设置“调整增益值”参数的效果与选中“将增益设置为”单选按钮相同，如下左图所示。当设置了“将增益设置为”参数值，例如设置为5，再设置“调整增益值”参数时，例如设置为3，Premiere将会在“将增益设置为”参数的基础上设置素材音频增益，此时数值为8，如下右图所示。

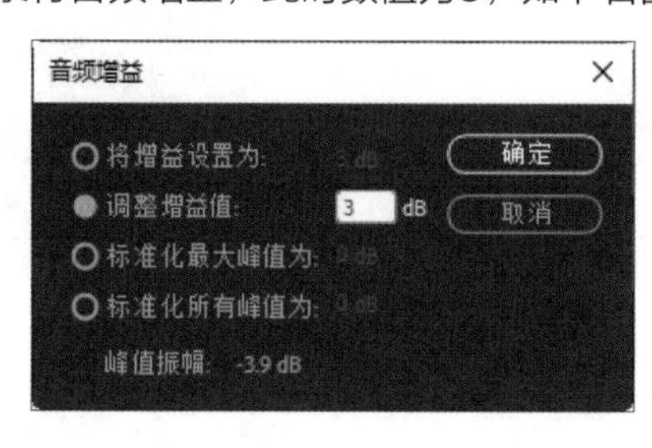

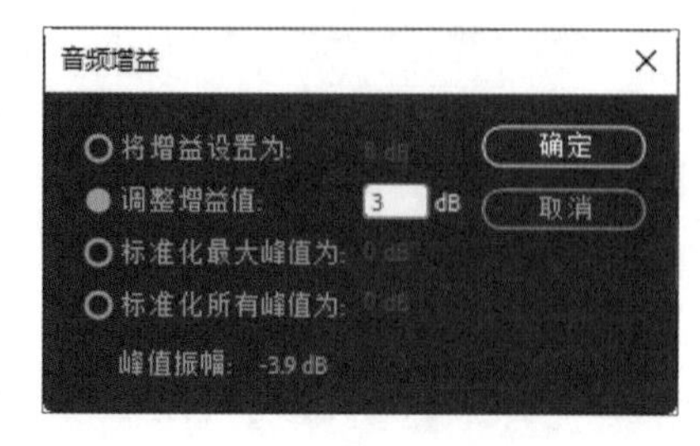

- **标准化最大峰值为：**“将增益设置为”和“调整增益值”是整体调整音频素材的增益参数，而“标准化最大峰值为”参数用于控制音频增益的最大峰值。
- **标准化所有峰值为：** 与“标准化最大峰值为”参数相比，“标准化所有峰值为”用于调整整个素材音频增益的峰值，而不是如“标准化最大峰值为”参数那样仅仅调整最大的音频增益峰值。

提示：快速调整“音频增益”中的数值

在“音频增益”对话框中，用户可以单击需要设置的参数，然后再输入数值。也可将光标放在dB的数值上方，按住鼠标左键，左右拖动鼠标来快速调整数值，向右拖动时增加数值，向左拖动时减少数值。

5.3 音频过渡和音频效果

音频效果是Premiere Pro 2024音频处理的核心。在Premiere中，音频过渡和音频效果与视频过渡和视频效果一样，可以使用音频效果来改变音频质量或者创造出特殊的声音效果。本节将介绍音频过渡和音频效果的使用方法。

5.3.1 音频过渡

如果音频轨道中有两个相邻的音频素材，则可以在两者之间设置过渡效果。音频的过渡效果与视频切换效果相似，可以使音频平滑过渡。

Premiere Pro 2024内有3种音频过渡效果，在“效果”面板中展开“音频过渡”选项，再展开其下方的“交叉淡化”选项，如右图所示。

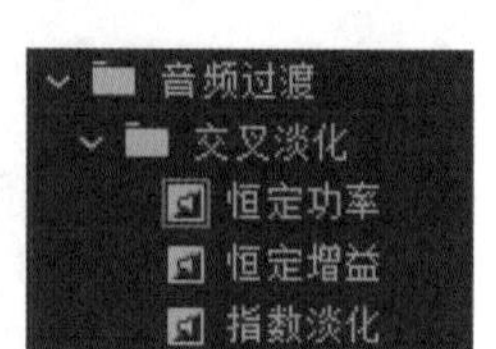

各个音频过渡选项的含义如下。

- **恒定功率：** 用于以交叉淡化创建平滑渐变的过渡，这种过渡效果很符合人耳的听觉规律。
- **恒定增益：** 用于以恒定速度更改音频进出的过渡。
- **指数淡化：** 用于在两个音频剪辑之间创建平滑的音量变化。

使用音频过渡的方法很简单，只需将需要的过渡效果从“效果”面板中拖入两个音频素材之间即可，如下页图所示。添加音频过渡后，用户可以在“效果控件”面板中设置过渡效果的参数。

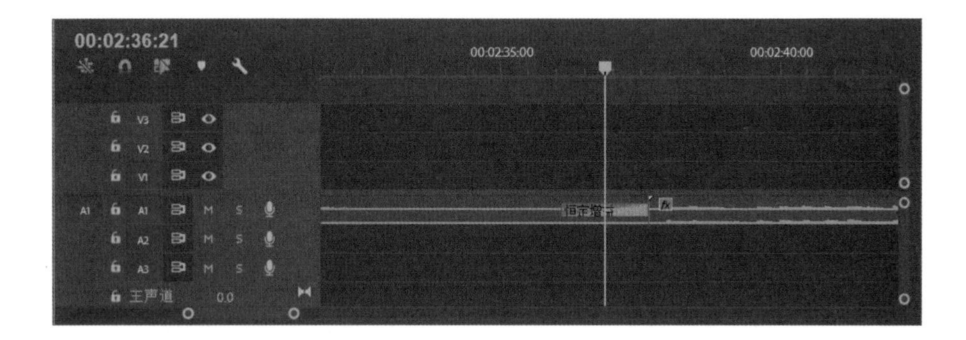

实战练习 声音和音乐的混合配音

我们在处理视频时，经常会处理人声、环境声等与音乐的混合配音。下面结合音频过渡的内容制作声音和音乐的混合配音效果。

步骤 01 打开Premiere Pro 2024，新建项目，设置项目名称和保存路径。接着将准备好的素材导入到“项目”面板中，如下左图所示。

步骤 02 将图像素材拖到“时间线”面板的V1轨道上，将“人声.mp3”素材拖到A1音频轨道上，将“音乐.mp3”拖到A2音频轨道上，如下右图所示。

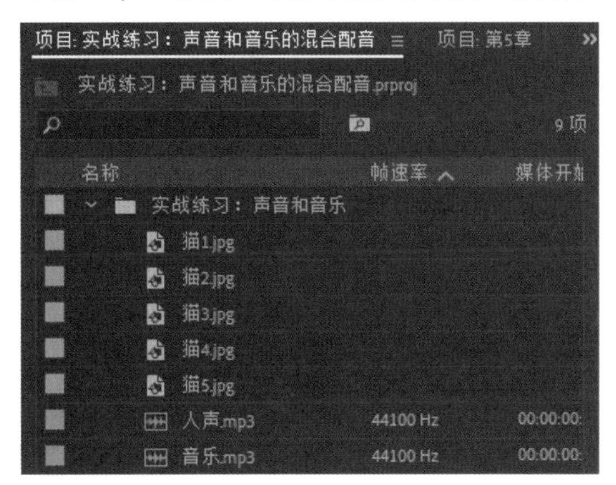

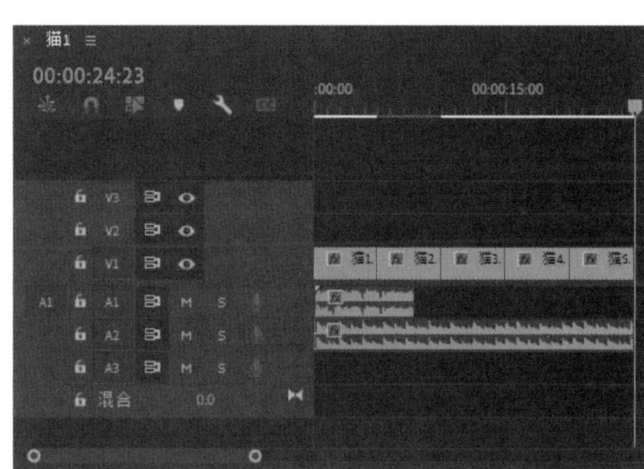

步骤 03 选择V1轨道上的所有素材并右击，在快捷菜单中选择“速度/持续时间”命令，打开“剪辑速度/持续时间”对话框，勾选“波纹编辑，移动尾部剪辑”复选框，设置“持续时间”为2秒，如下左图所示。

步骤 04 使用剃刀工具对A2轨道上的音频素材进行分割，使其与V1素材一样长。将A1轨道上音频的持续时间增加1秒，并右击该素材，在快捷菜单中选择“音频增益”命令，在打开的对话框中设置“调整增益值”为1，单击“确定”按钮，如下右图所示。

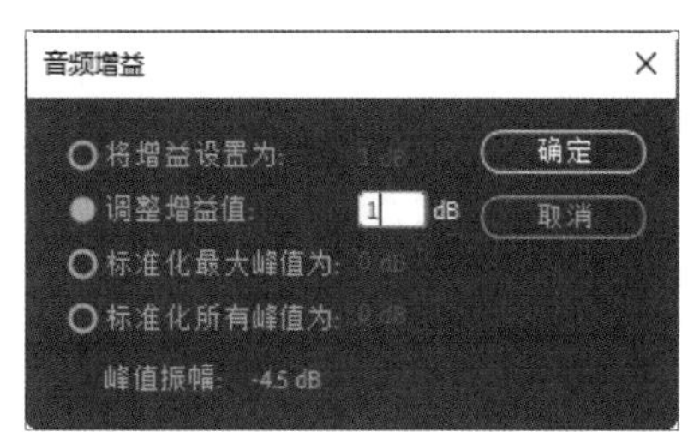

步骤 05 选择A2轨道上的素材，切换至“效果控件”面板，设置“音量”的“级别”为-15，如下左图所示。将背景音乐的音量适当降低。

步骤 06 切换至“效果”面板，展开“音频过渡”下方的“交叉淡化”，将“恒定功率”拖到背景音乐的开始和结尾处，制作淡入和淡出的效果，如下右图所示。

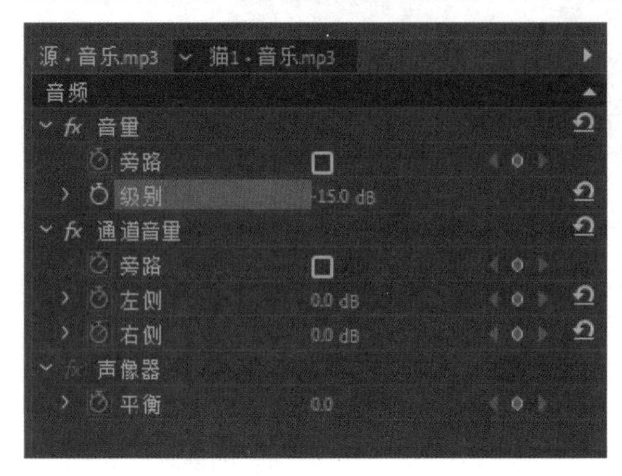

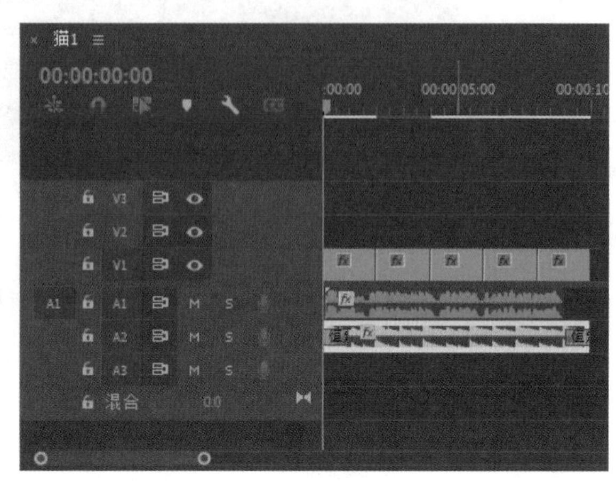

5.3.2 音频效果

Premiere Pro 2024的“效果”面板中包含50多种音频效果，这些音频效果可以制作出不同的声音。“音频效果”和“音频过渡”一样，从“效果”面板中添加指定的音频效果后，在“效果控件”面板中设置相关参数。“音频效果”选项如右图所示。

添加音频效果的方法是展开“效果”面板中“音频效果”文件夹，根据当前音频轨道的类型再展开具体的音频效果文件夹，选择需要应用的音频效果，然后将其拖入“时间线”面板中的音频素材上，如下左图所示。

音频素材应用音频效果后，打开“效果控件”面板，即可对应用的效果进行参数设置，如下右图所示。

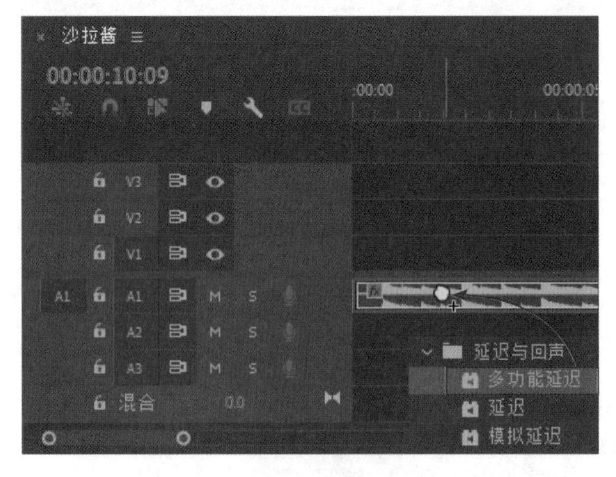

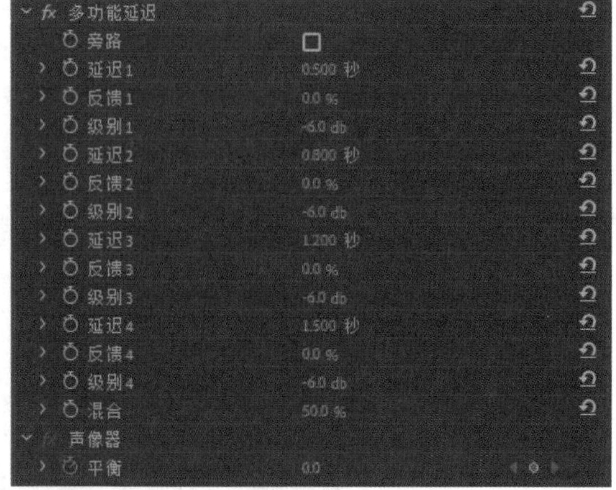

5.3.3 音频效果详解

“音频效果”文件夹中有50种音频效果，我们可以根据需要对音频素材应用带通、延时、平衡等音频效果。下面对常用的音频效果进行介绍。

（1）带通音频效果

带通音频效果可以移除指定范围外发生的频率和频段，可用于5.1声道、立体声和单声道音频。这种音频效果常用于下列情况。

- 提高声音的增益，并用来保护声音仪器。因为使用它可以避免仪器对允许频率范围以外的频率进行处理。
- 创建特殊效果，将一个合成的频率传递给需要特殊频率的仪器。例如，把一个低频处理音频效果分离成一定频率的声音提供给次低音音频效果。

“带通”音频效果在“效果控件”面板中的选项，如右图所示。

- **切断：** 在指定范围的中间部位设置频率。
- **Q：** 设置要保留的频宽。数值越小，频宽越大；数值越大，频宽越小。

（2）低音音频效果

低音音频效果用于增加或减小较低的频率，如200Hz或者更低。可通过增加分贝来增加低频。这种音频效果可用于5.1声道、立体声和单声道音频。

“低音”音频效果有两个参数，分别为“旁路”和“增加”，如右图所示。

（3）自动咔嗒声移除音频效果

自动咔嗒声移除效果用于自动消除声音中的各种杂音、爆音，能大大提高声音质量。在“效果控件”面板中单击“自定义设置”右侧的“编辑”按钮，打开自定义对话框，其参数选项如下图所示。

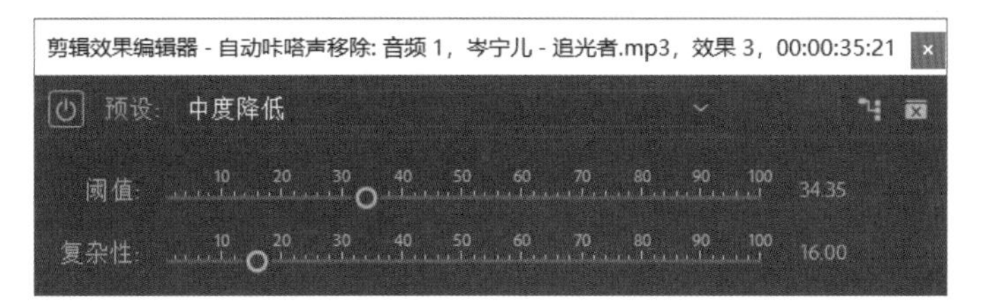

（4）和声/镶边音频效果

和声/镶边效果用于模拟一种和声效果，可以复制一个原始声音并将其进行降调处理或将频率稍加偏移以形成一个效果声，然后让效果声与原始声音混合播放。对于仅包含单一乐器或语音的音频信号来说，运用“和声”音频效果通常可以取得较好的效果。在“效果控件”面板中单击“自定义设置”右侧的“编辑”按钮，打开自定义对话框，其参数选项如右图所示。部分参数的含义如下。

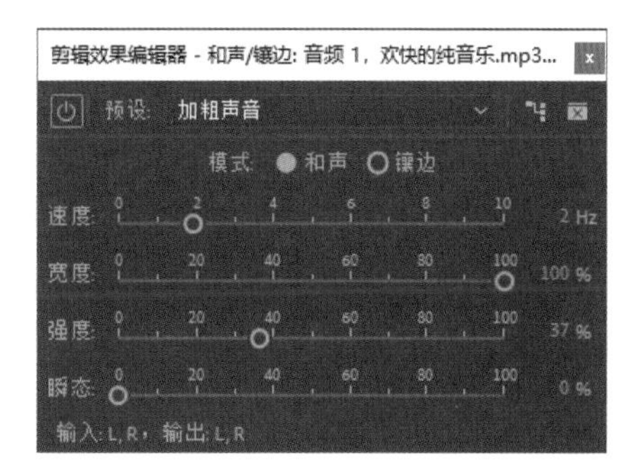

- **速度：** 用于设定震荡速度。
- **宽度：** 用于设定效果声延时的程度。
- **强度：** 用于设定原始声音与效果声混合的程度。

（5）延迟音频效果

延迟效果用于在音频播放后添加回声效果，指定和原始音频的延迟间隔时间。这种音效可用于5.1声道、立体声和单声道音频，并有3种音效控制选项，如下页图所示。

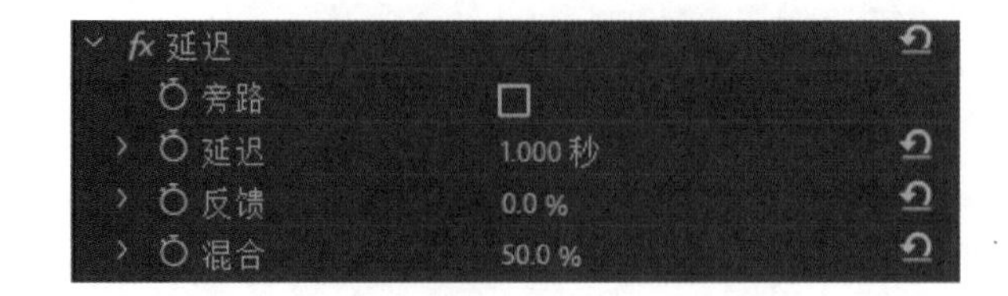

- **延迟：** 指定在回声播放前的时间，最大值为2秒。
- **反馈：** 指定延迟信号的百分比，用于创建多重延迟回声。
- **混合：** 指定回声的数量。

（6）动态音频效果

动态音频效果为我们提供了一组附加控制，可单独或者与其他控制以组合的方式控制音频。用户可以在“效果控制”面板的自定义设置中使用图表来控制音频。这种音效可以用于5.1声道、立体声和单声道音频。该音效有4种主要类型的控制选项，如右图所示。具体含义如下。

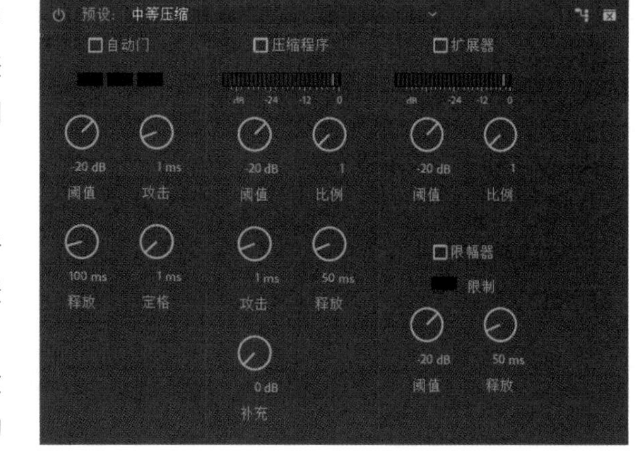

- **自动门：** 当音量低于设置的阈值时，用于切断信号。可以去除记录中不需要的背景信号。
- **压缩程序：** 通过增大柔音的音阶、降低较大音频的音阶，来产生一个标准音阶并平衡动态的范围。
- **扩展器：** 用于根据设置的比率清除所有低于极限值的信号。
- **限幅器：** 指定信号的最大音量，范围为-12dB～0dB，超出该阈值的所有信号都将被缩减到指定音量。

（7）高音音频效果

使用高音效果可以增加或者减少更高的频率，如4000Hz或者更高，用于5.1声道、立体声和单声道音频，其控制选项如右图所示。

- **提升：** 用于设置增加或减少高频的数量，以分贝为单位。

（8）音量音频效果

使用音量效果可以为音频剪辑创建一个封套，从而更方便地增加音量，不出现剪切现象。当信号频率超出硬件可接受的动态范围时就会出现剪切现象，正值表示音量增加，负值表示音量减少。

5.4 音轨混合器

作为专业的视频编辑软件，Premiere Pro 2024对音频的控制能力同样是非常出色的，除了可以在多个面板中使用多种方法编辑音频素材外，它还为用户提供了专业的音频控制面板——音频剪辑混合器。本节将介绍使用音轨混合器对声音进行混合和美化的方法。

5.4.1 “音轨混合器”面板

“音轨混合器”面板如右图所示。该面板就像一个音频合成控制台，为每一条音轨都提供了一套控制。每条音轨也根据“时间线”面板中的相应音频轨道进行编号。通过该面板我们可以更直观地对多个轨道的音频进行添加效果、录制等操作。

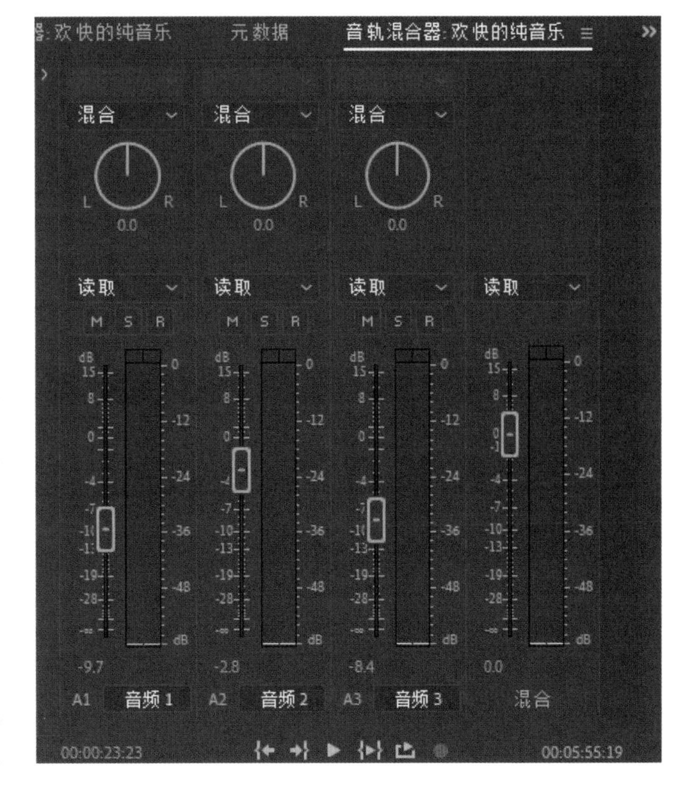

下面介绍“音轨混合器”面板及工具栏中工具的含义。

- **轨道名：** 在该区域中显示了当前编辑项目中所有音轨轨道的名称。用户可以通过“音频剪辑混合器”面板对轨道名称进行编辑。
- **自动模式：** 每个音频轨道都有一个“自动模式”下三角按钮，单击该下三角按钮，下拉列表中显示当前轨道的多种自动模式，如下页左图所示。列表中包含“关”“读取”“闭锁”“触动”和“写入”等5个选项，具体含义如下。
  - **关：** 忽略播放过程中的任何修改，只测试一些调整效果，不进行录制。
  - **读取：** 在播放时读取轨道的自动化设置，并使用这些设置控制轨道播放。如果轨道之前没有进行设置，调节任意选项对轨道进行整体调整。
  - **闭锁：** 播放时可以修改音量等级和声音的声像、平衡数值，并且进行自动记录。释放鼠标以后，控制将回到原来的位置。
  - **触动：** 播放时可以改音量等级和声音的声像、平衡数值，并且进行自动记录。释放鼠标以后，保持控制设置不变。
  - **写入：** 播放时可以修改音量等级和声音的声像、平衡数值，并且进行自动记录。如果想先预设值，然后在整个录制过程中都保持这种特殊的设置，或者开始播放后立即写入自动处理过程，应该选择此项。

“自动模式”中的选项决定了Premiere是否能够读取，或者使用保存于“音轨混合器”面板中的“时间线”面板中素材所做的关键帧调整。

- **左/右平衡控件：** 在“自动模式”下三角按钮的上方是左/右平衡控件，该控件用于控制单声道中左右音量的大小。在使用左/右平衡控件调整声道左右音量大小时，可以通过左右旋转及设置参数值等方式进行音量的调整。
- **音量控件：** 该控件用于控制单声道中总音量的大小。每个轨道下都有一个音量控件，包括主声道。
- **显示/隐藏效果与发送：** 主要用于显示、隐藏效果与发送选项。单击该按钮，即可显示出效果及发送选项的面板，如下页右图所示。

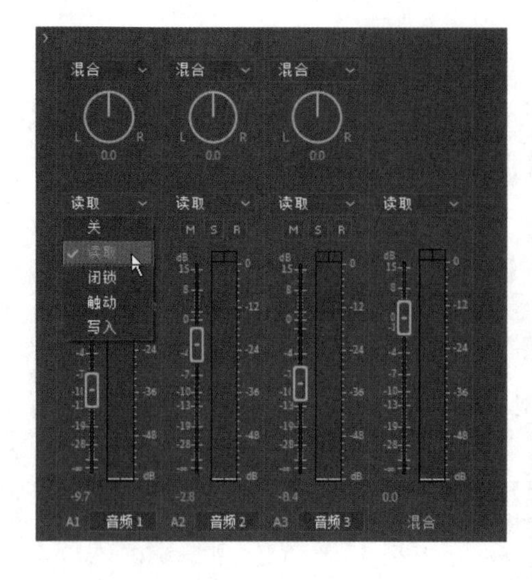

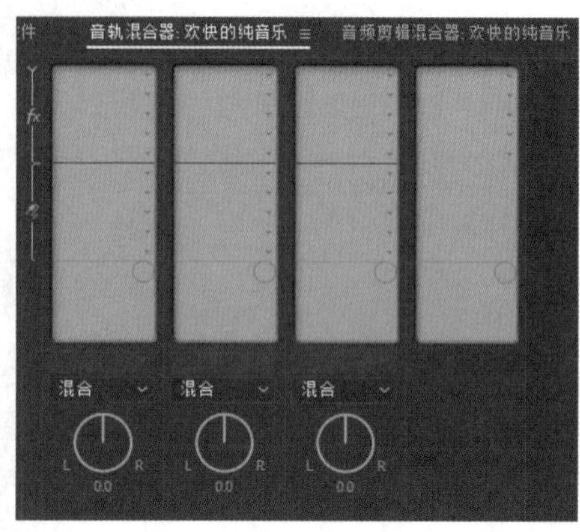

5.4.2 自动化音轨控制

在使用自动化音轨控制之前，首先介绍两个概念：声像与平衡。

声像又称虚声源或感觉声源，指用两个或者两个以上的音箱进行立体声放音时，听者对声音位置的感觉印象，有时也称这种感觉印象为幻像。通过声像可以在多声道中对声音进行定位。

平衡是指在多声道之间调节音量，与声像调节完全不同，声像改变的是声音的空间信息，而平衡改变的是声道之间的相对属性。平衡可以在多声道音频轨道之间重新分配声道中的音频信号。

调节单声道音频，可以调节声像，在左右声道或者多个声道之间定位。例如，一个人在讲话时，可以移动声像，使其与人的位置相对应。调节立体声音频时，因为左右声道已经包含了音频信息，所以声像无法移动，调节的是音频左右声道的音量平衡。

在播放音频时，使用音轨混合器的自动化音频控制功能，可以将对音量、声像、平衡的调节实时自动地添加到音轨道中，产生动态的变化效果。

使用自动化功能调节轨道音量的方法很简单，具体操作如下。

步骤 01 新建项目文件，导入音频素材文件。拖动素材到“时间线”面板的A1轨道上。

步骤 02 打开“音轨混合器”面板，找到与要调整的“时间线”面板中音轨道对应的轨道“音频1”，单击对应的“自动模型”下三角按钮，在下拉列表中选择“写入”选项，如下左图所示。

步骤 03 单击“音轨混合器”面板的▶按钮开始播放，或者单击{▶}按钮，在入点和出点之间播放。拖动音量调节滑杆改变音量，向上拖动可以增大音量，向下拖动可以减小音量。如果主VU表顶部的红色指示灯变亮，如下中图所示，则表示音量超过了最大负载，俗称“过载”。拖动时应确保主VU表上显示的峰值最多为黄色，如下右图所示。

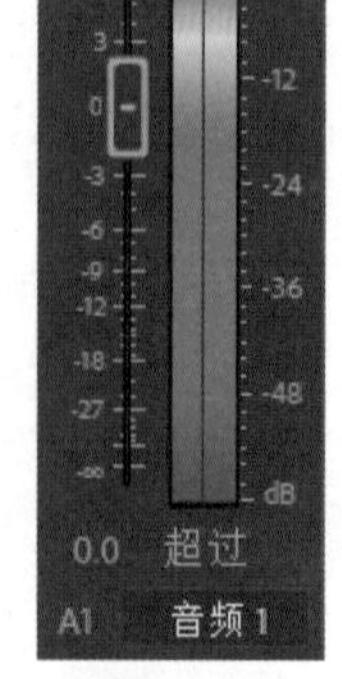

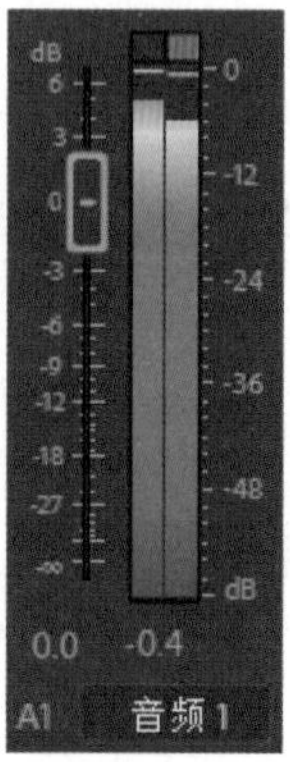

步骤04 单击“停止”按钮■，停止播放。将时间指针拖拽到调整的开始位置，单击“播放”按钮▶，对音乐进行预览播放，声音音量的变化过程会被系统自动记录。至此完成了使用自动化功能调节音量。

5.4.3 制作录音

Premiere Pro 2024的音轨混合器具有录音功能，可以录制由声卡输入的任何声音。使用录音功能，首先要保证计算机的硬件输入设备正确连接。录制的声音可以成为音频轨道上的一个音频素材，还可以将其输出并保存为文件。

要使用Premiere Pro 2024音轨混合器的功能，需要在音轨混合器上单击“启动轨道以进行录制”按钮R，激活要录制的音频轨道。激活后，单击“音轨混合器”面板下方的“录制”按钮●，然后单击“播放”按钮▶，即可进行解说或演奏。单击“停止”按钮■，即可停止录制，并且刚才录制的声音会出现在当前音频轨道上。

提示：在“音轨混合器”面板中添加音频效果

要在“音轨混合器”面板中添加音频效果，首先在“音轨混合器”面板中单击“显示/隐藏效果和发送”三角按钮，在应用效果的轨道上单击右侧的“效果选择”下三角按钮，在列表中选择需要添加的音频效果，例如选择“延迟与回声>延迟”选项，如右图所示。

如果要删除添加的音频效果，则再次单击“效果选择”下三角按钮，在列表中选择“无”选项。

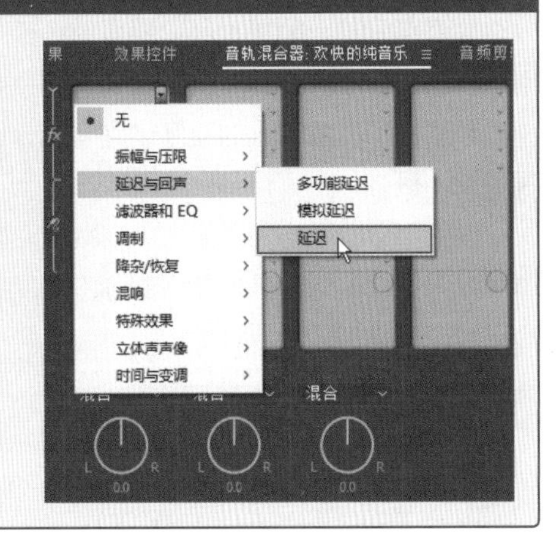

知识延伸：高、低音的转换

通过对音频素材添加特效可以进行高低音的转换，具体操作如下。

（1）在“效果”面板中选择“音频效果”，在其下拉菜单中选取“低音”和“高音”音频效果，将之拖到音频轨道中。

（2）在“效果控件”面板中通过“低音”效果控制窗口中的滑块，可以对音频素材中低音部分的强度进行设定。用户可以在相应参数右边的数值框中直接输入合适的数值进行设置，如右图所示。

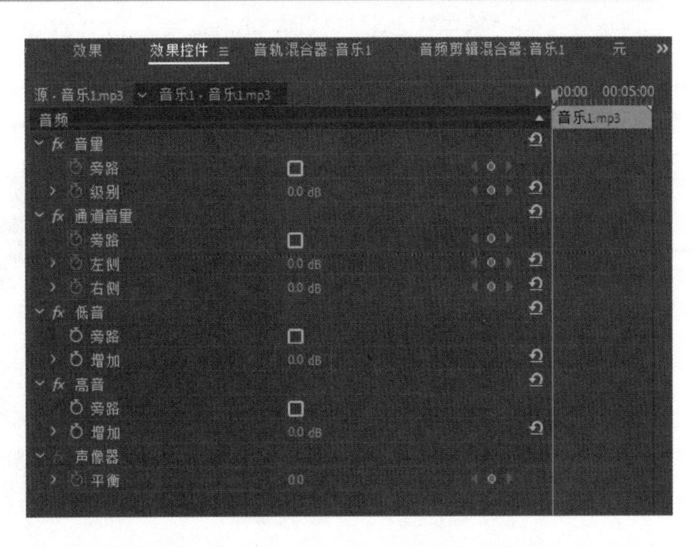

（3）在“高音”效果控制窗口中的调节方法与“低音”是类似的，作用是调节音频素材中高音部分的强度。用户也可以直接在数值框中输入适当的数值来控制强度。

（4）用户可以进行特技效果的预演，系统将截取声音素材的一小部分应用特技并反复播放。预演的效果可以随用户对各项设定的变动进行动态调整。

（5）当用户对设置的效果不满意，可以单击“重置参数”按钮，将低音和高音两项数值同时设置为0，然后重新开始设置。

（6）用户可以在关键帧设置区域设定多个控制点，并对它们分别设置不同的特性值，系统将根据各点的特性值自动生成音频素材中音质的渐变过程。

（7）用户无须合成就可以对声音特技进行预演，并动态调节设置效果。用户在实际操作中应当充分利用这一有效的工具。

音频素材中的声音效果可以分为两部分——高音部分和低音部分。利用高音和低音声音效果，用户可以对音频素材中高音部分和低音部分的强度分别进行设定。

当素材中低音部分的强度被提高时，高音部分被抑制。在音频素材之中，占主导因素的部分是低音部分，高音部分并不明显，所以高音部分被抑制时，音频素材播放时的效果就会变得低沉、浑厚、坚实，并富有震撼力。

当素材中高音部分的强度被提高时，低音部分被抑制，音频素材产生的效果就会变得高亢、响亮、悦耳、令人振奋。

当两部分以同样的幅度增大或减小，整个素材的音量会相应地放大或减小。用户可以通过使用这两种声音效果，将高音部分与低音部分的强度比例调整到合适的程度，从而改善原有音频素材的音质，使之符合影片的要求。

上机实训：制作端午节习俗视频

扫码看视频

本章我们学习了音频效果的相关内容，了解了音频过渡和音效效果的应用。下面通过制作有关端午节习俗的视频，进一步巩固所学内容。本案例将会调整视频的音量、制作混声音效，以及调整声音的淡出等，具体操作步骤如下。

步骤 01 打开Premiere Pro 2024，新建一个项目。执行“文件>导入”命令，在打开的对话框中选择需要导入的素材，其中包括6张图像素材和2个音频素材，如下左图所示。

步骤 02 将“端午节.jpg”素材拖到V1轨道上、“介绍.mp3”音频素材拖到A1轨道上，并根据音频的内容调整V1轨道上素材的长度，如下右图所示。

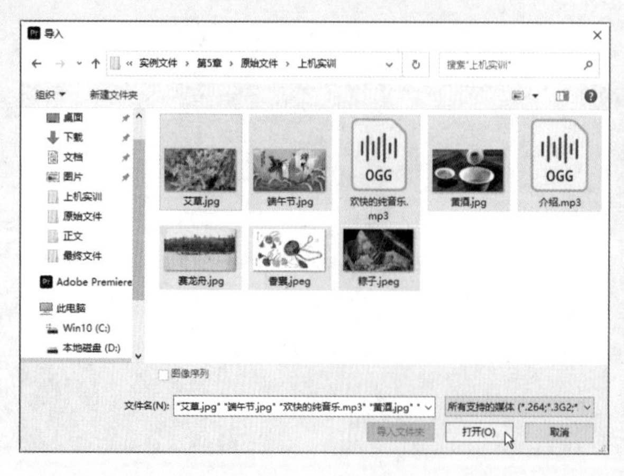

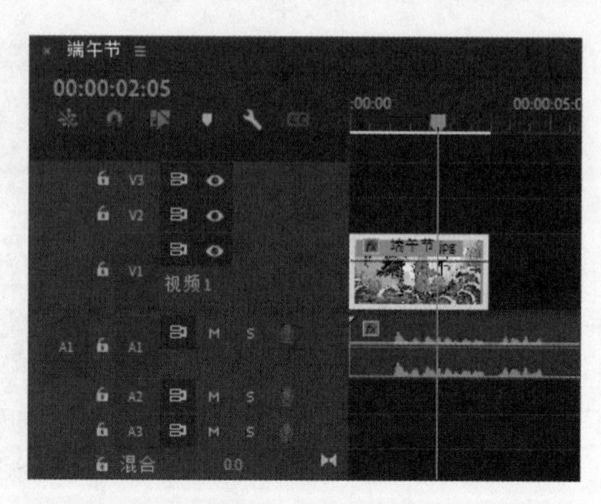

步骤 03 将所有图像素材都拖到V1轨道，并根据音频中的介绍调整图像素材的顺序和长度。右击素材，在快捷菜单中选择“缩放为帧大小”命令，再适当调整大小，使素材充满整个画面。“时间线”面板如右图所示。

步骤 04 使用工具栏中的剃刀工具将音频结尾多余的部分分割并删除。播放并试听音频内容，发现人声的音量很小。右击音频，在快捷菜单中选择“音频增益”命令，打开“音频增益”对话框，设置“调整增益值”为8，单击“确定”按钮，如下左图所示。

步骤 05 调整完成后，音频的波长变长了，声音也变大了。接下来将“欢快的纯音乐.mp3”素材拖到A2轨道上，使用剃刀工具将多余的部分分割并删除，如下右图所示。

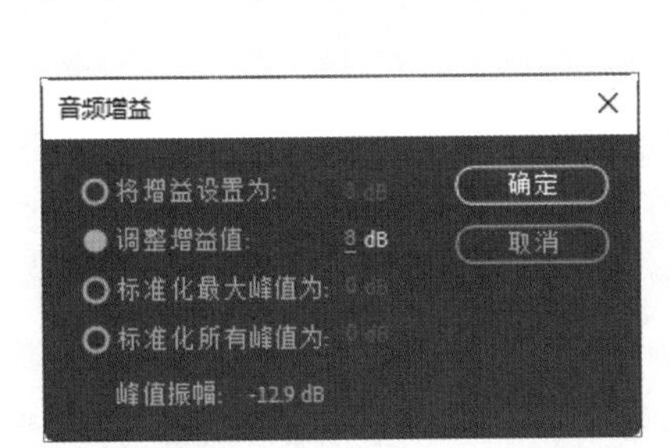

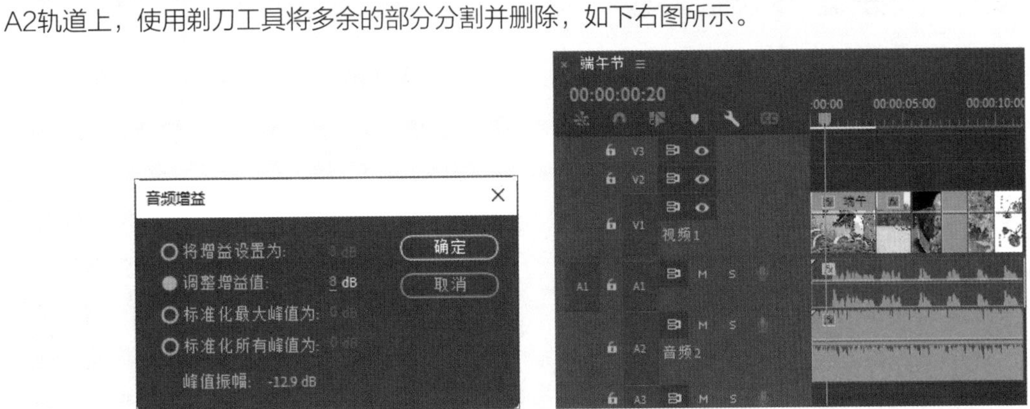

步骤 06 音乐的整体音量很大，所以接下来调整音乐的音量，使其在开始介绍端午节时，音乐音量开始变小。将时间线定位在人声开始前的位置，选择A2轨道上的素材，在“效果控件”面板中设置“级别”的值为-30，如下左图所示。

步骤 07 向左移动10帧（按住Shift键并按两次向左的箭头），设置“级别”的值为-20，即可在该位置添加关键帧，如下右图所示。

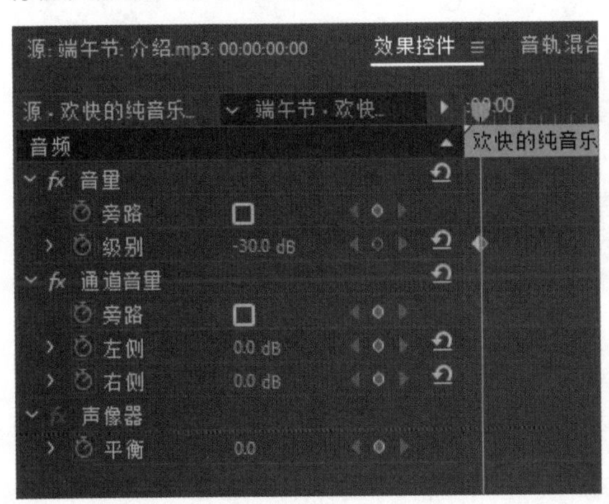

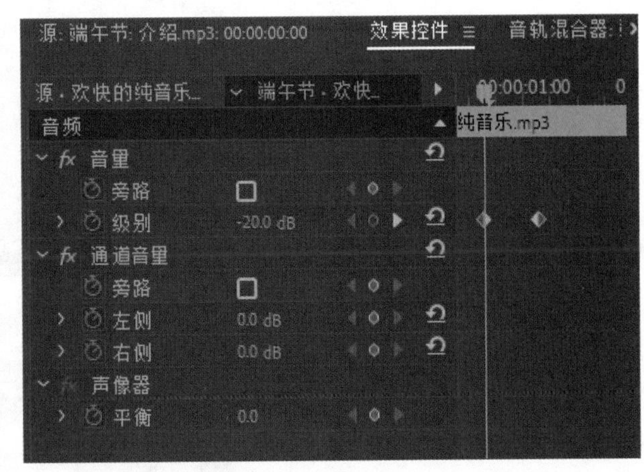

步骤 08 通过“效果控件”面板调整声音的级别时，音乐的波长没有发生变化，但是音量已经改变了。在A2轨道的音频素材上可以看到添加的关键帧，如下页左图所示。

步骤 09 在“效果”面板中搜索“室内混响”音频效果，将其拖到A2轨道的音频素材上，如下页右图所示。

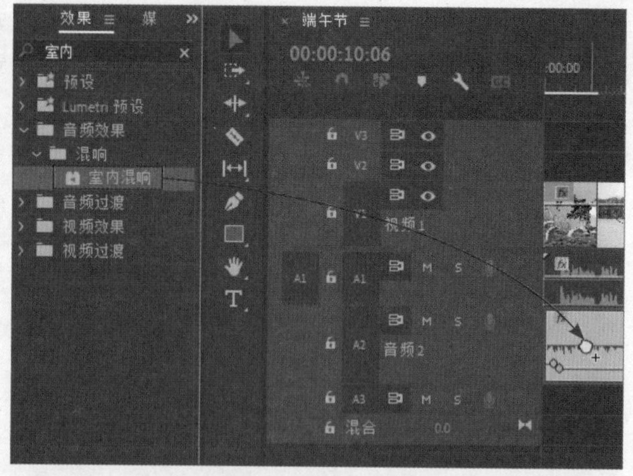

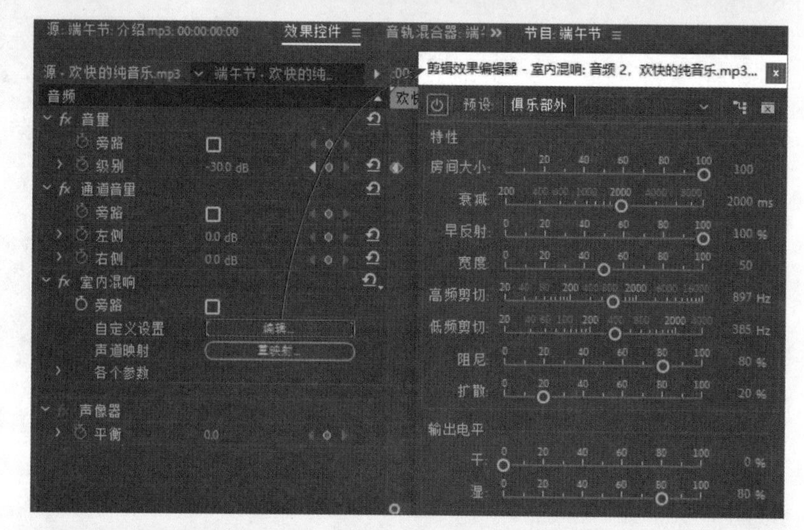

步骤 10 在“效果控件”面板中单击“室内混响”区域中的“编辑”按钮，在打开的“剪辑效果编辑器”窗口中设置“预设”为“俱乐部外”，如右图所示，制作出混声的效果。

步骤 11 A2轨道上的音频结束得比较突兀，所以我们还需要制作淡出的效果。在“效果”面板中展开“音频过渡”下的“交叉淡化”，将“恒定功率”视频过渡效果拖到A2轨道上素材的结尾处，如右图所示。

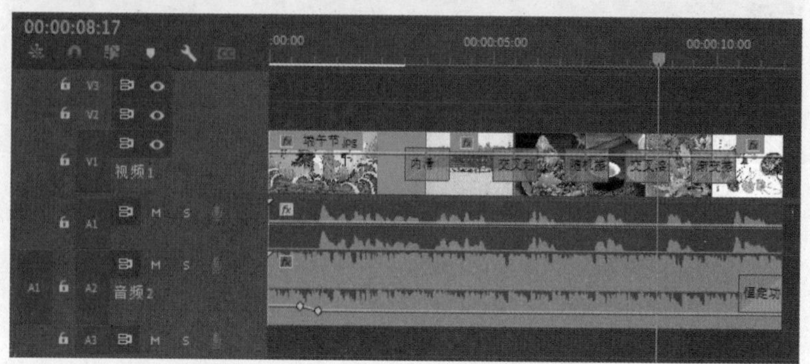

步骤 12 接下来为V1轨道上的素材之间添加视频过渡效果，如右图所示。

课后练习

一、选择题

（1）影视是一种视听艺术，声音是构成这种视听艺术非常重要的内容。影视声音按照性质和功能可以分为语言、音乐和（　　）等3种类型。

A. 音响　　B. 音频　　C. 音色　　D. 音调

（2）在实际应用中，评判任何音频制作设备的性能都离不开4项基本指标：频率响应、（　　）、信号噪声比和动态范围。

A. 振动幅度　　B. 信号强度　　C. 总谐波失真　　D. 波动频率

（3）在音频效果中，（　　）为我们提供了一组附加控制，可单独或者与其他控制以组合的方式控制音频。

A. 平衡　　B. 带通　　C. 延迟　　D. 动态

（4）5.1声道录音技术是美国杜比实验室在（　　）年发明的，因此该技术最早的名称为杜比数码环绕声，主要应用于电影的音效系统，是DVD影片的标准音频格式。

A. 1992　　B. 1994　　C. 1995　　D. 1996

（5）音频素材中的声音效果可以分为高音部分和低音部分。当素材中低音部分的强度被提高时，高音部分会被（　　）。

A. 抑制　　B. 提高　　C. 不变　　D. 不知道

二、填空题

（1）根据听觉效果，按照声道的多少可以划分为单声道、立体声道和__________。

（2）在“效果”面板中展开“音频过渡”选项，再展开其下方的“交叉淡化”，其中包括恒定功率、恒定增益和__________。

（3）__________是多媒体影音作品意义建构中必不可少的媒体，与图像、字幕等有机地结合在一起，共同承载着制作者要表现的客观信息和要表达的思想、感情。

（4）__________是指音频信号电平的强弱，直接影响音量的大小。

（5）使用__________效果允许控制左右声道的音量。使用正值可增加右声道的比例，使用负值可增加左声道的比例。这种音效只用于立体声音频剪辑。

三、上机题

音响效果是一部影视作品中不可或缺的部分，学习影视节目的编辑就要掌握如何将音响效果制作得更加出色。下面结合本章中的有关内容，制作混声音效。为音频素材添加“环绕声混响”音频效果，在“效果控件”面板中单击“自定义设置”右侧的“编辑”按钮。在打开的对话框中设置“预设”为“鼓室”，如右图所示。

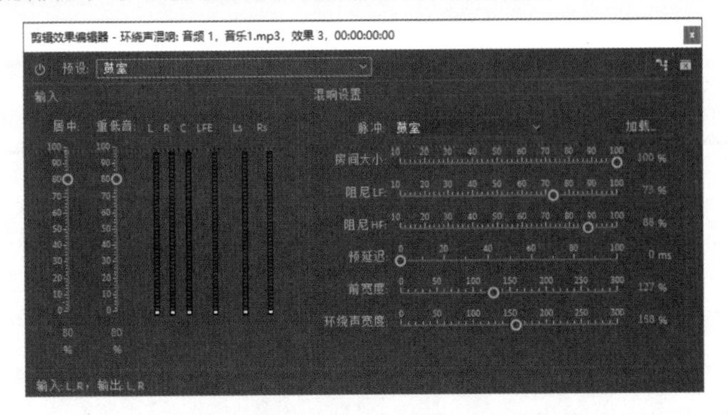

第6章 字幕

本章概述

字幕是影视和DV制作中重要的视觉元素，也是呈递给观众相关信息的重要方式。从大的方面来讲，字幕包括文字、图形这两部分。本章将详细介绍字幕创建的方法和设置字幕属性等方面的知识。

核心知识点

❶ 了解字幕在视频中的应用
❷ 掌握创建字幕的方法
❸ 掌握设置字幕属性的方法
❹ 熟悉通过语音创建字幕的方法

6.1 字幕概述

字幕是在一部影片中以各种形式出现在荧幕上的文字，包括影片的片名、演职员表、剧中人物的对白、人物姓名的标注、歌词、片头字幕、片尾字幕等，它们在影片中分别起着不同的作用。片名在所有字幕中是最主要的，它是影片的重要组成部分，还在影片画面的构图上起着不可替代的造型作用。除了摄影师在具体拍摄时形成的前期画面构图之外，随着高科技在电影制片中的普及运用，字幕可以对影片画面构图进行必要的补充、装饰、加工，以形成电视画面新的造型。同时，高科技的引入也给动画和字幕的制作提供了方便的工具和广阔的创作空间。

在影片等视频作品中，字幕因其高度的表现能力而区别于画面中的其他内容，同时也因为环境及视频中的内容而不同于书本上的文字。非线性编辑的最终目的是要表达声像的视听艺术，字幕文字也可以被定义为视像的一部分，便于观众对相关节目信息的接收和正确理解。电视字幕采用什么样的字体、字形，须根据电视节目内容和形式来确定。

1）从表现角度而言，字幕分为两大类：标题性字幕和说明性字幕。

- **标题性字幕：** 字号相对较大，字体艺术性强，常用于片名或地点的表述。
- **说明性字幕：** 字号相对较小，字体一般不追求艺术性和太多的表现力。要求简洁明了，便于观众在第一时间快速阅读和理解，常用于内容说明等信息展示。

2）从字幕的呈现方式看，分为静态字幕和动态字幕两种。目前的电视类节目没有过多的硬性定义，也就是说为了突出表现的能力，制作出更多精细的字幕效果才能更好地表现用意。

- **静态字幕：** 一种固定不动的字幕形式。
- **动态字幕：** 在字幕出现的过程中会添加一些特技在里面，比如片头和片尾字幕，在看出动感的同时，也要让人欣赏到运动中的细节。

3）在制作字幕过程中需要考虑如下因素。

- 字幕与图形的关系。
- 字幕与色彩、光色、画面等的关系。
- 字幕与节目内容的关系。
- 字幕与运动节奏、运动形式的关系。

6.2 创建字幕

Premiere Pro 2024取消了“旧版标题”功能，因此本节中介绍的创建字幕方法是全新的。同时，Premiere Pro 2024增加的“转录文本”功能，可以将语音转为文本。下面详细介绍创建字幕的几种不同方法。

6.2.1 使用文字工具创建字幕

在Premiere Pro 2024中，对于一些简单的文字，可以使用文字工具创建。使用文字工具可以创建水平文字、垂直文字、区域文字等。下面介绍具体的操作。

（1）创建水平或垂直排列文字

用户可以使用字幕制作面板的文本工具来创建文本对象。Premiere Pro 2024提供了大量的文本格式化选项和字体，并且用户可使用操作系统中的字库。下面介绍创建水平或垂直排列文字的方法。

在工具栏中选择文字工具，在画面中单击并输入文字，然后使用选择工具拖拽文字到合适的位置，如下左图所示。在“效果控件”面板中展开“文字”，可以设置文本的字体、字号、对齐方式、外观等。

在工具栏中选择垂直文字工具，在画面中单击并输入文字，即可输入垂直文字，如下右图所示。

（2）创建区域文本

除了按一定的方向输入文本之外，用户也可以把文字限制在一个文本框中。如果要输入水平方向的文本，则选择文字工具，在字幕制作窗口中单击并拖拽出一个文本框，然后在文本框中输入需要的文字，如下左图所示。

如果要输入垂直方向的文本，则选择垂直文字工具，在字幕制作窗口中单击并拖拽出一个文本框，然后在文本框中输入需要的文字，如下右图所示。

6.2.2 使用“基本图形”面板创建字幕

本节将介绍使用“基本图形”面板创建字幕的方法。使用“基本图形”面板创建字幕和使用文本工具创建字幕的操作方法基本相同，但是在“基本图形”面板中可以创建自定义的文本样式，方便以后使用。

(1)“基本图形”面板概述

在菜单栏中执行“窗口>基本图形”命令，打开“基本图形”面板。该面板中包含“浏览”和“编辑”两部分内容，“浏览”选项卡中内置了Premiere Pro 2024的字幕效果，其中的许多模板还包含了动画，如下左图所示。通过“编辑”选项卡可以对添加到序列中的字幕进行编辑，如下右图所示。

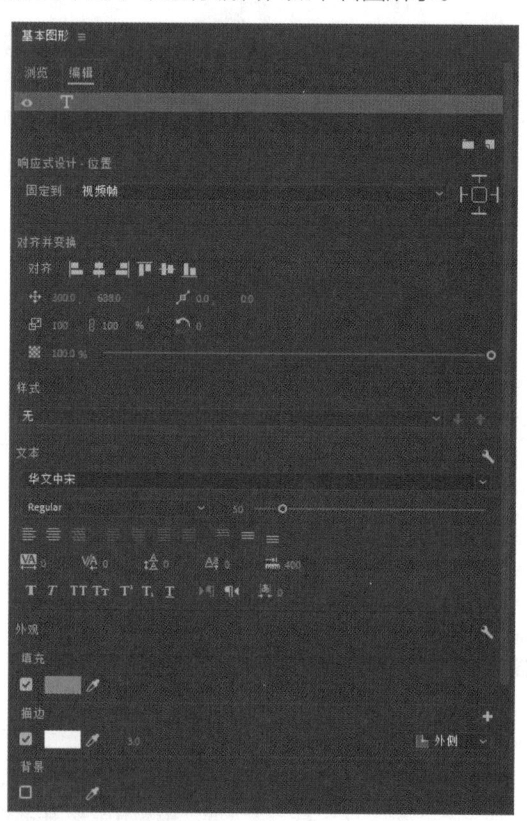

使用“浏览”选项卡中的预设效果，可以直接将模板文字拖到“时间线”面板对应的轨道上，然后修改文字。例如将“橙色字幕”拖到V2轨道上，在“节目”面板中修改文本内容，效果如下左图所示。选择文本后，可以在“效果控件”面板或“基本图形”面板中进一步设置字体格式。例如设置字体为“楷体”、填充颜色为红色，效果如下右图所示。

（2）通过“编辑”选项卡创建字幕

在“基本图形”面板的“编辑”选项卡中可以创建横排文本、直排文本、矩形、椭圆和多边形等。下面以创建横排文本为例，介绍具体操作方法。

单击“编辑”选项卡右上角的“新建图层”按钮，在列表中选择“文本”选项，如下左图所示。在画面中显示“新建文本图层”的文本框，同时，在“时间线”面板的V2轨道上添加图层。添加的文本应用上一次设置的文本样式，并修改文本的内容，效果如下右图所示。

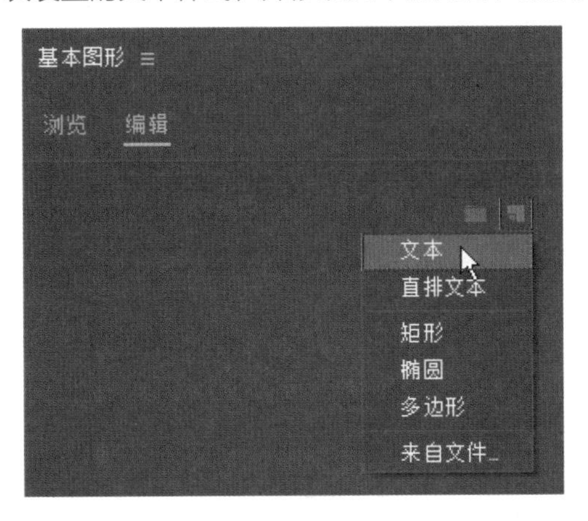

在“基本图形”面板的“外观”选项区域中勾选“阴影”复选框，设置阴影的角度、距离、大小和模糊等参数，如下左图所示。查看为文本添加右下方的阴影效果，如下右图所示。

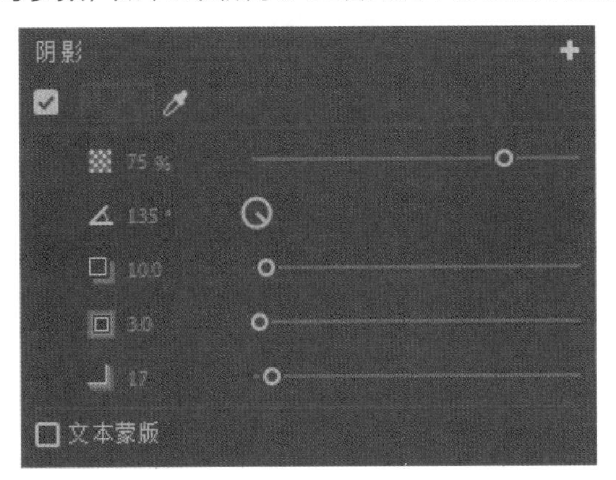

（3）创建样式

我们可以自定义字体样式，并在本项目或其他项目中应用该样式。首先介绍自定义样式。选择创建的文本，在“基本图形”面板的“样式”中单击右侧的下三角按钮，在列表中选择“创建样式”选项，如下左图所示。弹出“新建文本样式”对话框，在“名称”文本框中输入样式的名称，此处输入“钢笔行书”文本，单击“确定”按钮，如下右图所示。

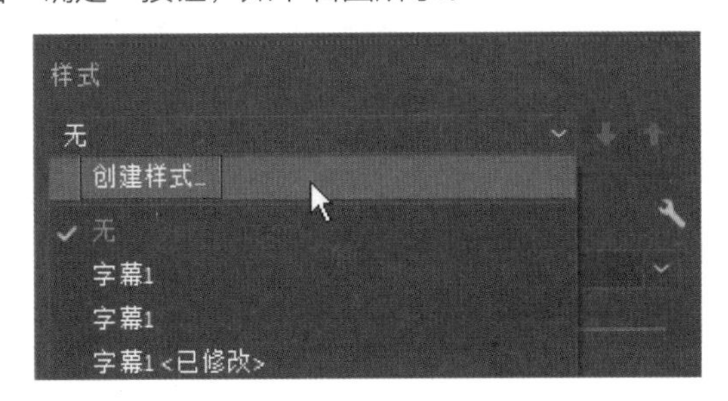

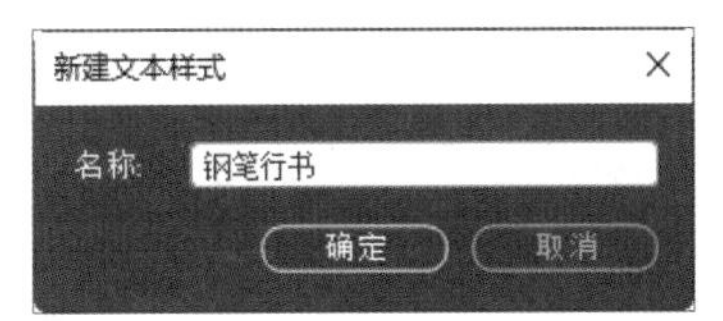

此时在“项目”面板中自动添加“钢笔行书”的样式。在本项目中如果应用创建的“钢笔行书”样式，则直接将该样式拖到“时间线”面板中的文字图层上即可，如下图所示。

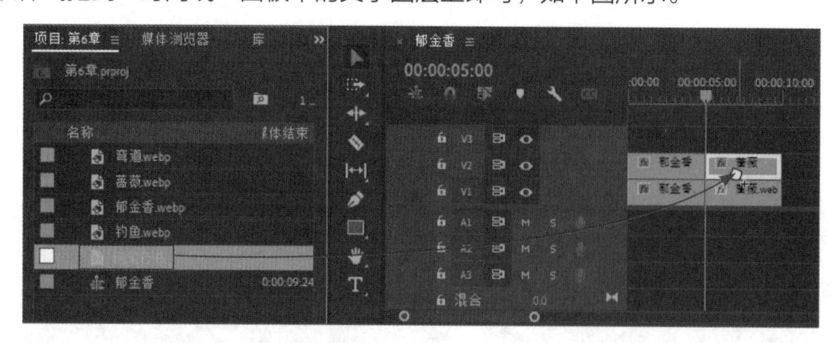

我们也可以将设置的文本导出为动态图形模板，方便在其他项目中使用。在“时间线”面板中右击设置的文字图层，在快捷菜单中选择“导出为动态图形模板”命令。打开“导出为动态图形模板”对话框，在“名称”文本框中输入“钢笔行书”文本，单击“确定”按钮，如下左图所示。在“基本图形”面板的“浏览”选项卡中会出现刚才创建的模板“钢笔行书”，如下右图所示。

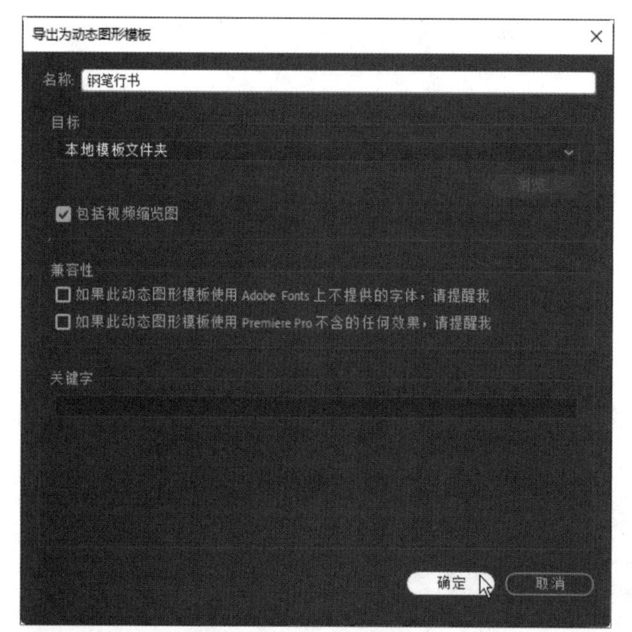

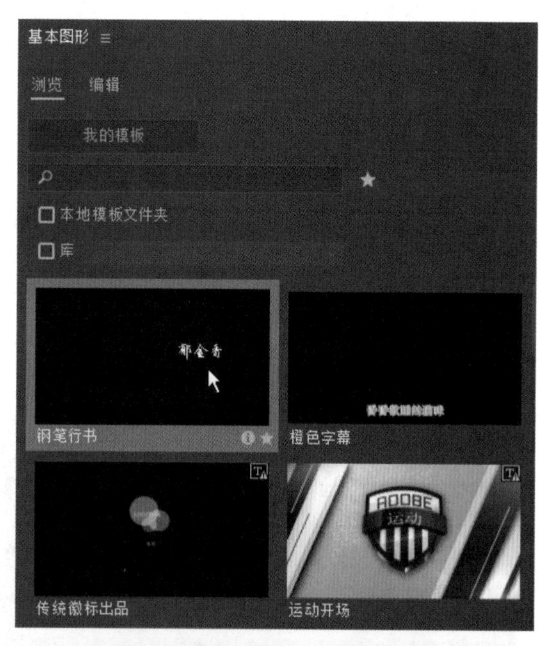

提示：创建滚动文字效果

在“基本图形”面板的“编辑”选项卡中勾选“滚动”复选框，可以创建滚动的文字效果。应用该效果的文本会从屏幕的下方向上移动，直到全部移到屏幕上方，并完全移出屏幕。

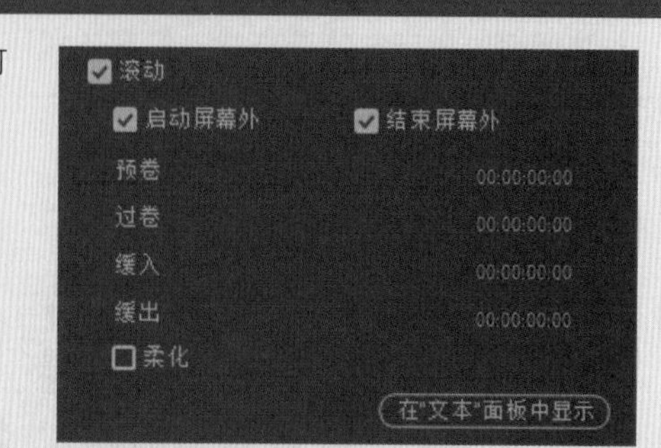

下面介绍右图中主要参数的含义。

- **启动屏幕外**：将字幕设置为开始时完全从屏幕外滚进。
- **结束屏幕外**：将字幕设置为结束时完全滚出屏幕。
- **预卷**：设置第1个文本在屏幕上显示之前要延迟的帧数。
- **过卷**：设置字幕结束后播放的帧数。
- **缓入**：设置在开始的位置将滚动或游动的速度从零逐渐增大到最大速度的帧数。
- **缓出**：设置在末尾的位置放慢滚动或游动字幕速度的帧数。播放速度是由时间轴上滚动或游动字幕的长度决定，较短字幕的滚动或游动速度比较长字幕的滚动或游动速度快。

实战练习 制作同步字幕

为视频添加字幕时，一般要求字幕和声音同步显示，也就是字幕的显示时间与对话内容完全对应。下面介绍制作同步字幕的具体操作方法。

步骤 01 打开Premiere Pro 2024，执行“文件>新建>项目”命令，设置项目名称。将“书籍.mp4”视频素材导入“项目”面板中，然后将该素材拖到“时间线”面板中，使视频素材在V1轨道、音频素材在A1轨道，如下左图所示。

步骤 02 使用文本工具，在画面中输入与音频对应的文本。首先输入与第一段音频对应的文本，然后在“基本图形”面板的“编辑”选项卡中设置填充为白色，勾选“阴影”复选框，并设置相关参数，如下右图所示。

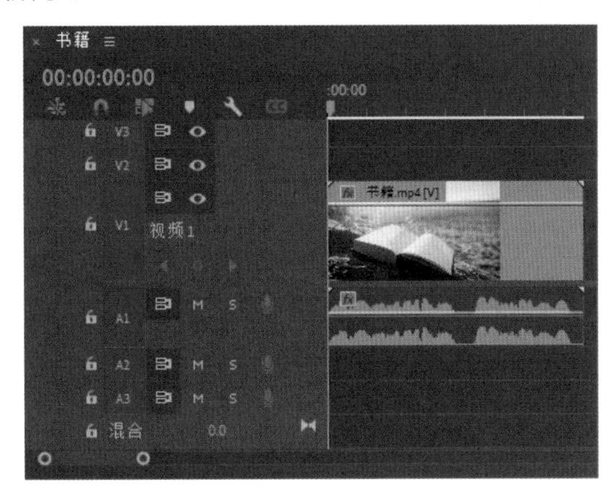

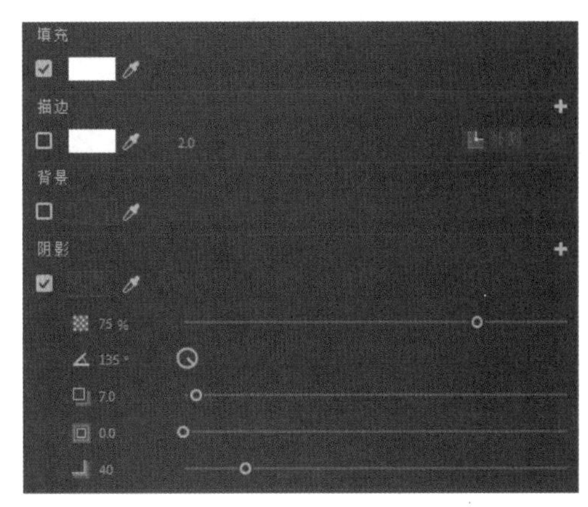

步骤 03 使用选择工具，将文本移到画面中合适的位置，效果如下左图所示。

步骤 04 将时间线定位在第一句话结束的位置，即1：19处，使用剃刀工具对文字图层进行分割。按住Alt键并将文字图层向上拖到V3轨道，完成文字的复制，如下右图所示。

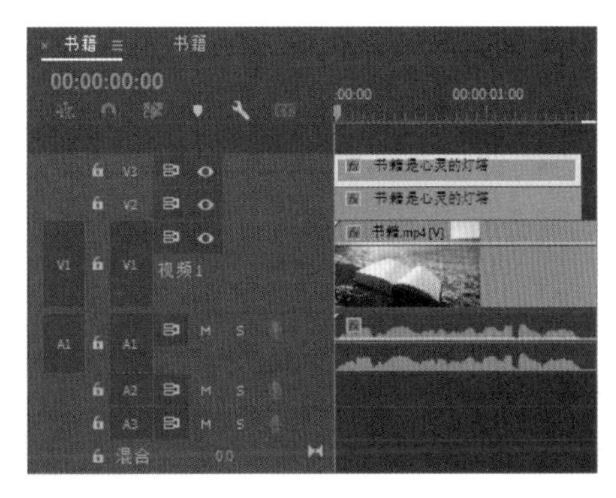

步骤 05 选择复制的文本，在“效果控件”面板中设置文字的填充颜色为红色。在“效果”面板中搜索“裁剪”视频效果，并将该效果拖到V3轨道的素材上，如右图所示。

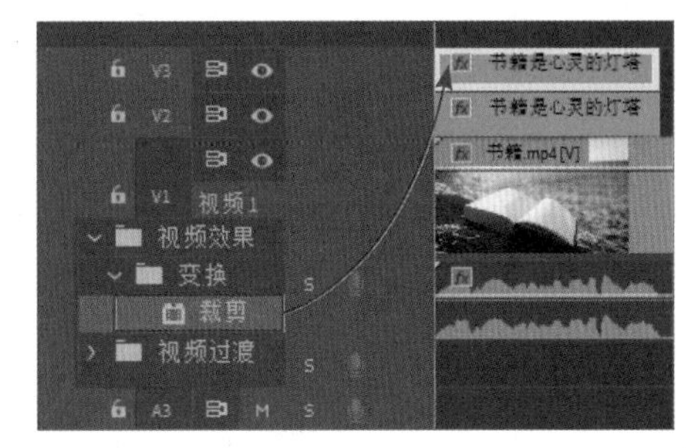

步骤 06 保持V3轨道上的素材为选中状态，在“效果控件”面板中设置裁剪的“右侧”参数，将时间

线调整到开始处，单击“切换动画”按钮，添加关键帧，并设置“右侧”的数值为100%，如下左图所示。在结束的位置添加关键帧，设置“右侧”的数值为0%。

步骤 07 设置完成后，在“节目”面板中查看设置的效果，将时间定位在第22帧的位置，音频播放到“心”字时，文本也同步到“心”字，画面效果如下右图所示。

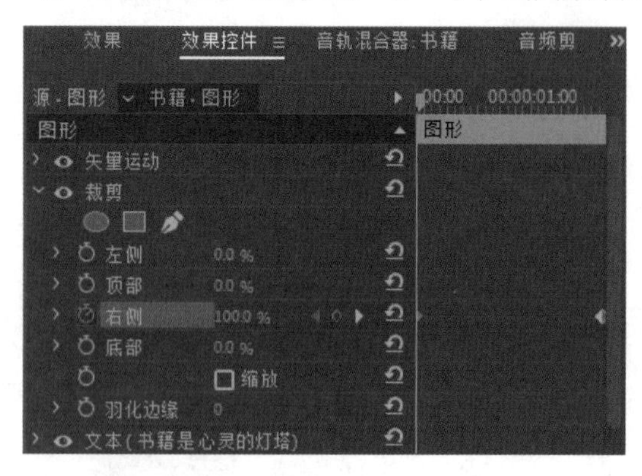

步骤 08 选择V3轨道上的文本素材，在“基本图形”面板中单击“样式”区域右侧的下三角按钮，在列表中选择“创建样式”选项，打开“新建文本样式”对话框，设置“名称”为“红色字体”，单击“确定”按钮，如下左图所示。

步骤 09 将V2轨道上分割的文本素材调整到音频第2句话的开始处，并调整文本素材的长度，使其与第2句话的结尾对齐。然后修改文本，使其与音频内容一致，并将该素材复制一份，放到V3轨道上，如下右图所示。

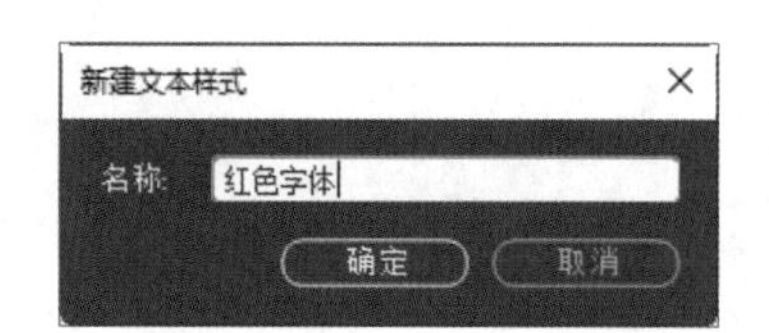

步骤 10 将“项目”面板中的“红色字体”字体样式拖到V3轨道的复制文本上，效果如下左图所示。

步骤 11 根据相同的方法，为V3轨道上的文本素材添加“裁剪”视频效果，并设置相应的“右侧”关键帧，最终效果如下右图所示。

6.2.3 通过语音创建字幕

Premiere Pro 2024提供自动生成字幕功能，该功能根据语音识别技术自动生成字幕。当需要在Premiere中创建大量字幕时，使用本功能可以大大提高工作效率。

通过语音创建字幕可以在Premiere的“文本”面板中实现。在Premiere中导入视频文件，并拖到“时间线”面板中。音频文件在A1轨道上，接下来通过“文本”面板将A1轨道上的音频文件转成字幕。在菜单栏中执行“窗口>文本”命令，打开“文本”面板，其中包含“转录文本”“字幕”和“图形”3个选项卡，如下左图所示。如果要导入多个音频文件，在“转录文本”选项卡中展开需要转录的列表，然后勾选需要转录的音频文件即可，如下右图所示。

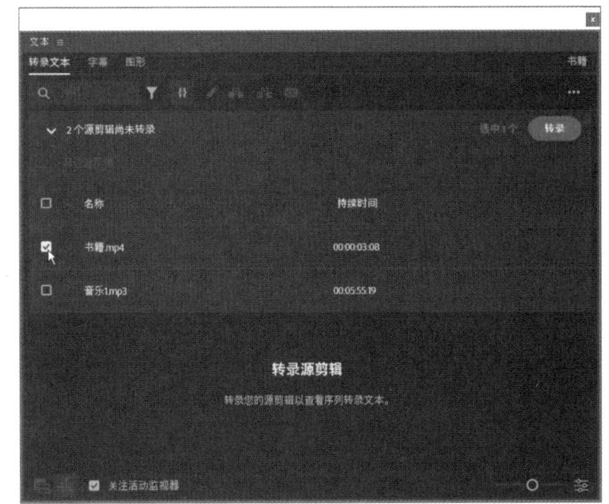

在“文本”面板中切换至“字幕”选项卡，单击“从转录文本创建字幕”按钮，如下图所示。

打开“创建字幕”对话框，展开“字幕首选项”，设置“最大长度”的值为20，表示字幕的长度最大为20个字符。在“行数”区域中选择“单行”单选按钮，如右图所示。

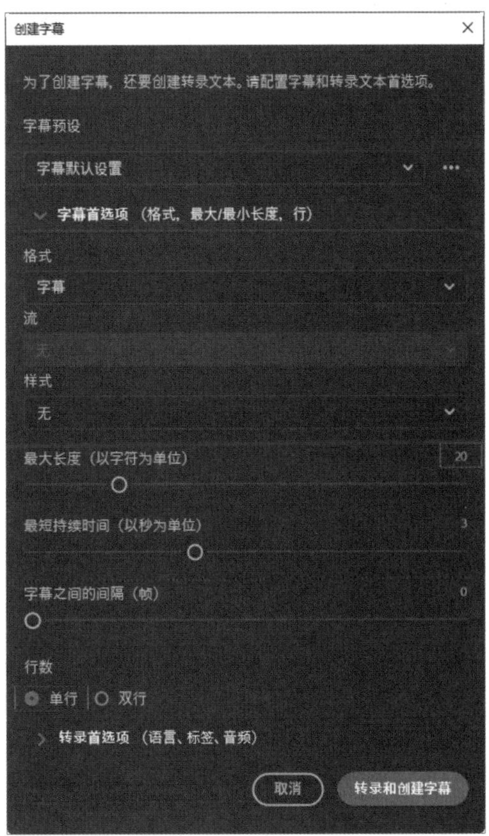

再展开“转录首选项”，根据音频的语言设置转录之后的语言，此处设置为“简体中文”，根据音频所在的轨道设置“音轨正常”，此处设置为“音频1”，最后单击“转录和创建字幕”按钮，如右图所示。

操作完成后即可完成音频转文本的操作。

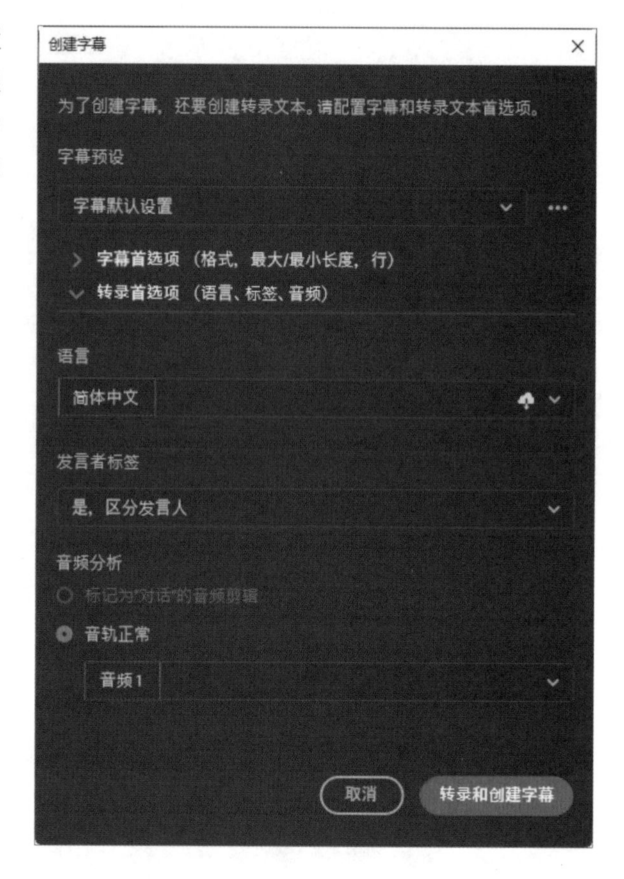

为了方便在Premiere Pro 2024中编辑字幕，我们可以将工作区设置为“字幕和图形”。工作区会包含设置字幕的功能，例如“文本”和“基本图形”面板。在菜单栏中执行“窗口>工作区>字幕和图形”命令，则工作区如下图所示。

6.3 编辑字幕属性

使用Premiere Pro 2024为视频添加字幕后，我们可以通过“基本图形”和“效果控件”面板编辑字幕属性，例如字体、外观等。本节将以“基本图形”面板为例，介绍编辑字幕属性的方法。

6.3.1 设置字幕的基本属性

在制作字幕时，比如制作文本和图形，可以结合字幕编辑器右侧属性栏中的选项来编辑文本和图形，从而设置字幕文字的大小、字体类型、字间距、行间距等属性。“基本图形”面板中“文本”区域的参数如下图所示。

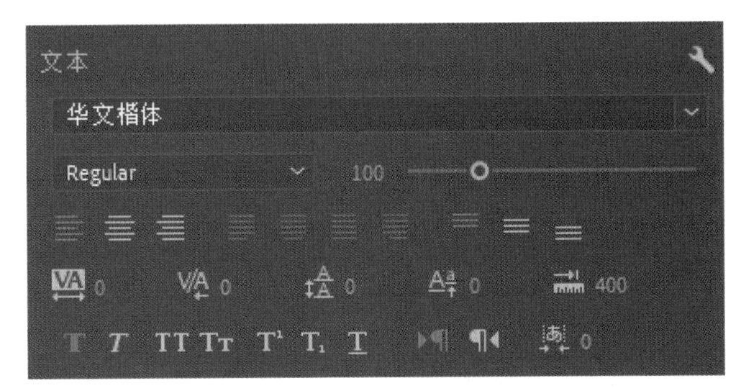

“文本”区域中部分参数的含义如下。

- **字体：** 该选项用于设置字幕字体的类型。单击该选项右侧的下拉按钮，在弹出的下拉列表中可以为选择的字幕替换字体类型。
- **字体样式：** 在设置字体类型之后，通过该选项可以设置字体的具体样式。不过大多数字体类型包含的字体样式都较少，有的只含有一种字体样式，因此该选项的使用较少。
- **字体大小：** 该参数用于设置所选择文字字号的大小，参数越大，字也就越大。我们可以在数值框中直接输入数字调整字体大小，也可以拖动滑块调整字体大小。
- **对齐方式：** 该参数用于设置文本的对齐方式，左侧3个按钮用于设置点文本的对齐方式，中间4个按钮用于设置段落文本的对齐方式。
- **字距调整：** 用于设置文字之间的间距。默认值为0，值越大，文字之间的间距越大。下左图是“字距调整”为0的效果，下右图是“字距调整”为100的效果。
- **行距：** 用于设置相邻两行文字的垂直距离。
- **基线位移：** 用于设置基线偏移量。

6.3.2 设置字幕的外观属性

在“基本图形”面板的“外观”区域可以设置字幕的填充、描边、背景、阴影等。相关参数如右图所示。

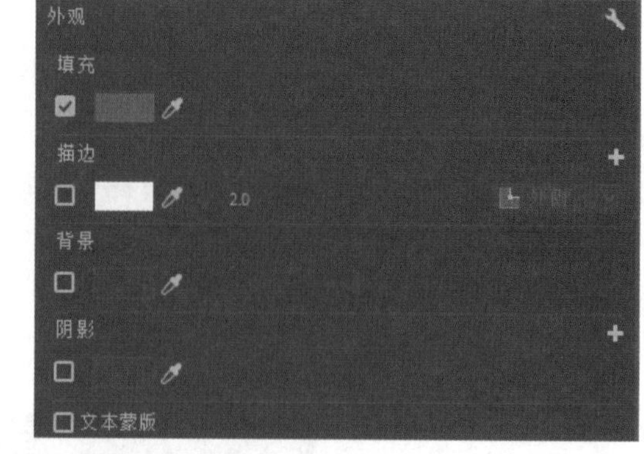

“外观”区域部分参数的含义如下。

- **填充**：单击该选项右侧的色块，打开“拾色器”对话框，可以设置字幕的填充颜色，如下图所示。我们也可以使用右侧的吸管按钮在画面中吸取颜色。
- **描边**：用于设置文本的描边颜色和宽度。勾选“描边”复选框，激活右侧的参数，通过色块和吸管可以设置描边的颜色。单击“描边宽度”数值，可以设置描边的宽度。单击右侧的下三角按钮，在列表中可以设置描边的位置，其中包括“外侧”“内侧”和“中心”3种类型。

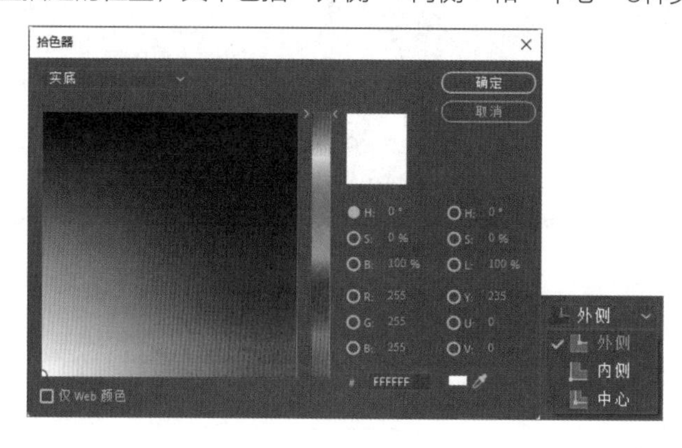

下左图为设置“内侧”描边的效果，下右图为设置“外侧”描边的效果。

- **阴影**：主要为字幕添加阴影效果，包含“颜色”“不透明度”“距离”“角度”“大小”和“模糊”等参数，如右图所示。

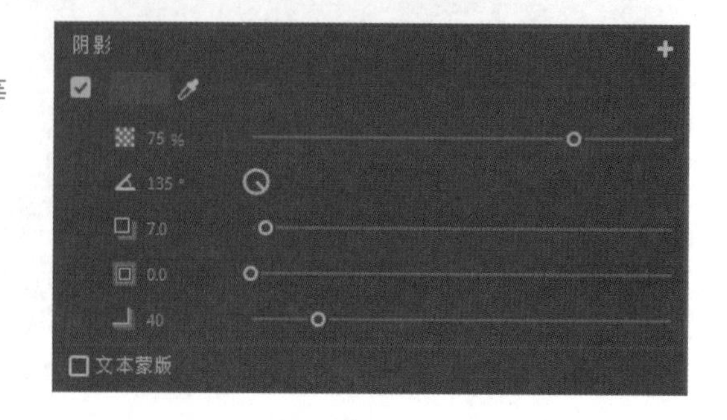

“外观”区域部分参数的含义如下。

- **颜色：** 用于设置字幕阴影的颜色，单击该选项后的色块，在弹出的“拾色器”对话框中设置颜色参数，可以控制阴影颜色效果。下左图是阴影颜色为黑色的效果，下右图是阴影颜色为红色的效果。

- **不透明度：** 用于设置阴影的不透明度。
- **角度：** 用于设置阴影相对于文字的旋转角度。
- **距离：** 用于设置字幕阴影与字幕文字之间的距离，该参数值越大，阴影与字幕之间的距离越大。设置“距离”的值为50、“模糊”的值为40的效果如下左图所示。
- **模糊：** 用于设置字幕阴影的模糊程度。设置“距离”的值为50、“模糊”的值为100的效果如下右图所示。

实战练习 制作冰激凌色调的文字

本节我们学习了在Premiere Pro 2024中设置字幕的属性，接下来通过制作冰激凌色调的文字，进一步巩固所学内容。下面介绍具体的操作方法。

步骤 01 打开Premiere Pro 2024，新建项目，再新建DV-PAL中宽屏48kHz的序列。导入“冰激凌.webp”图像素材文件，如右图所示。

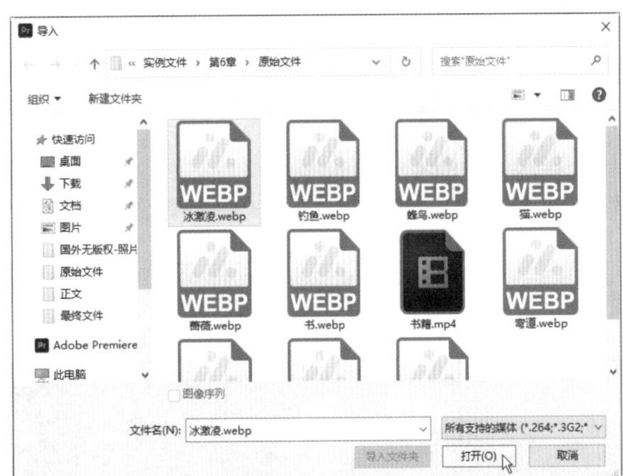

步骤 02 将导入的“冰激凌.webp”素材文件从“项目”面板拖到“时间线”面板的V1轨道上，如下图所示。

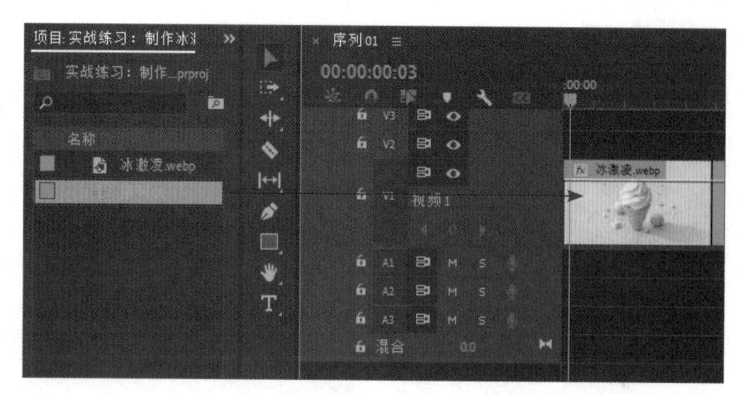

步骤 03 在“效果控件”面板中设置导入素材的“缩放”，使素材充满画面。选择文字工具，在画面中输入“ice cream”文本。在“基本图形”面板的“文本”区域设置字体、大小，单击“仿粗体”和“全部大写字母”按钮，如下左图所示。

步骤 04 设置文本的基本属性后，文本效果如下右图所示。

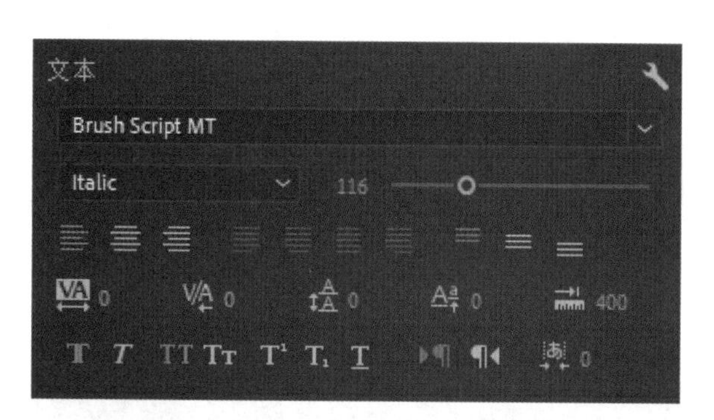

步骤 05 在“外观”区域单击“填充”右侧的色块，打开“拾色器”对话框，单击左上角的“实底”下三角按钮，在列表中选择“线性渐变”选项，并在下方设置渐变颜色，如下左图所示。

步骤 06 设置文本的渐变参数后查看渐变效果，如下右图所示。

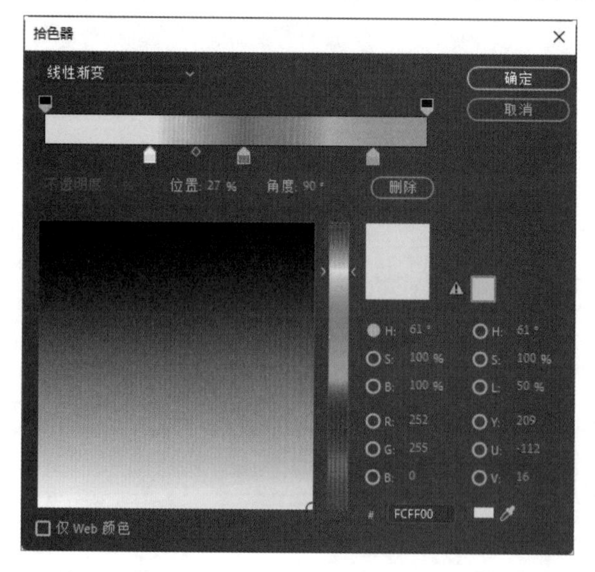

步骤 07 勾选“描边”复选框，设置描边颜色为白色、“描边宽度”为5。再勾选“阴影”复选框，设置阴影颜色为黑色、“不透明度”为70%、“角度”为135°、“距离”的值为10、“模糊”的值为30，如下左图所示。

步骤 08 设置完成后，文本的效果如下右图所示。

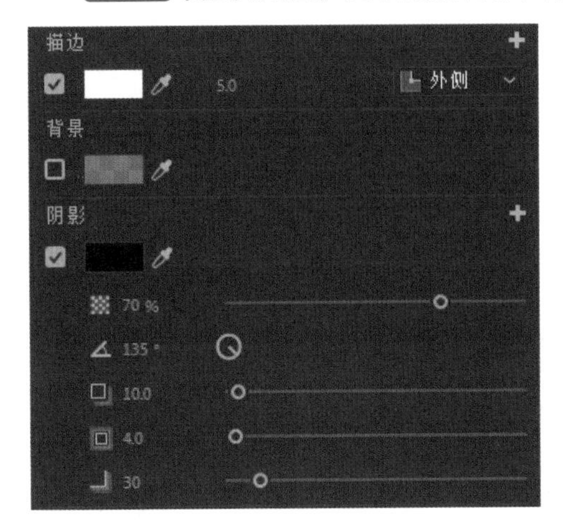

步骤 09 在“效果”面板中搜索“变换”视频效果，在“效果控件”面板中设置“倾斜”的值为-10，文本效果如下左图所示。

步骤 10 在“效果”面板中搜索“斜面Alpha”视频效果，在“效果控件”面板中设置“边缘厚度”的值为15、“光照角度”为20°、“光照颜色”为白色、“光照强度”的值为0.8，如下右图所示。

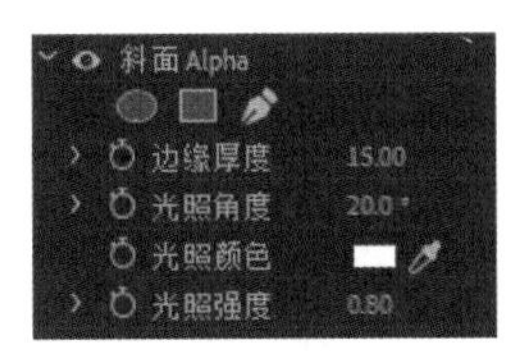

步骤 11 至此，冰激凌色调的文字就制作完成了，效果如下图所示。

知识延伸：正确设置字体

在创建英文或中文字幕时，如果在“基本图形”面板中设置了不当的字体样式，会使文本无法正常显示。下面介绍解决方法。

（1）英文字体显示错误

英文字体显示错误的主要原因是字体类型选择错误。例如将英文字幕的字体类型设置为图像类型，如下左图所示。当字体设置为图像类型时，输入英文文字将显示为对应的图像。

解决这类问题很简单，在“基本图形”面板中设置文本为英文字体即可。英文也支持大部分中文字体格式，选择合适的字体后，英文将会正常显示，如下右图所示。

（2）中文字体显示不完全或错误

中文字体设置不正确时也会出现错误，例如显示不完全或显示错误，如下两图所示。

解决这两种字体显示问题的方法是更换合适的字体。我们在Premiere中设置字体的格式时，要根据文本选择合适的字体，如右图所示。

如果我们使用计算机默认字体之外的字体格式，则需要在计算机中添加该字体。打开“控制面板”，在“外观和个性化”中单击“字体”，打开“字体”文件夹，将要安装的字体复制到该文件夹内，最后重新启动Premiere，即可使用新安装的字体。

上机实训：制作旅游视频的片头和字幕

本章我们学习了字幕的相关内容，包括创建字幕的方法、设置字幕的属性等。下面以制作旅游视频的片头和字幕为例，进一步巩固本章的内容。本案例除应用本章内容外，还涉及到之前学习的视频效果等内容，具体操作步骤如下。

扫码看视频

步骤 01 打开Premiere Pro 2024，新建项目并创建DV-PAL中宽屏48kHz的序列。将准备好的素材导入“项目”面板中，如下左图所示。

步骤 02 首先将“森林.mp4”视频素材拖到“时间线”面板的V1轨道，并将音频与视频取消链接，删除音频素材。右击添加的视频素材，在快捷菜单中选择“缩放为帧大小”命令，再适当调整“缩放”的值，使其完全充满画面。再将“配音.mp3”音频素材拖到A1轨道上，如下右图所示。

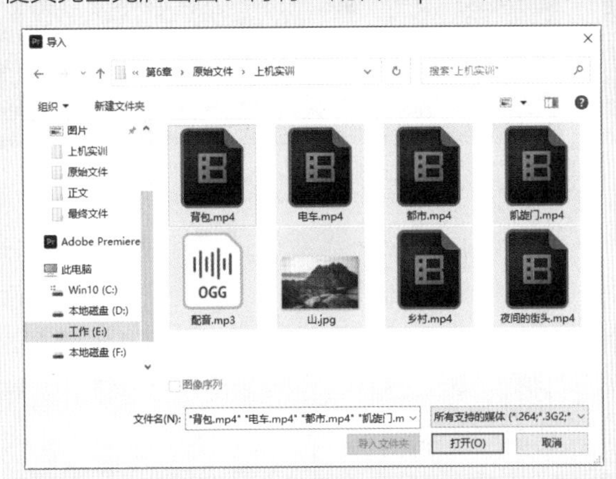

步骤 03 使用文字工具在画面中间输入英文“TRAVEL”，设置合适的字体样式，填充颜色为白色，并将字距调整为540，如下左图所示。

步骤 04 设置完成后，文本在画面中的效果如下右图所示。

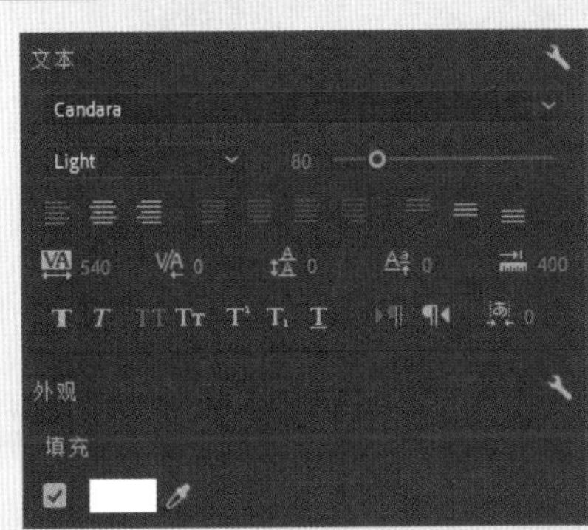

步骤 05 在“效果”面板中搜索“镜像”视频效果，将该效果拖到文字素材上方，如右图所示。

步骤 06 选择文字素材，在“效果控件”面板中添加“反射中心”关键帧，调整开始处关键帧的“反射中心”数值，使画面中不显示文本。调整结束处关键帧的“反射中心”数值，使画面中完全显示文本内容。结束时的画面效果如下左图所示。

步骤 07 在下方的文本为倒影，此时倒影过于清晰。在“不透明度”区域的下方单击矩形图标，在画面中添加矩形蒙版，选择左侧的两个控制点，按住Shift键并向左拖动控制点使左侧文本完全显示。根据相同的方法拖动右侧的两个控件点，最后调整蒙版的位置并设置“蒙版羽化”的值为50，效果如下右图所示。

步骤 08 最后为片头文字的倒影制作模糊效果，在“项目”面板中单击右下角的“新建项”按钮，在列表中选择“调整图层”选项，在打开的“调整图层”对话框中单击“确定”按钮。将“调整图层”拖到V3轨道上，如下左图所示。

步骤 09 在“效果”面板中搜索“高斯模糊”视频效果，将该效果拖到“调整图层”上。在“效果控件”面板中添加矩形蒙版，调整其大小和位置，设置“蒙版羽化”值为10、“模糊度”值为15，如下右图所示。

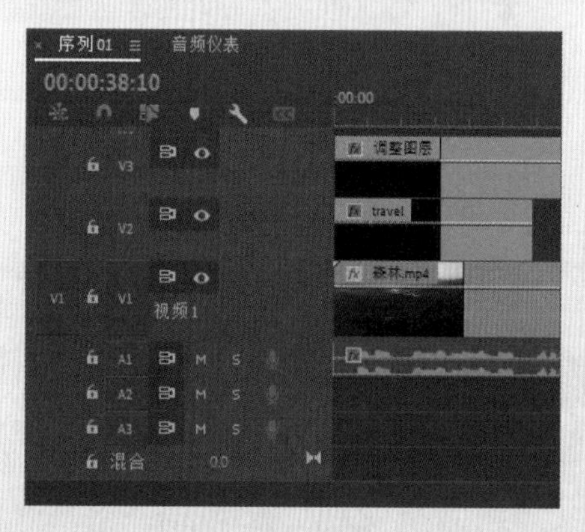

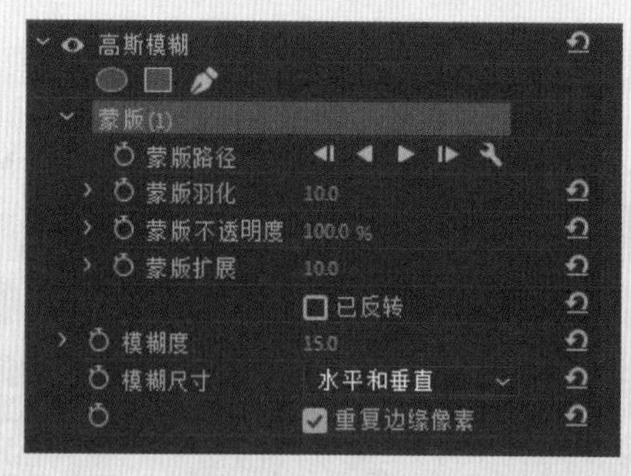

步骤 10 蒙版的位置如下左图所示。

步骤 11 调整V2和V3轨道上素材的长度，使其与音频第一句话的长度一致，如下右图所示。

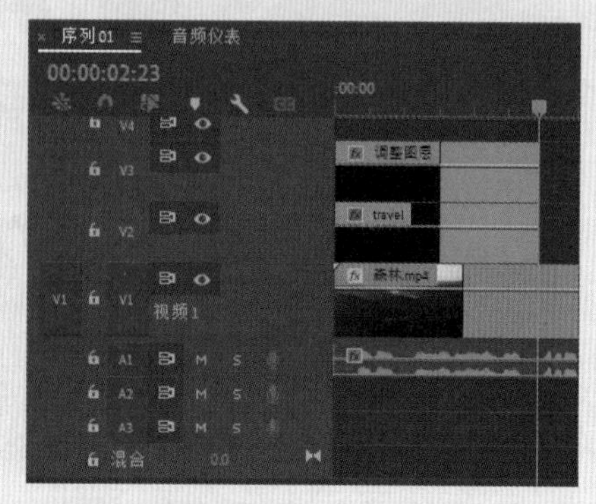

步骤12 片头文字的镜像效果制作完成，下左图是第1秒的效果，下右图是2:23时的效果。

步骤13 将“电车.mp4”视频素材导入V1轨道，再将V2轨道上的文字素材复制到“电车.mp4”素材的上方，清除文字素材上的“镜像”视频效果，最后调整文字素材的长度，使其与音频的第2句话长度一致。画面效果如下左图所示。

步骤14 再添加“凯旋门.mp4”视频素材到V1轨道上。在“基本图形”面板中单击“新建图层”按钮，在列表中选择“矩形”选项，再设置“填充”为黑色、“切换动画的不透明度”为85%，拖动控制点调整矩形的大小，画面效果如下右图所示。

步骤15 在“效果”面板中搜索“裁剪”视频效果，将其拖到矩形素材上。在“效果控件”面板中将时间线定位在开始处，为“左侧”添加关键帧并设置数值为45%，此时不显示矩形。向右移动1帧左右，添加关键帧，并设置数值为0%，如下左图所示。此时完全显示矩形。选择两个关键帧并右击，在快捷菜单中选择“缓入”命令。

步骤16 在“项目”面板中单击右下角的“新建项”按钮，在列表中选择“颜色遮罩”选项，根据提示创建白色的遮罩。在“效果控件”面板中取消勾选“等比缩放”复选框，设置“缩放高度”的值为7、“缩放宽度”的值为1、“旋转”为5°，如下右图所示。

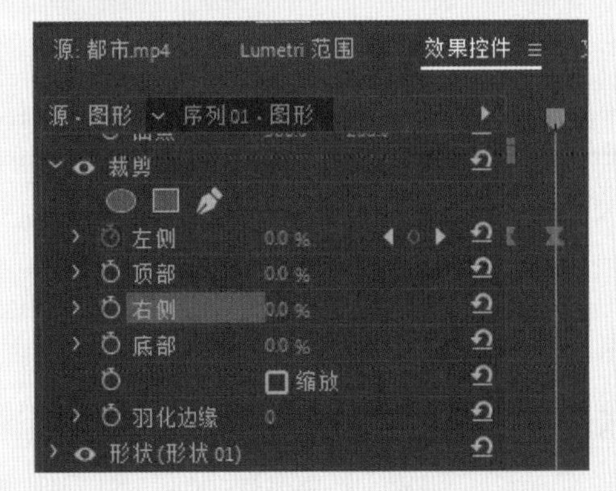

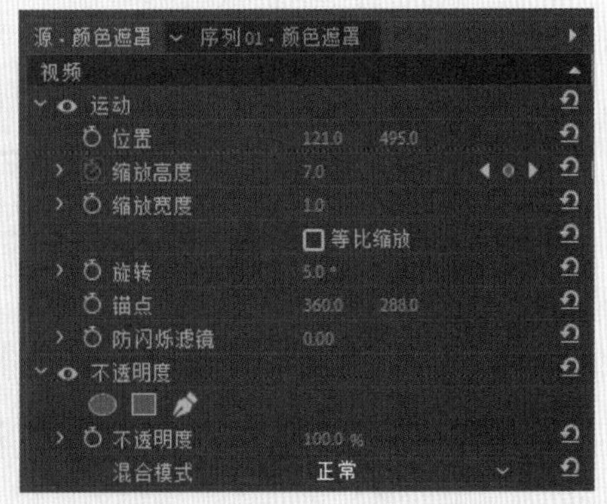

步骤17 调整颜色遮罩图层的长度，使其与对应的视频素材长度一致。在“效果控件”面板中将时间线调整到开始处，为“缩放高度”添加关键帧，并设置“缩放高度”的值为0；向右移动10帧左右，添加关键帧，并设置“缩放高度”的值为7，如下左图所示。选择两个关键帧并右击，在快捷菜单中选择“缓入”命令。

步骤18 将时间线定位在06:12处，使用文字工具在画面中输入“凯旋门”文本，在“基本图形”面板中设置字体为“华文中宋”、“字体大小”为40，然后调整在左下角的位置，如下右图所示。

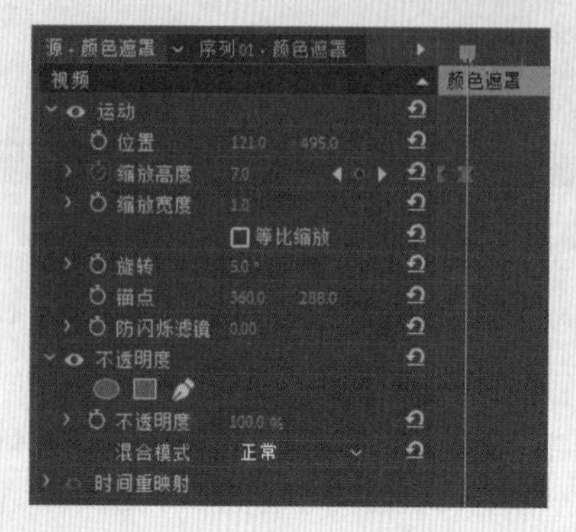

步骤19 复制文字图层，将其移到V5轨道，并与V4轨道上的文本图层左对齐。输入文本并设置字体，适当缩小字体大小，如下左图所示。

步骤20 在“效果控件”面板为两个文本图层的“位置”添加关键帧。开始时文字分别位于一侧，不需要考虑文字是否在画面之外，效果如下右图所示。向右移20帧，添加“位置”关键帧，使两个文字正常显示。

步骤21 选择V5轨道上的素材并右击，在快捷菜单中选择“嵌套”命令，在“效果控件”面板中添加矩形蒙版，并调整蒙版，使其在白色遮罩的右侧，然后调整左侧控制点，效果如下左图所示。

步骤22 根据相同的方法嵌套V4轨道上的文本，并添加矩形蒙版。完成文本动画后查看效果，如下右图所示。

步骤23 选择V2轨道上的素材，在“效果控件”面板中复制“左侧”的关键帧，并粘贴到结束处，然后将粘贴的两个关键帧调换顺序，制作出图形退出屏幕的效果。关键帧如下左图所示。

步骤24 根据相同的方法为V3、V4和V5轨道上的素材制作退出屏幕的效果，遵循的顺序是V5和V4轨道上的素材同时退出，接着是V3轨道上的素材退出，最后是V2轨道上的素材退出。下右图是文字退出后，白色遮罩的退出动画效果。

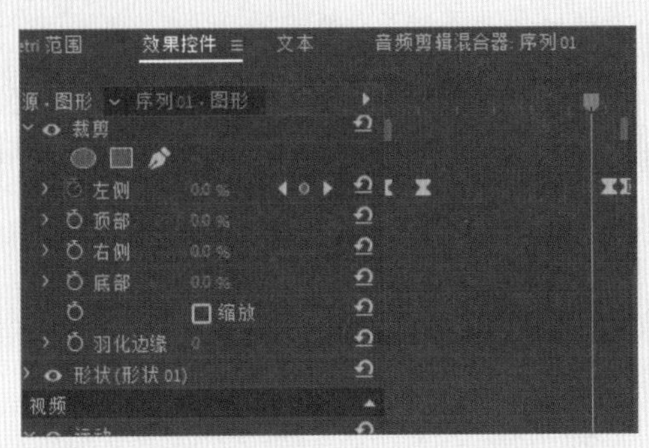

步骤25 根据音频的语音内容添加相应的素材。例如接下来添加“都市.mp4”的视频素材，调整大小、复制颜色遮罩，并调整长度，使其与第3句话的长度一致。然后添加两个文字图层并设置关键帧和嵌套。设置完成后的“时间线”面板如下图所示。

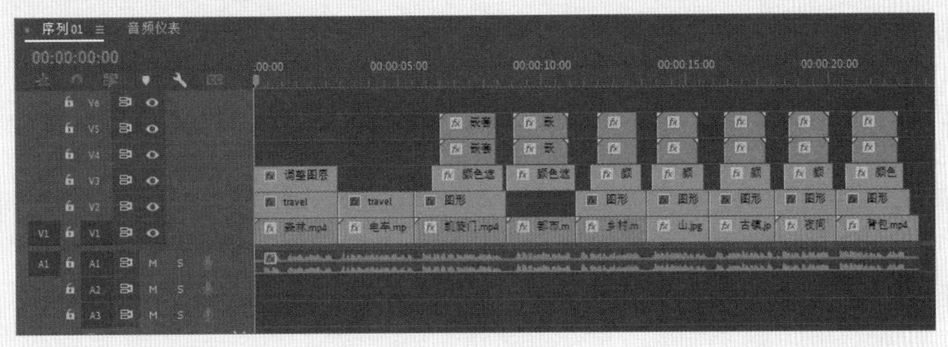

步骤26 至此，本案例制作完成。执行“文件>导出>媒体”命令，将制作好的视频保存到指定的位置。下左图是09:20的画面效果，下右图是17:00的画面效果。

课后练习

一、选择题

（1）从表现角度而言，字幕分为两大类：标题性字幕和（　　）。

A. 静态字幕　　B. 说明性字幕
C. 解释性字幕　　D. 引导字幕

（2）在Premiere Pro 2024中，一些简单的文字可以使用文字工具创建，需要创建垂直文字时，使用工具栏中的（　　）工具。

A. 钢笔　　B. 文字
C. 铅笔　　D. 垂直文字

（3）矩形工具用于绘制各种矩形形状，在绘制的时候同时按下（　　）键可以绘制正方形。

A. Alit　　B. Alt+Ctrl　　C. Shift　　D. Ctrl

（4）在Premiere Pro 2024中，除了在“效果控件”面板中设置文本的属性外，还可以在（　　）面板中设置。

A. “基本图形”　　B. “字幕动作”　　C. “基本字幕”　　D. “字幕工具”

二、填空题

（1）从字幕的呈现方式看，字幕分为静态字幕和__________两种。

（2）在Premiere中将设置的文本保存为样式，方便在其他项目中使用。要实现这一点，用户可以在“时间线”面板中右击设置的文字图层，在快捷菜单中选择__________命令。

（3）“阴影”功能主要为字幕添加阴影效果，包含“颜色”“不透明度”“距离”__________“大小”和__________等参数。

（4）在__________面板中可以将声音转录为字幕。

三、上机题

下面我们将使用文字工具、轨道遮罩键，并结合关键帧，制作一个文本镂空的片头。效果是通过文本看到下层视频的画面，并且文本逐渐放大，最终显示所有画面。首先使用文本工具，在画面中输入文本，然后在“基本图形”面板中设置文本的属性，效果如下左图所示。

接着为V1轨道上的视频素材添加“轨道遮罩键”视频效果，并在“效果控件”面板中设置相关属性。最后设置文本图层的关键帧，命名文本并逐渐放大，最终完全显示画面，效果如下右图所示。

第7章 关键帧动画

本章概述

在Premiere中，我们可以为图层添加关键帧动画，产生基本的位置、缩放、不透明度等动画效果。还可以在“效果”面板中添加关键帧动画。本章主要介绍添加、移动、删除、复制关键帧的操作方法，以及关键帧插值的作用。

核心知识点

1. 了解关键帧的定义
2. 掌握创建关键帧的方法
3. 掌握编辑关键帧的方法
4. 熟悉关键帧插值的作用

7.1 创建关键帧

在Premiere中，关键帧是视频编辑和动画制作中不可或缺的工具，相当于二维动画中的原画，定义了物体运动或变化中的关键动作所处的那一帧。通过设置关键帧，用户可以在视频的不同时间点上设置不同的属性（如位置、缩放、旋转、不透明度等），从而实现复杂的动画效果。下面介绍在Premiere Pro 2024中创建关键帧的方法。

7.1.1 使用“切换动画”按钮添加关键帧

在“效果控件”面板中，每个属性的左侧都有“切换动画”按钮，单击该按钮可以在时间线定位处添加关键帧，此时“切换动画”按钮变为蓝色。如果再次单击“切换动画”按钮，则会删除该属性的关键帧，该按钮变为灰色。在为某素材添加关键帧时，至少在同一属性中添加两个关键帧，并设置不同的数值，画面才会呈现出动画效果。

下面我们制作一个画面的入场动画，并且使用“切换动画”按钮添加关键帧。入场动画的效果是画面由大到小，并且由暗到正常。

步骤 01 在Premiere中新建项目，并导入“蛋糕.webp”图像素材，将该素材拖到“时间线”面板的V1轨道上，如下左图所示。

步骤 02 选择添加的素材，在“效果控件”面板中包含选中素材的属性。在右侧区域将时间线定位在开始位置，单击“缩放”左侧的“切换动画”按钮，即可在开始处添加关键帧，然后设置“缩放”的值为200，如下右图所示。

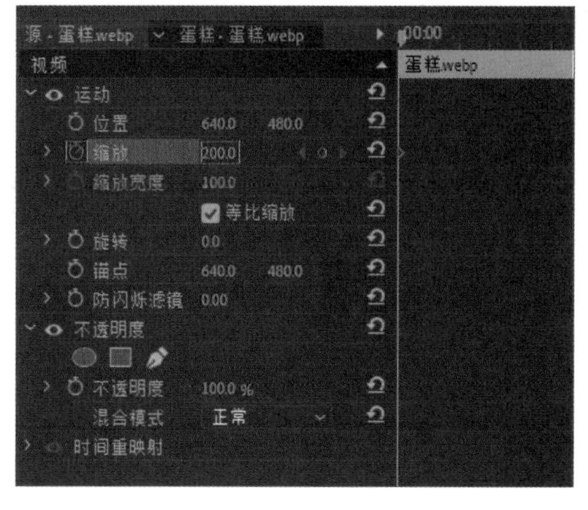

步骤 03 将时间线定位在3秒处，或者在“时间线”面板的左上角设置时间为03:00，再设置“缩放”值为100，恢复素材的正常大小。修改“缩放”数值后，时间线定位处会自动添加关键帧，如右图所示。

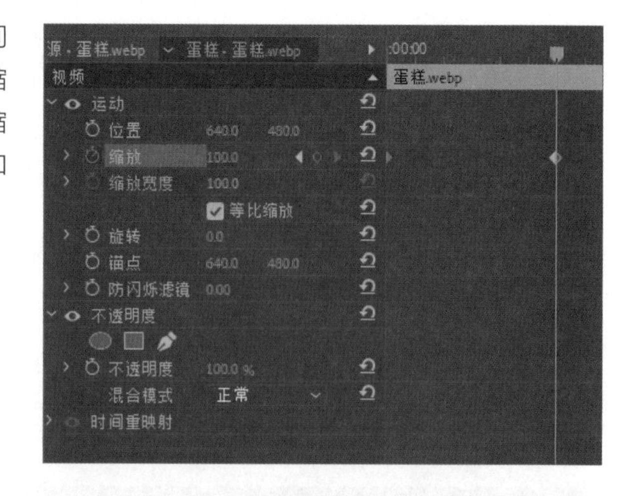

步骤 04 根据相同的方法设置“不透明度”关键帧，在开始处设置数值为0%，在3秒处设置数值为100%，如右图所示。

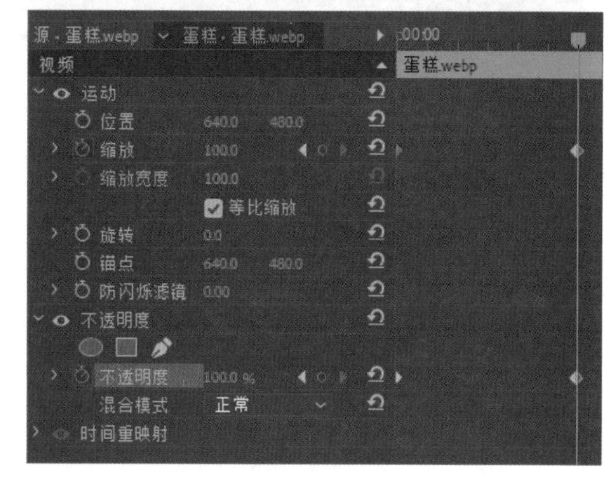

步骤 05 至此，完成了画面入场的动画。下左图为1秒时的画面效果，此时画面很暗，蛋糕充满整个画面。下右图为3秒时的画面效果，此时画面正常显示。

7.1.2 使用“添加/移除关键帧”按钮添加关键帧

在“效果控件”面板中，将时间线滑动到合适的位置，单击属性左侧的“切换动画”按钮，即可创建第1个关键帧。在该属性的右侧会显示“添加/移除关键帧”按钮，将时间线移至其他位置，并单击该按钮，会添加第2个关键帧，如下页图所示。此时创建的关键帧的数值与第1个关键帧一致，如果需要更改，直接设置属性的数值即可。

在“添加/移除关键帧”按钮的两侧有向左和向右的三角，分别为“转到上一关键帧”和“转到下一关键帧”按钮。单击这两个按钮，时间线会定位到与当前关键帧相邻的关键帧处。

实战练习 制作足球滚动的动画

我们学习了使用“切换动画”和“添加/移除关键帧”按钮添加关键帧并制作动画的方法，接下来制作足球滚动的动画效果。本案例将实现足球匀速运动，后面学完“关键帧插值”后，可以通过调整曲线制作出真实的由快到慢到静止的动画。

步骤 01 打开Premiere Pro 2024，新建项目，将“足球.webp”和“足球场.webp”图像素材导入到“项目”面板中，如右图所示。

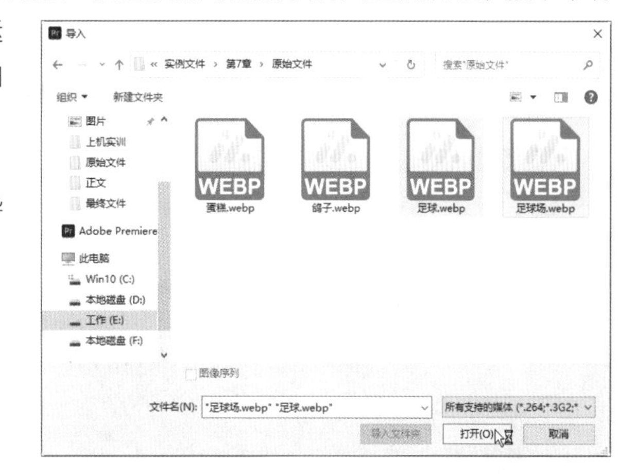

步骤 02 将“足球场.webp”素材拖至“时间线”面板的V1轨道上，将“足球.webp”素材拖到V2轨道上，在画面中调整素材的大小和位置，如右图所示。

步骤 03 选择“足球.webp”素材，在“效果控件”面板中添加“不透明度”下的椭圆蒙版，调整控制点，使足球完全显示。用户也可以根据情况适当调整“蒙版扩展”的数值，如右图所示。

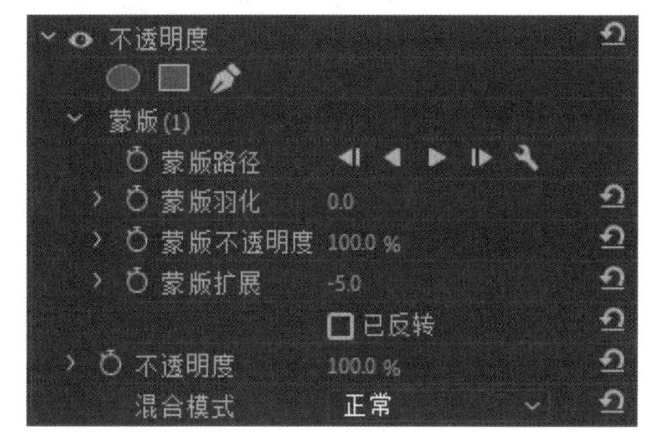

步骤 04 调整完成后，画面效果如右图所示。

步骤 05 使用椭圆工具在画面中绘制椭圆形，并调整大小，将其作为足球的影子，如下左图所示。

步骤 06 在“效果”面板中搜索“高斯模糊”视频效果，在“效果控件”中设置“不透明度”为60%、“混合模式”为“相乘”，在“高斯模糊”区域设置“模糊度”的值为15，画面效果如下右图所示。

步骤 07 接下来制作足球从左向右滚动的效果。在“时间线”面板中选择“足球.webp”素材，在“效果控件”面板中将时间线定位在开始处，并单击“位置”和“旋转”左侧的“切换动画”按钮，添加关键帧，如下左图所示。

步骤 08 将时间线定位在结束处，单击“位置”和“旋转”右侧的“添加/移除关键帧”按钮，添加关键帧，调整足球的位置与画面的右侧，设置“旋转”为720°，如下右图所示。

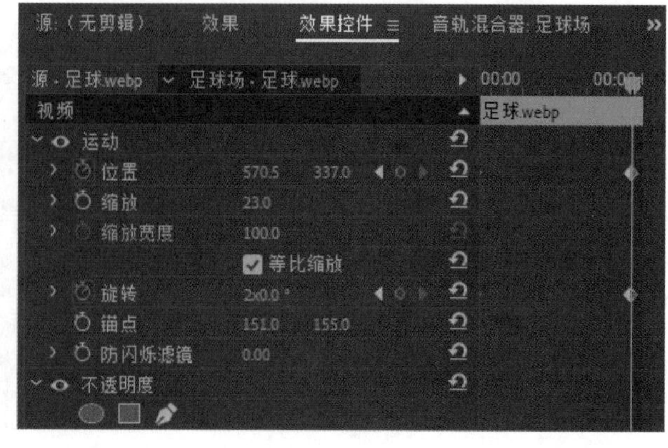

步骤 09 选择V3轨道上的素材，在开始处和结束处添加关键帧，设置该图形与足球的运动同步。下左图为1秒处的画面效果，下右图为4秒处的画面效果。

7.1.3 在“时间线”面板中添加关键帧

用户也可以在“时间线”面板中为素材添加关键帧，设置关键帧属性的方法与设置“效果控件”面板中属性的方法是一致的。如果需要为素材添加视频效果关键帧，需要提前在素材上添加视频效果。

在V3轨道上素材左侧的空白处双击，放大该轨道，或者将光标悬停在素材左侧空白处，按住Alt键滚动鼠标滚轮，放大或缩小轨道。在轨道上右击，在打开的快捷菜单中选择“显示剪辑关键帧”命令，子菜单中包含该素材在“效果控件”面板中的各类属性。将光标定位在属性命令上时，子菜单中会显示该属性的所有参数。例如在“显示剪辑关键帧”子菜单中选择“不透明度>不透明度”命令，如下图所示。

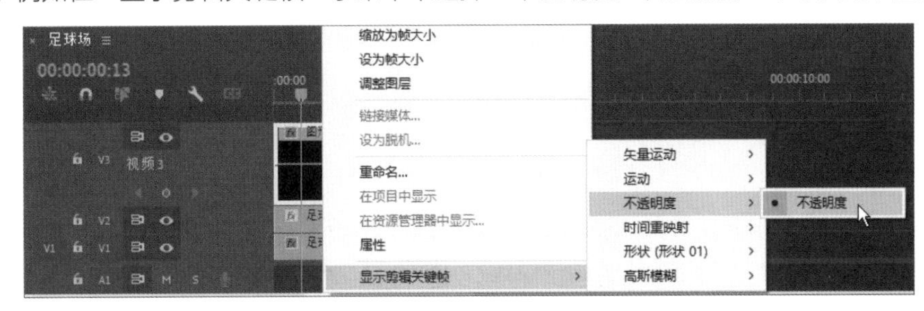

此时调整当前轨道中间的横线，可以调整该轨道上素材的整体不透明度。我们还可以添加关键帧，设置局部不透明度。例如将时间线定位在1秒的位置，按住Ctrl键并将光标移到该位置，在右下角会显示加号，单击即可添加关键帧，如下左图所示。根据相同的方法在2秒处添加关键帧，然后分别调整这两个关键帧的高低位置，在拖动时，光标下方显示时间和不透明度的值，如下右图所示。

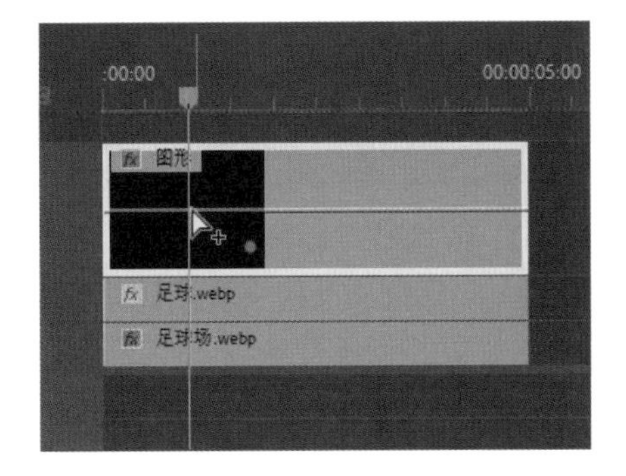

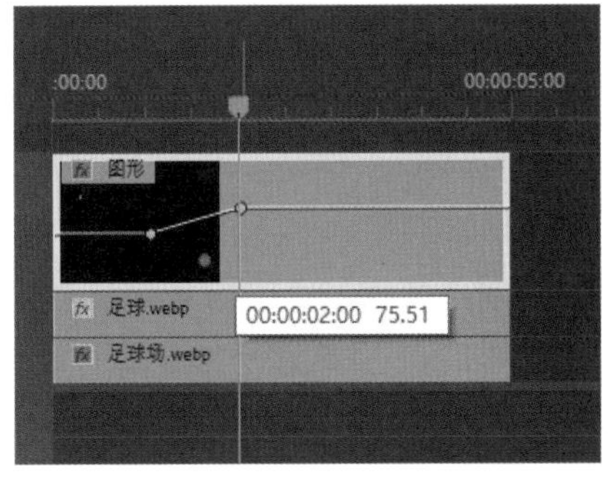

播放动画查看效果时，会发现从1秒到2秒时，V3轨道上素材的不透明度由浅变深。下左图是1秒时的画面效果，足球的阴影很淡。下右图是2秒时的画面效果，足球的阴影很深。

提示：通过“添加/移除关键帧”按钮在“时间线”面板中添加关键帧

在“时间线”面板中，除通过按住Ctrl键并单击添加关键帧外，用户还可以在“效果控件”面板中添加。将时间线定位在指定位置后，在“效果控件”面板中单击“添加/移除关键帧”按钮，则在轨道上也会添加关键帧。

通过“时间线”面板添加关键帧，每次只能调整1个参数的关键帧。如果想调整其他参数的关键帧，可以通过快捷菜单进行。

7.2 移动和删除关键帧

在Premiere Pro 2024中为素材添加关键帧后，我们可以根据视频的效果移动或删除关键帧。本节主要介绍移动和删除关键帧的方法。

7.2.1 移动关键帧

在Premiere中，两个关键帧之间的距离决定动画的节奏，两个关键帧距离越近，动画呈现的效果就越快；两个关键帧距离越远，动画呈现的效果就越慢。下面介绍移动关键帧的方法。

（1）移动单个关键帧

在“效果控件”面板中显示选中素材添加的所有关键帧，例如为素材添加的“位置”和“缩放”关键帧。在工具栏中选择移动工具，将光标定位在需要移动的关键帧上方，按住鼠标左键并左右移动关键帧，移到合适的位置释放鼠标左键，即可完成关键帧的移动，如右图所示。

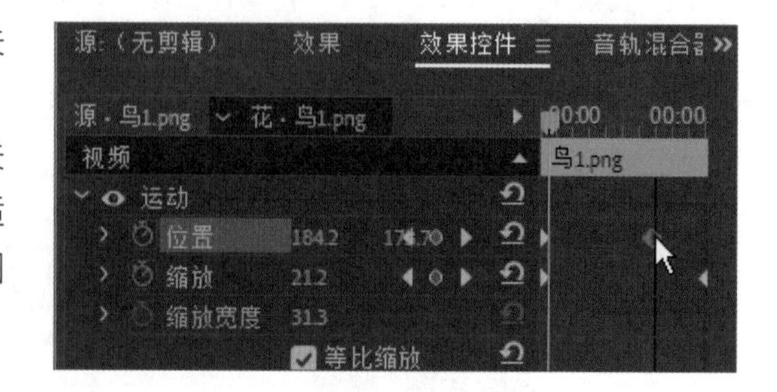

（2）移动多个关键帧

如果要移动连续多个关键帧，可以使用移动工具进行框选，再选择任意一个关键帧并按住鼠标左键，将关键帧左右移动，移到合适的位置释放鼠标左键即可，如下页左图所示。

如果想要移动不连续的关键帧，则使用选择工具，按住Ctrl键或Shift键并选择需要移动的关键帧，然后按住任意一个关键帧进行拖动，将其移到合适的位置后释放鼠标左键即可，如下页右图所示。

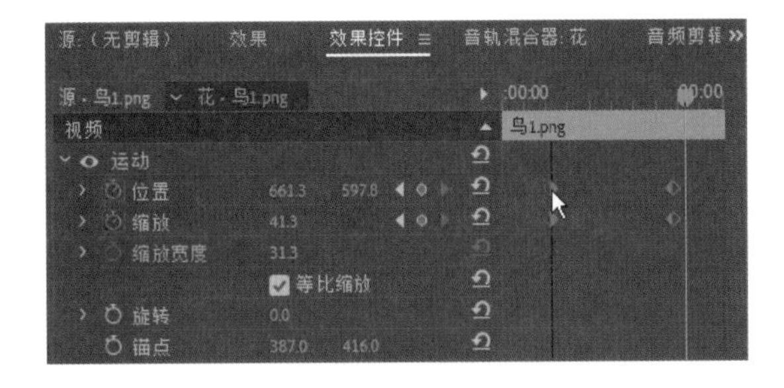

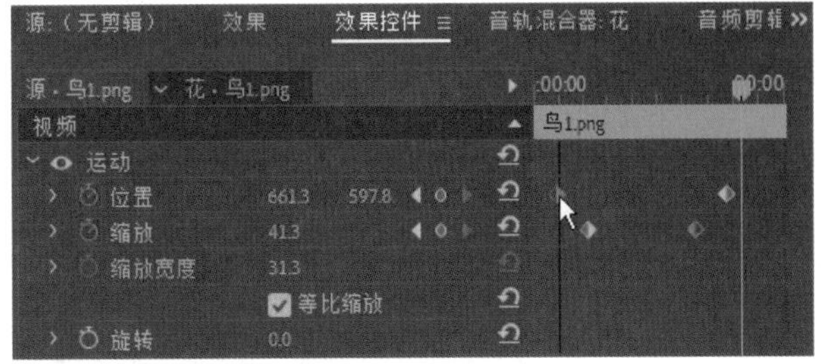

如果需要移动所有关键帧，我们可以通过框选的方法选择全部关键帧。当关键帧很多时，这种方法不容易操作，则可以通过快捷键或快捷菜单全选所有关键帧。在“效果控件”面板中选择其中一个关键帧并右击，在快捷菜单中选择“全选”命令，如下左图所示。或者将光标定位在关键帧面板中，然后按Ctrl+A组合键全选关键帧，如下右图所示。

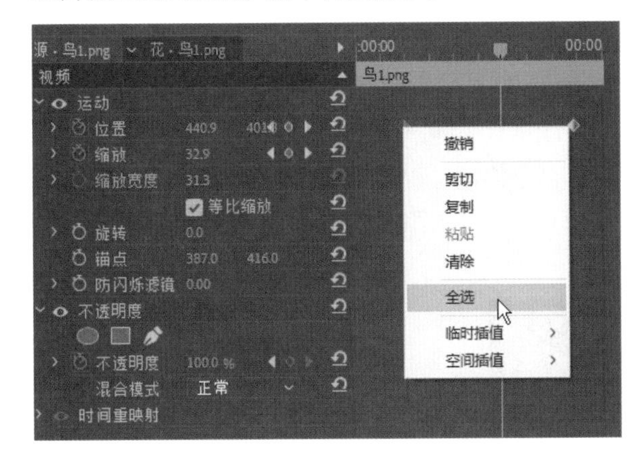

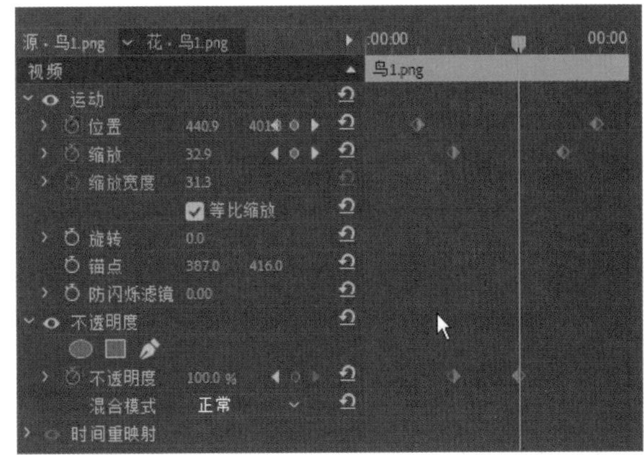

根据以上两种方法全选关键帧后，在任意一个关键帧上按住鼠标左键并左右拖动关键帧，即可移动所有关键帧。

7.2.2 删除关键帧

在实际操作中，我们有时会在素材文件中添加多余的关键帧，这些关键帧没有实质的用途，还会让动画变得复杂。此时，就可以删除这些多余的关键帧。下面介绍删除关键帧常用的几种方法。

（1）使用快捷键删除关键帧

首先在“效果控件”面板中选择需要删除的关键帧，然后按键盘上的Delete键，即可删除选中的关键帧，如下两图所示。

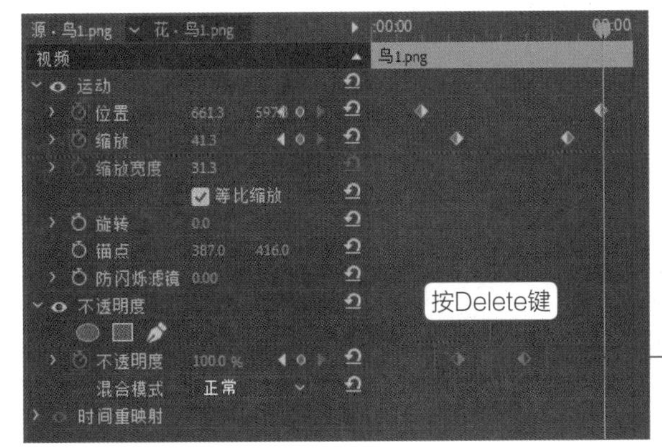

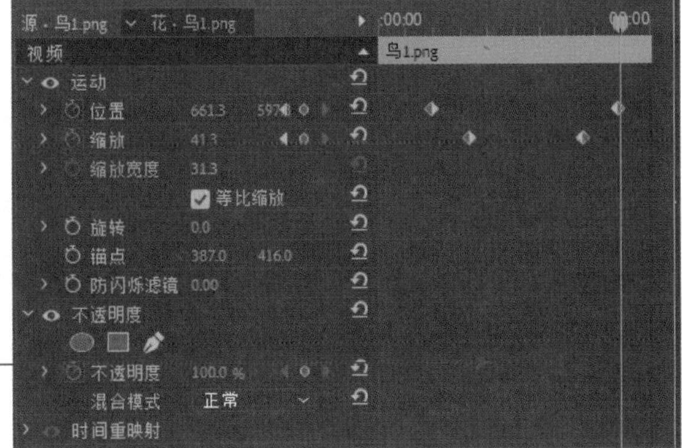

（2）使用“添加/移除关键帧”按钮

使用“添加/移除关键帧”按钮除了可以添加关键帧，还可以删除关键帧。在“效果控件”面板中将时间线定位在需要删除的关键帧上，单击“添加/移除关键帧”按钮，即可删除当前关键帧，如下图所示。

（3）使用“切换动画”按钮

之前介绍了使用“切换动画”按钮可以添加第1个关键帧，除此之外，为当前属性添加关键帧后，使用该按钮还可以快速清除该属性添加的所有关键帧。在“效果控件”面板中单击需要删除关键帧属性左侧的“切换动画”按钮，例如，单击“缩放”右侧的“切换动画”按钮，如下左图所示。弹出提示对话框，提示该操作将删除现有的关键帧，单击“确定”按钮，如下右图所示，即可将“缩放”右侧的关键帧全部删除。

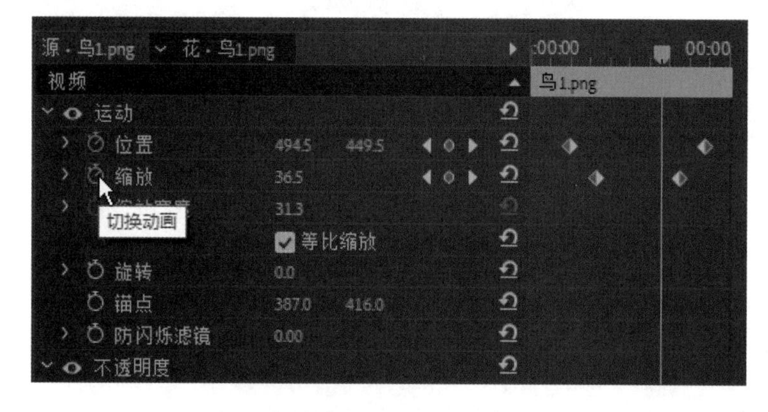

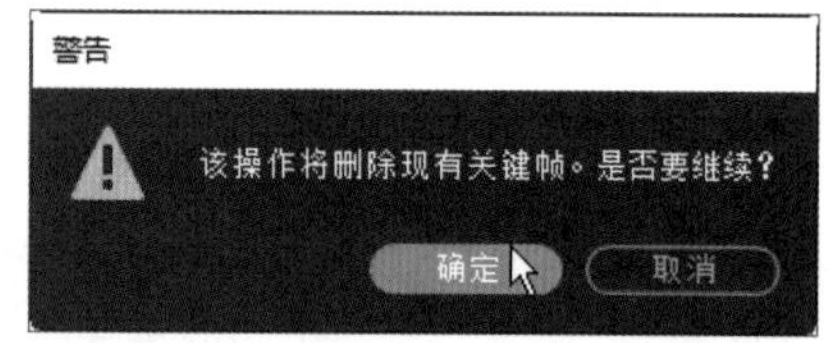

（4）在快捷菜单中清除关键帧

使用选择工具在“效果控件”面板中选择需要删除的关键帧，然后右击，在快捷菜单中选择“清除”命令，如下图所示。完成操作后，即可删除选中的关键帧。

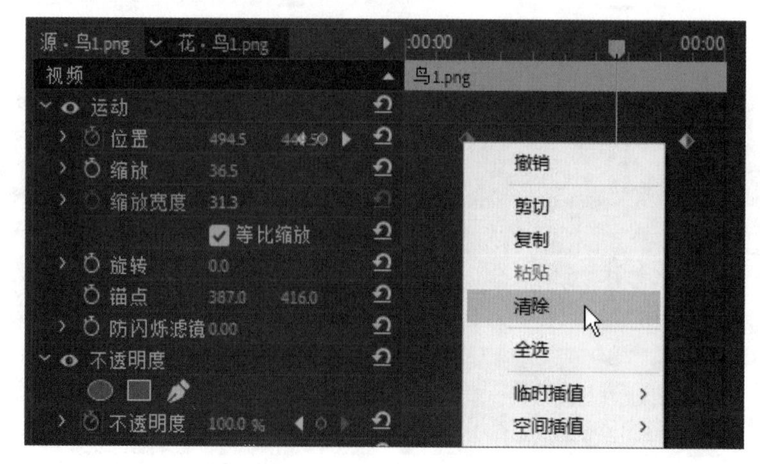

7.3 复制关键帧

在制作影片或动画时，我们经常会遇到不同素材使用同一组关键帧动画的情况。此时可以选择这组制作完成的关键帧，通过复制和粘贴功能快速完成其他动画的制作。

7.3.1 使用Alt键复制关键帧

在“效果控件”面板中使用选择工具选择需要复制的关键帧，然后按住Alt键并向左或向右拖动关键帧，拖到合适的位置释放鼠标左键，即可完成复制选中的关键帧，如下左图所示。

使用Alt键复制关键帧可以同时复制不同属性的关键帧，但是只能在同一属性上粘贴关键帧。例如在“效果控件”面板中选择“位置”和“缩放”两个属性的关键帧，按住Alt键并拖动，会为两个属性分别复制关键帧，如下右图所示。

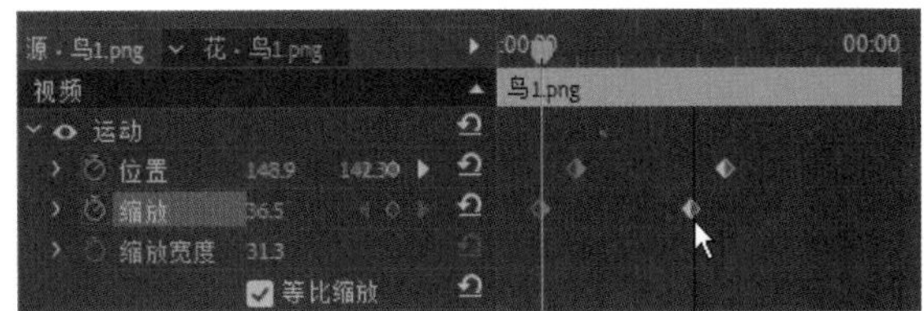

7.3.2 使用快捷菜单复制关键帧

在“效果控件”面板选择需要复制的关键帧，然后右击，在快捷菜单中选择“复制”命令，即可复制当前选中的关键帧，如下左图所示。将时间线定位在需要添加关键帧的位置并右击，在快捷菜单中选择“粘贴”命令，如下右图所示。操作完成后即可在时间线处添加关键帧。

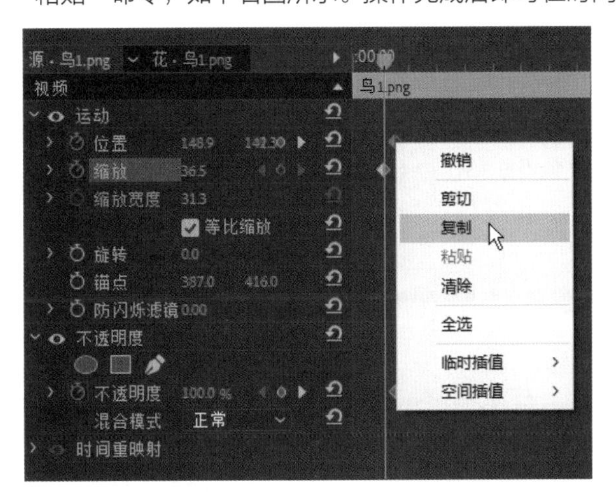

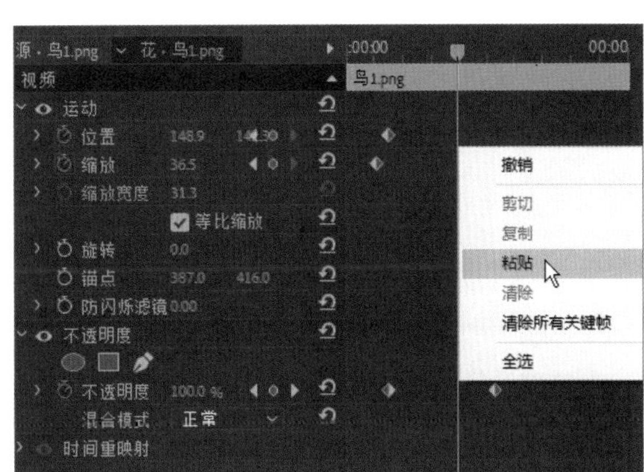

提示：使用快捷键复制关键帧

选择需要复制的关键帧，按Ctrl+C组合键进行复制，然后将时间线定位到合适的位置，再按Ctrl+V组合键进行粘贴。

7.3.3 复制关键帧到另一个素材中

在Premiere Pro 2024中，除了可以在同一个素材中复制和粘贴关键帧外，还可将关键帧复制到其他素材上。

我们从一个素材中复制关键帧到另一个素材中时需要注意，复制的关键帧只能是相同属性的关键帧，例如复制一个素材中“位置”属性的关键帧，只能粘贴到另一个素材中的“位置”属性上，不能粘贴到“缩放”属性上。

首先，在“时间线”面板中选择需要复制关键帧的素材，然后在“效果控件”面板中选择“位置”属性右侧的所有关键帧并右击，在快捷菜单中选择“复制”命令（也可以按Ctrl+C组合键），如下左图所示。在“时间线”面板中选择另一个素材，接着在“效果控件”面板中将时间线定位到需要粘贴的第1个关键帧的位置，然后右击，在快捷菜单中选择“粘贴”命令，如下右图所示。

完成以上操作后，复制的关键帧会粘贴在时间线定位处，并且会应用相同的动画效果。

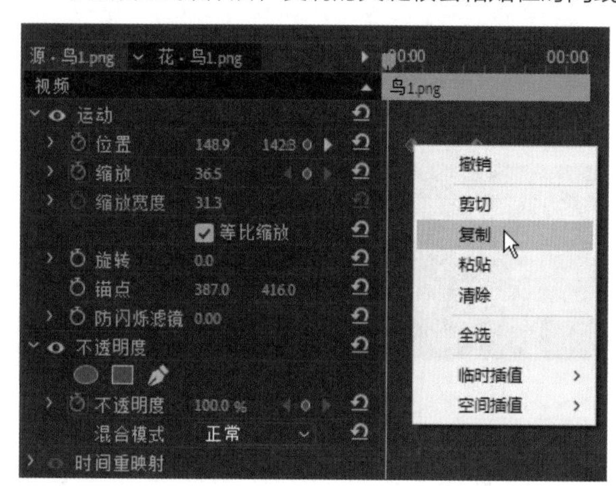

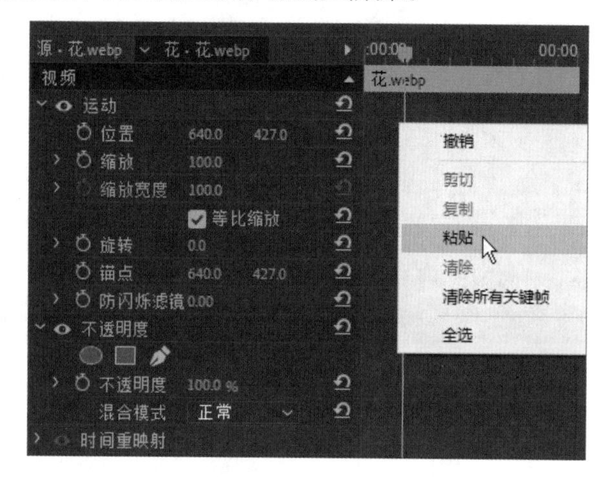

7.4 关键帧插值

插值是指在两个已知值之间填充未知数据的过程。关键帧插值可以控制关键帧的速度变化状态，在Premiere中主要包含“临时插值”和“空间插值”等两种。在“效果控件”面板中选择关键帧并右击，快捷菜单中包含的两种关键帧插值如右图所示。

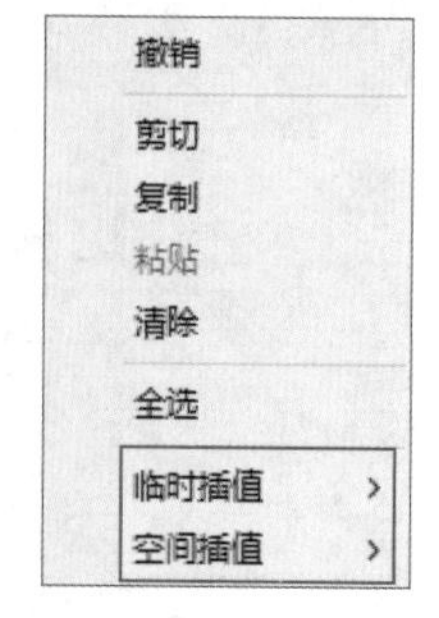

7.4.1 临时插值

“临时插值”控制关键帧在时间线上的速度变化状态。右击关键帧，在快捷菜单中选择“临时插值”命令，子菜单中包含的命令如右图所示。

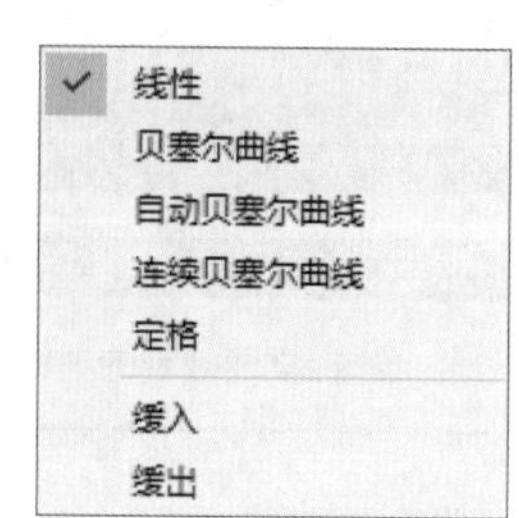

下面介绍各子命令的含义。

- **线性**：该插值可以创建关键帧之间的匀速变化。在“效果控件”面板中对某个属性添加两个或两个以上的关键帧，然后右击添加的关键帧，在快捷菜单中选择“临时插值>线性”命令。滑动时间线并查看效果，此时的动画效果更为平缓。单击该属性左侧的下三角按钮，可以看到“速率”的曲线是直线，如下图所示。

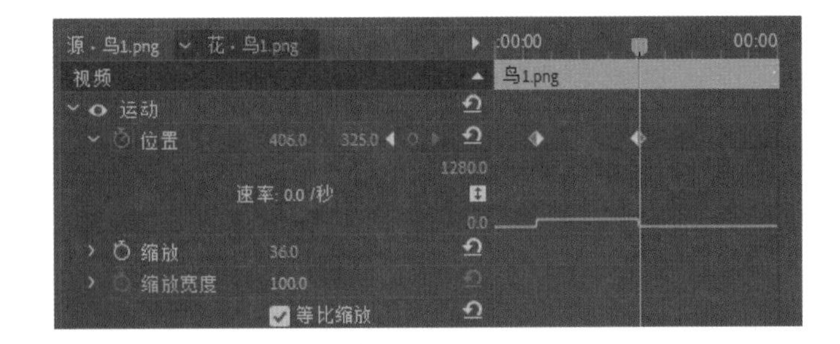

- **贝塞尔曲线**：该插值可以在关键帧的任意一侧手动调整图表的形状及变化速率。选择关键帧并右击，在快捷菜单中选择“临时插值>贝塞尔曲线”命令，关键帧变为形状，展开该属性，在下方通过拖动控制柄调整曲线的弯曲程度，左侧高右侧低的曲线表示素材会先快后慢，如下左图所示。设置“关键帧差值”为“贝塞尔曲线”后，在“节目”面板中也可以调整曲线。在“节目”面板中双击素材，拖动控制柄，可以调整曲线的弯曲程度，如下右图所示。

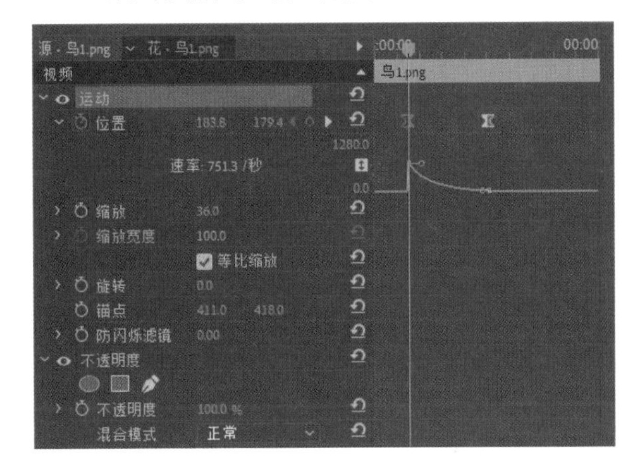

- **自动贝塞尔曲线**：该插值可以调整关键帧的平滑变化速率。选择关键帧并右击，在快捷菜单中选择“临时插值>自动贝塞尔曲线”命令，关键帧的样式变为，在曲线节点的两侧会出现两个没有控制线的控制点，拖动控制点可将自动曲线转换为自动贝塞尔曲线，如下图所示。

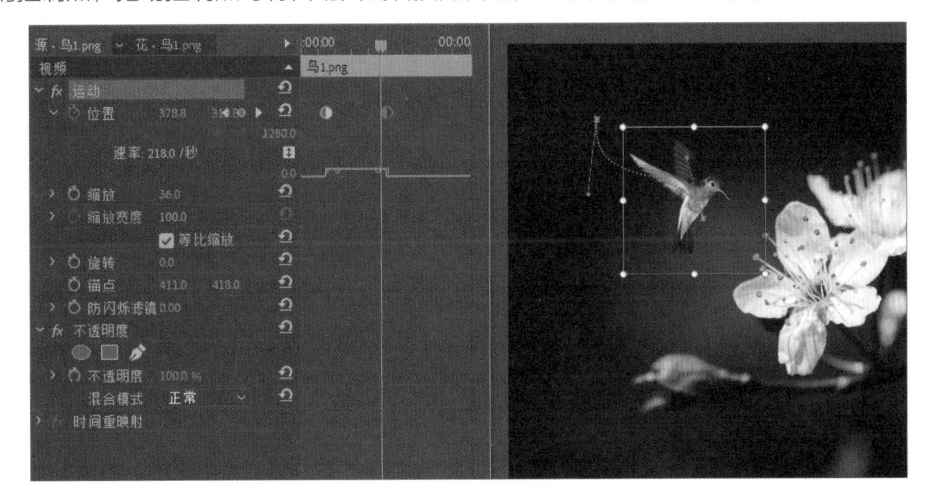

- **连续贝塞尔曲线**：该插值可以创建通过关键帧的平滑变化速率。设置关键帧的插值为“连续贝塞尔曲线”时，关键帧样式为。在“节目”面板中双击该素材，会出现两个控制柄，通过拖动控制柄可以改变两侧曲线的弯曲程度，从而改变动画效果，如下页图所示。

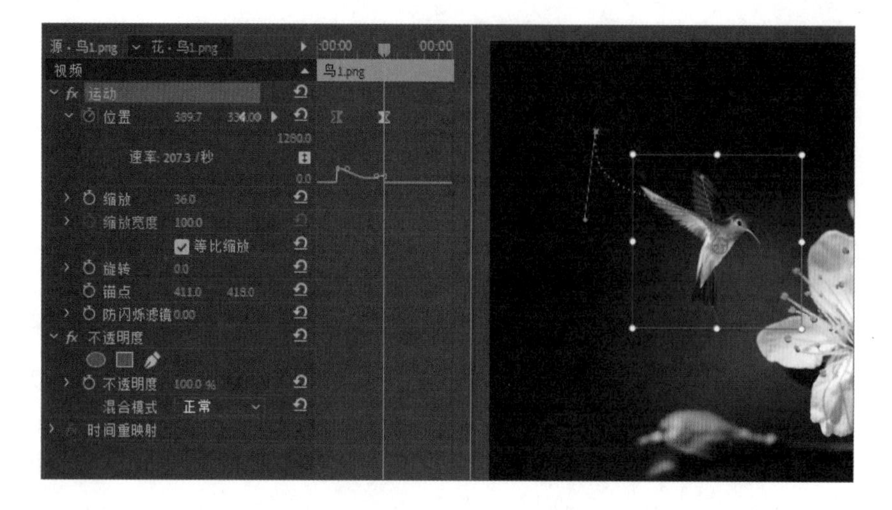

- **定格**：该插值可以更改属性值且不产生渐变过渡。设置关键帧的插值为“定格”时，关键帧的样式为▮，两个速度曲线节点将根据节点的运动状态自动调节速率曲线的弯曲程度。播放到该关键帧时，将出现保持前一关键帧画面的效果，如下图所示。

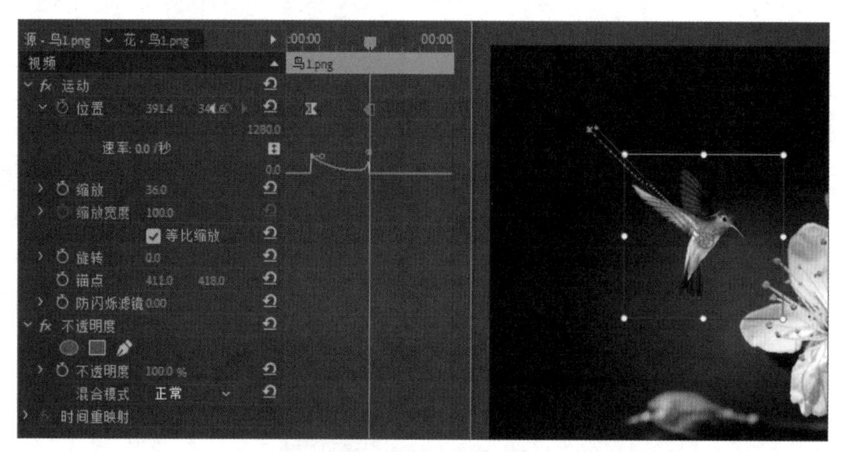

- **缓入**：该插值可以减慢进入关键帧的速度。设置关键帧为“缓入”后，关键帧样式为▮，速率曲线节点前面将变成缓入的曲线效果。当播放动画时，动画进入该关键帧的速度会逐渐减缓，消除了因速度波动大而产生的画面不稳定感，如下图所示。

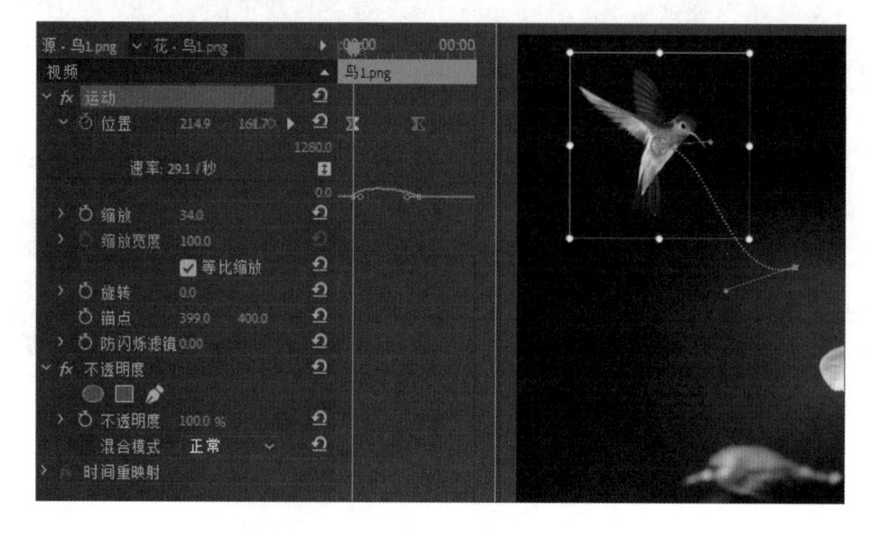

- **缓出：** 该插值可以逐渐加快离开关键帧的速度。设置关键帧为“缓出”时，关键帧样式为，速率曲线节点后面变成缓出的曲线效果。当播放动画，动画在离开该关键帧的速度减缓，同样可消除因波动大而产生的画面不稳定感，如下图所示。

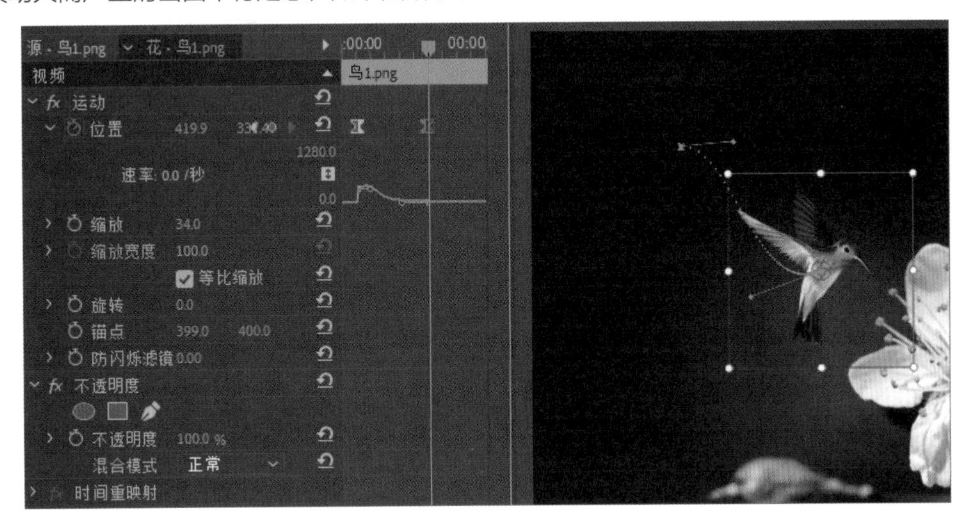

7.4.2 空间插值

“空间插值”可以设置关键帧的过渡效果，如转折强烈的线性方式、过渡柔和的自动贝塞尔曲线方式等。在菜单中选择“空间插值”命令，子菜单中包含的命令如右图所示。

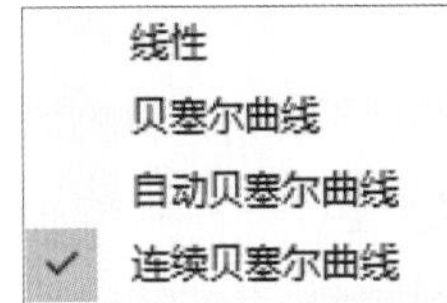

- **线性：** 右击关键帧，在快捷菜单中选择“空间插值>线性”命令，关键帧两侧线段为直线，角度的转折很明显，播放动画时会产生位置突变的效果，如下左图所示。
- **贝塞尔曲线：** 右击关键帧，在快捷菜单中选择“空间插值>贝塞尔曲线”命令，用户可以在“节目”面板中手动调节控制点两侧的控制柄，从而调节曲线的形状，如下右图所示。

- **自动贝塞尔曲线：** 在快捷菜单中选择“自动贝塞尔曲线”命令，改变自动贝塞尔关键帧的数值，控制点两侧的手柄位置也会自动改变，以保持关键帧之间的平滑速率，如下页左图所示。如果手动调整该插值的方向手柄，则可以将其转换为连续贝塞尔曲线的关键帧。
- **连续贝塞尔曲线：** 在快捷菜单中选择“连续贝塞尔曲线”命令，也可以手动设置控制柄来调整曲线方向，如下页右图所示。

知识延伸：在“节目”面板中添加关键帧

除了在“7.1　创建关键帧”节中介绍的3种添加关键帧的方法外，我们还可以在“节目”面板中添加关键帧。下面介绍具体操作方法。

步骤 01 在Premiere中导入相关素材，然后将素材拖到“时间线”面板中，如右图所示。

步骤 02 在“时间线”面板中选择“狗2.png”素材，将时间线定位在1秒的位置，在“效果控件”面板中单击“位置”左侧的“切换动画”按钮添加关键帧，如右图所示。

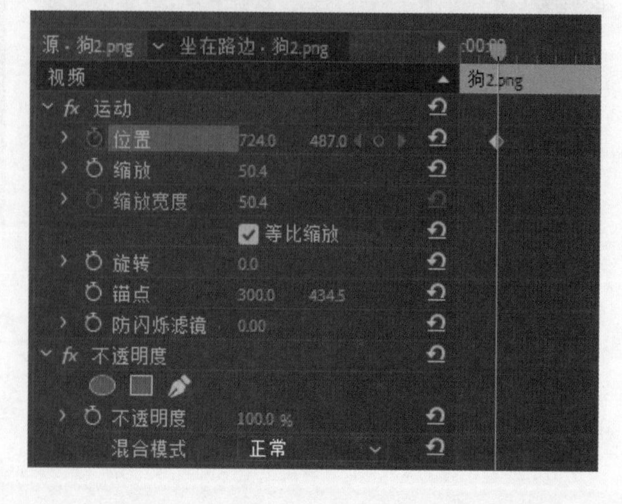

步骤 03 将时间线定位在2秒处，在“节目”面板中选中该素材并双击，此时素材周围出现控制点，如下左图所示。

步骤 04 将光标移到狗的图像上方，按住鼠标左键并拖拽图像，移动狗的位置，如下右图所示。调整控制点可以缩小或放大图像。

步骤 05 调整完成后，在“效果控件”面板中，时间线的位置会自动添加“位置”的关键帧，如下图所示。

上机实训：制作文字遮罩片头

扫码看视频

本章我们学习了关键帧动画的知识，包括创建关键帧、编辑关键帧和关键帧插值等内容，接下来应用这些知识制作文字遮罩的片头。下面介绍具体操作方法。

步骤 01 打开Premiere Pro 2024，新建项目并创建3840×2160的序列。将准备好的素材导入“项目”面板中，包括“云朵下的城市.mp4”和“云.jpg”，如右图所示。

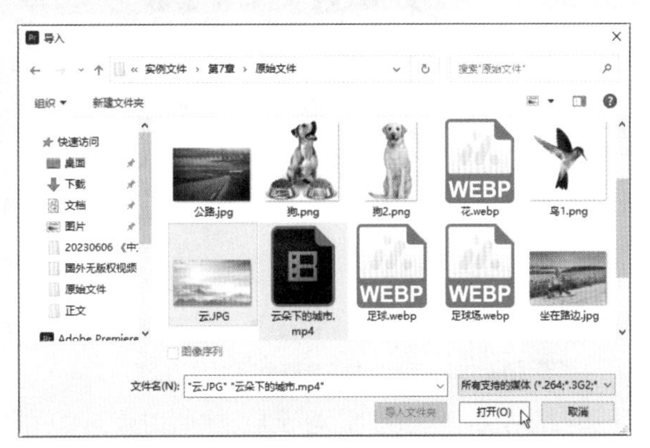

步骤02 首先将“云朵下的城市.mp4”视频素材拖到“时间线”面板的V1轨道，并将音频与视频取消链接。右击添加的视频素材，在快捷菜单中选择“缩放为帧大小”命令，如右图所示。

步骤03 播放视频并根据需要分割视频。使用矩形工具在画面中绘制矩形，在“基本图形”面板中设置“宽”为1880、“高”为400，取消勾选“填充”复选框。勾选“描边”复选框，设置颜色为白色、宽度为100，最后单击“水平居中对齐”和“垂直居中对齐”按钮，如下左图所示。

步骤04 将“图形”素材拖到V3轨道上，绘制的矩形位于画面中央位置，画面效果如下右图所示。

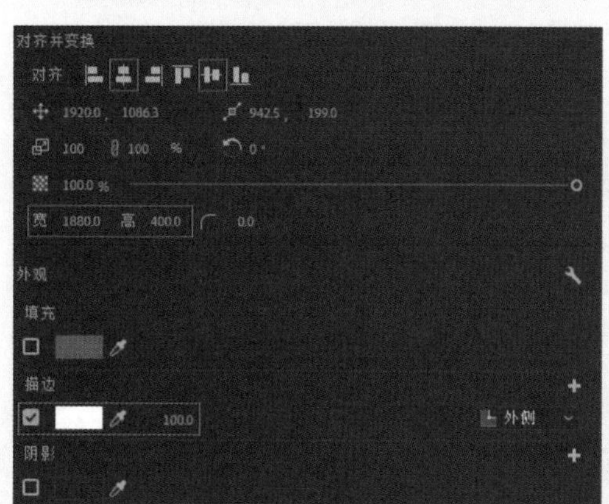

步骤05 在“效果”面板中搜索“裁剪”视频效果，将该效果拖到V3轨道的素材上，如下图所示。

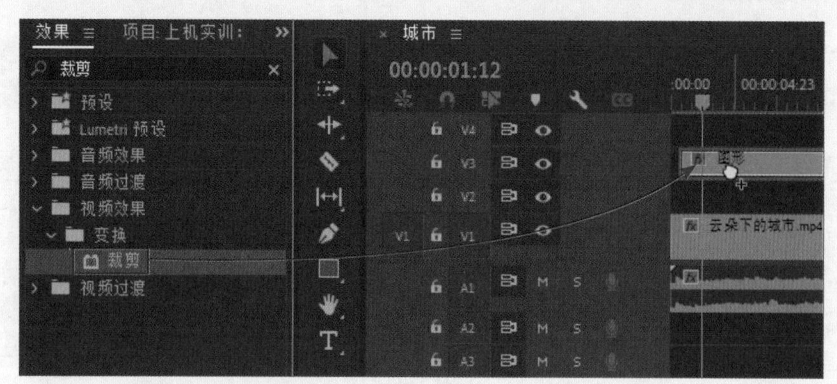

步骤06 选择绘制的矩形，在“效果控件”面板中将时间线定位在开始位置，在“裁剪”区域单击“左侧”和“右侧”的“切换动画”按钮，添加关键帧，并设置两个属性的值均为50%，如下页左图所示。

步骤07 将时间线向右移动1秒，设置“左侧”和“右侧”的数值为0%，然后会自动添加关键帧，如下页右图所示。矩形的动画效果由中心位置向两侧同时逐渐显示，直到完全显示。

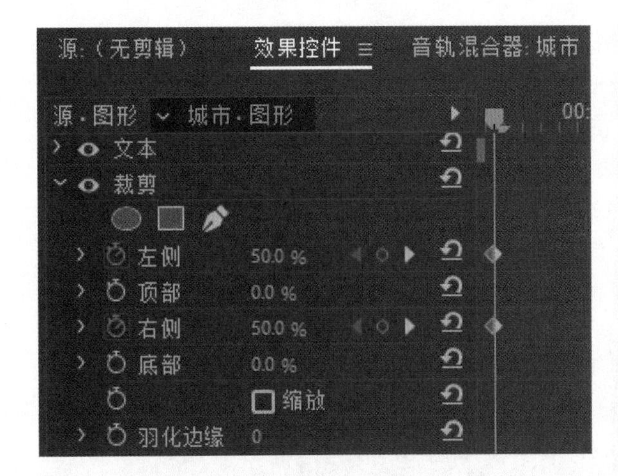

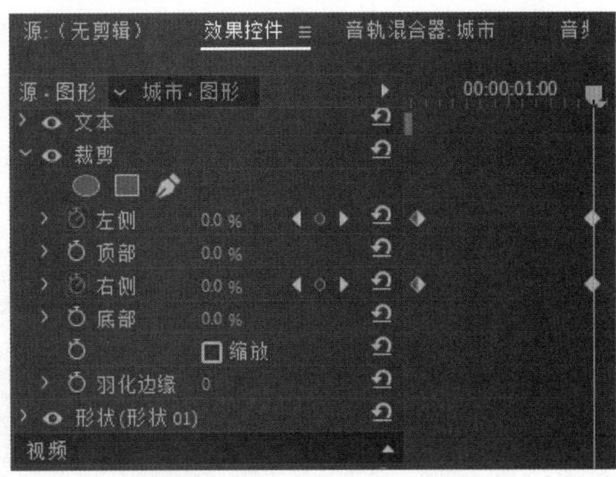

步骤 08 将“云.jpg”素材拖到V2轨道上，并调整长度，使其和V3轨道上的素材一样长。调整图像素材的大小，添加“轨道遮罩键”视频效果，画面效果如下左图所示。

步骤 09 在“效果控件”面板的“轨道遮罩键”区域设置“遮罩”为“视频3”，如果矩形的大小有变化，再适当调整大小，画面效果如下右图所示。

步骤 10 在“基本图形”面板中单击“新建图层”按钮，在列表中选择“文本”选项。在V4轨道上添加文本图层，调整位置，并输入“云朵下的”文本，然后设置字体格式。根据文本的长度调整矩形的长度，画面效果如下左图所示。

步骤 11 选择文本图层，在“效果控件”面板的“不透明度”区域单击“矩形蒙版”按钮，在画面中调整蒙版的大小和位置，如下右图所示。

步骤12 保持文本图层为选中状态，在“效果控件”面板中将时间线移到开始位置，为“位置”添加关键帧，并向下调整文本，使其完全不显示。然后将时间线向右移动1秒，调整文本，使其完全显示，制作出文字由下向上逐渐显示的动画效果。“效果控件”面板如下左图所示。

步骤13 在文字图层的最左侧关键帧上右击，在快捷菜单中选择“临时插值>缓入”命令，展开“位置”，调整曲线，制作出文字从下向上、先快后慢的动画效果，如下右图所示。

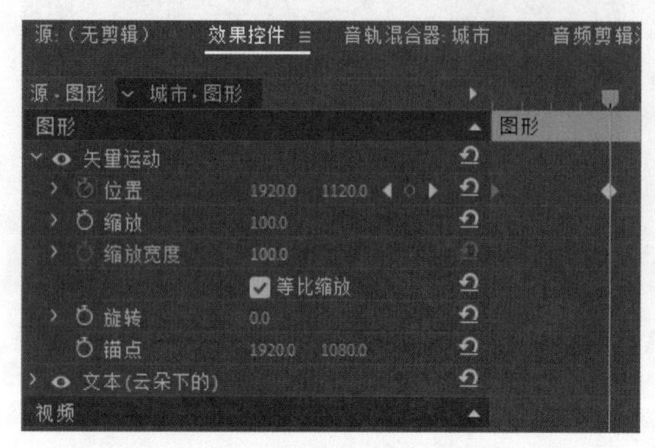

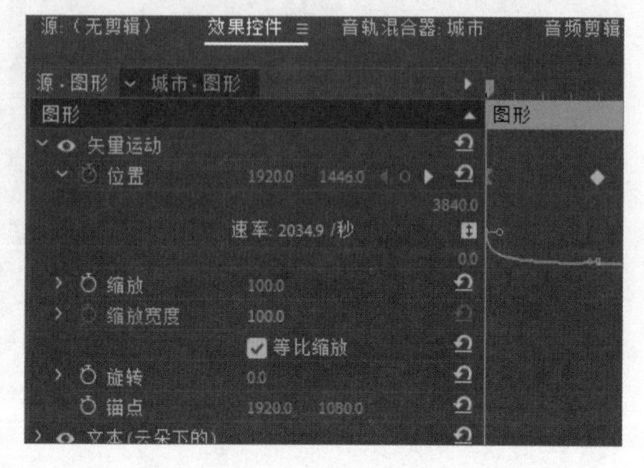

步骤14 选择文本图层的两个关键帧，按Ctrl+C组合键进行复制，将时间线向右侧移动，按Ctrl+V组合键粘贴关键帧，将左侧关键帧移到右侧，如下左图所示。

步骤15 右击右侧第2个关键帧，在快捷菜单中选择“临时插值>贝塞尔曲线”命令，然后调整曲线的弯曲程度，制作出文本从上向下退出画面的动画效果。“效果控件”面板如下右图所示。

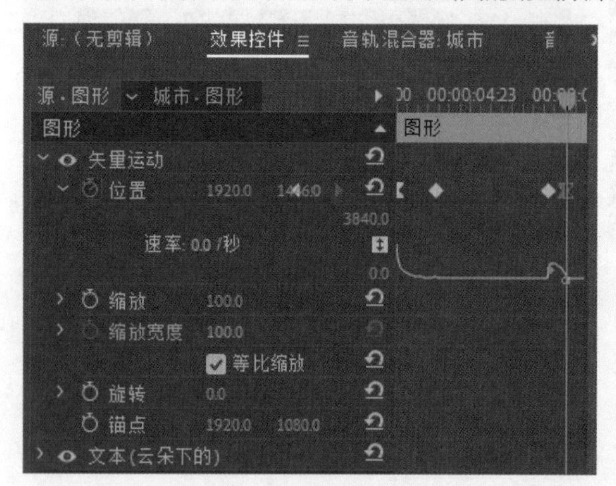

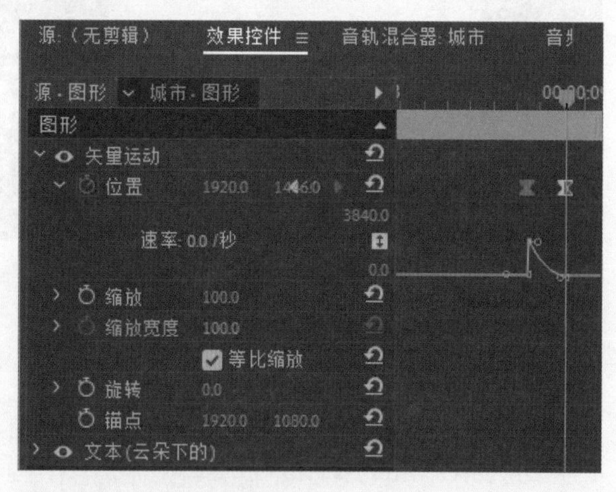

步骤16 将时间线定位在最右侧的关键帧处，在“时间线”面板中选择“图形”，复制“裁剪”区域的“左侧”和“右侧”关键帧并粘贴，将“左侧”关键帧移到右侧，使“右侧”关键帧与时间线对齐，如下图所示。本步骤的操作能制作出矩形退出画面的动画。

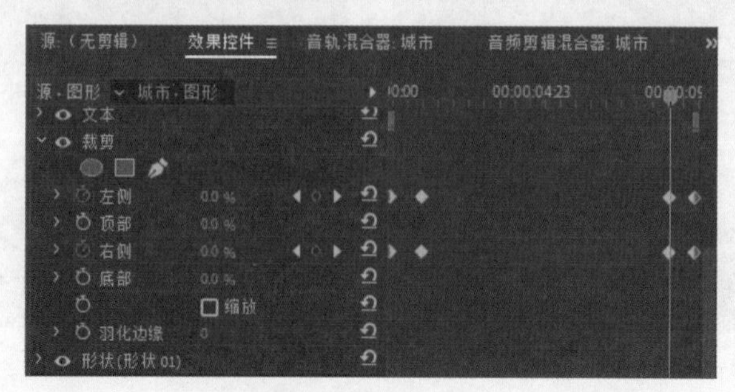

步骤17 将第2段视频动画中矩形的宽度设置为500、“旋转”设置为45°，并通过设置“不透明度”，制作出渐显的动画，如下左图所示。

步骤18 为文字图层添加蒙版时需要添加控制点并调整，使其与矩形边对齐，如下右图所示。

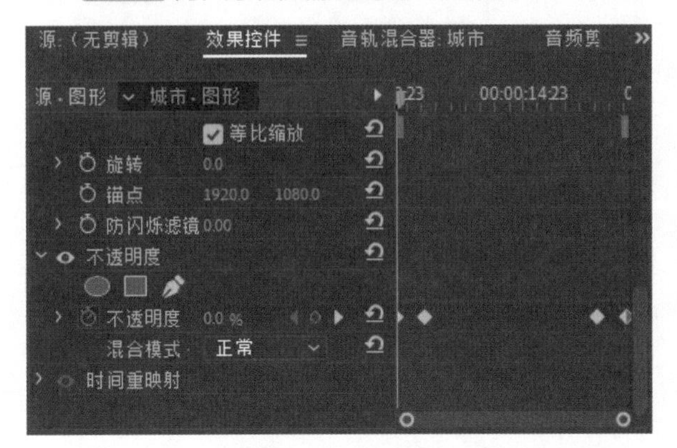

步骤19 其他操作与上一段视频的动画类似，此处不再介绍。“时间线”面板如下图所示。

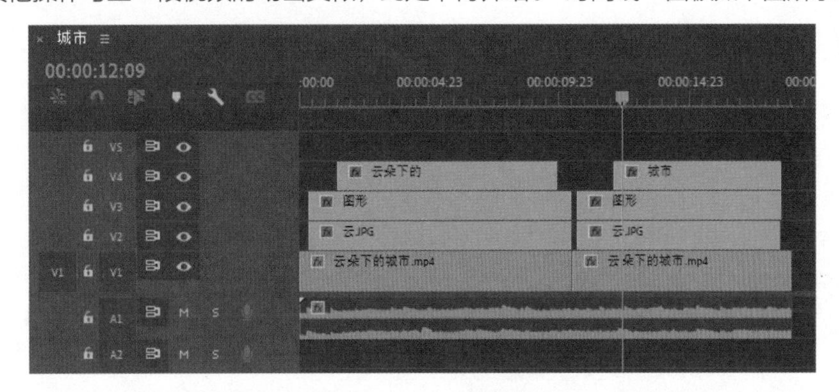

步骤20 下左两图为两段动画中矩形的显示效果，下右两图为文本动画效果。

课后练习

一、选择题

（1）(　　）定义了物体运动或变化中关键动作所处的那一帧。

A. 关键帧　　B. 帧　　C. 临时插值　　D. 空间插值

（2）在Premiere Pro 2024中，某属性已经有关键帧了，则使用（　　）不可添加关键帧。

A.“添加/移除关键帧”按钮　　B.“时间线”面板中设置

C.“切换动画”按钮　　D. 设置该属性的参数值

（3）如果要在“效果控件”面板中全选关键帧，可以按（　　）键。

A. Alt　　B. Alt+Ctrl　　C. Shift　　D. Ctrl+A

（4）在Premiere Pro 2024中，为关键帧设置临时插值时，（　　）插值可以创建关键帧之间的匀速变化。

A. 缓入　　B. 线性

C. 自由贝塞尔曲线　　D. 定格

二、填空题

（1）通过设置＿＿＿＿＿，用户可以在视频的不同时间点上设置不同的属性（如位置、缩放、旋转、不透明度等），从而实现复杂的动画效果。

（2）在“效果控件”面板中使用选择工具选择需要复制的关键帧，然后按住＿＿＿＿＿键并向左或向右拖动关键帧，拖到合适的位置释放鼠标左键，即可完成关键帧的复制。

（3）＿＿＿＿＿插值可以在关键帧的任意一侧手动调整图表的形状及变化速率。

（4）＿＿＿＿＿插值可以减慢进入关键帧的速度。

三、上机题

下面为第3章上机实训最后面的文字制作动画，进一步丰富画面效果。在Premiere中导入“公路.mp4”视频素材，在合适的位置定格画面，将定格的图像素材拖到V2轨道上，添加“裁剪”和“径向阴影”视频效果。以上操作可参考第3章上机实训的内容。添加白色的“颜色遮罩”，调整高度和宽度，然后添加关键帧，制作由中心逐渐显示完全的动画效果。最后制作相反的动画效果，如下左图所示。

添加文字图层，接着添加图层蒙版，再添加关键帧，制作文本从下方逐渐向上显示的效果。最后为文字制作退出画面的效果，如下右图所示。

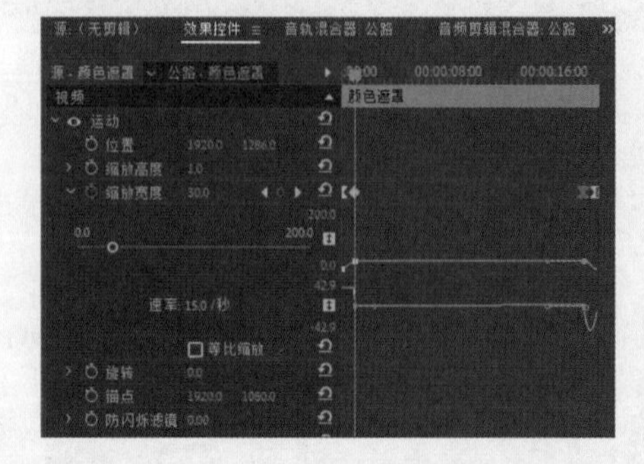

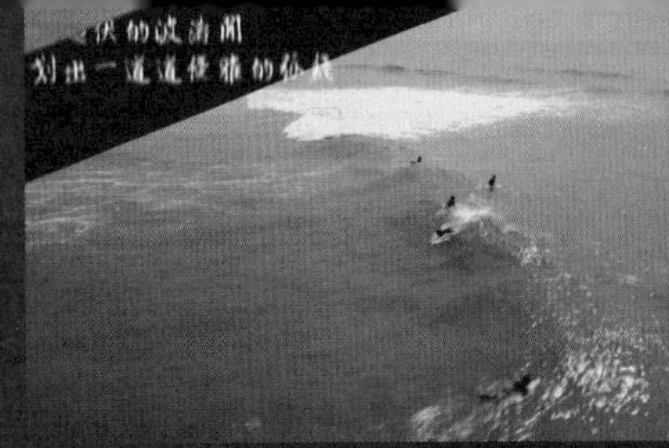

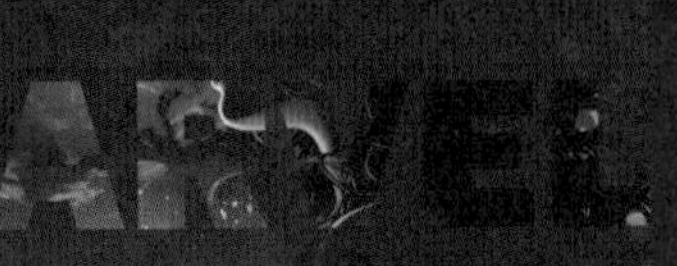

第二部分 综合案例篇

在综合案例部分，我们深度融合理论知识与实践内容，精心设计了三个章节。本部分主要通过对视频转场效果、视频片头，以及动画效果操作过程的讲解，对Premiere Pro 2024常用和重点的知识进行精讲。通过对本篇的学习，读者可以更加深刻地掌握Premiere软件的应用，达到运用自如、融会贯通的学习效果。

这三个综合案例章节，不仅是对本书基础知识部分学习的全面检验，更是对读者视频编辑技能与创意思维的全面提升。

第8章 制作高级转场效果

本章概述

视频转场在视频编辑和制作中扮演着至关重要的角色，不仅连接了视频中的不同片段，还通过视觉和情感的过渡，增强了整个作品的流畅性、节奏感和叙事效果。

核心知识点

❶ 掌握关键帧的应用
❷ 掌握视频效果的应用
❸ 掌握视频过渡的应用
❹ 掌握蒙版的应用

8.1 制作穿梭拉镜转场效果

扫码看视频

穿梭拉镜转场效果通过改变画面的尺寸比例和位置，使画面从一个场景平滑地“穿梭”到另一个场景。在转场过程中，画面可能会经历缩放、旋转、平移等变化，以营造出一种空间穿越的感觉。这种转场效果能够给观众带来独特的视觉体验，使视频内容更加生动有趣。本案例将制作从右向左的穿梭拉镜转场效果。

8.1.1 新建项目并导入素材

在制作转场之前，首先新建项目，并将准备好的素材添加到项目中。接着将素材拖到“时间线”面板中并进行调整。下面介绍具体的操作方法。

步骤 01 打开Premiere Pro 2024，执行“文件>新建>项目”命令，新建项目。执行“文件>导入”命令，在打开的对话框中选择准备好的素材，如下左图所示。

步骤 02 在“项目”面板中单击右下角的“新建素材箱”按钮，将添加的素材拖放到“素材箱”中，如下右图所示。

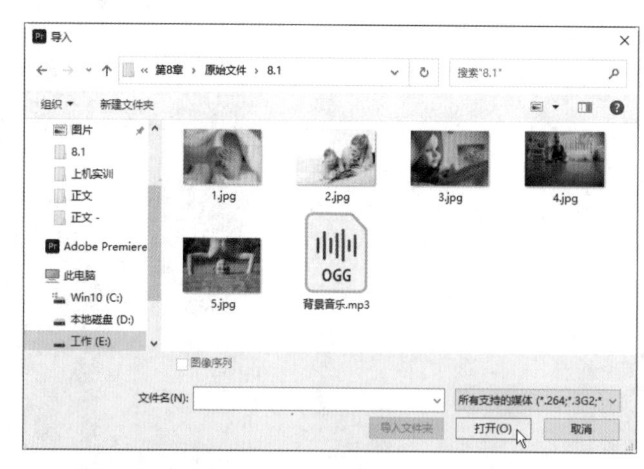

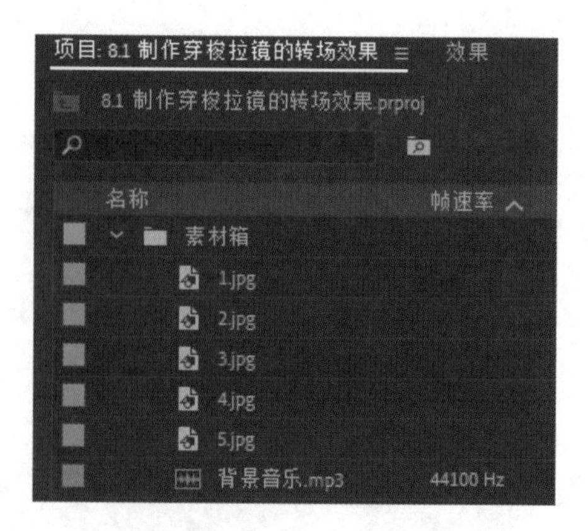

步骤 03 将所有图像素材添加到“时间线”面板的V1轨道上，调整素材的大小。选中所有素材并右击，在快捷菜单中选择“速度/持续时间”命令，打开“剪辑速度/持续时间”对话框，设置“持续时间”为3秒，勾选“波纹编辑，移动尾部剪辑”复选框，如下页左图所示。

步骤 04 添加“背景音乐.mp3”音频素材到A1轨道上，使用剃刀工具分割素材，使音频素材与V1轨道长度一致，如下页右图所示。

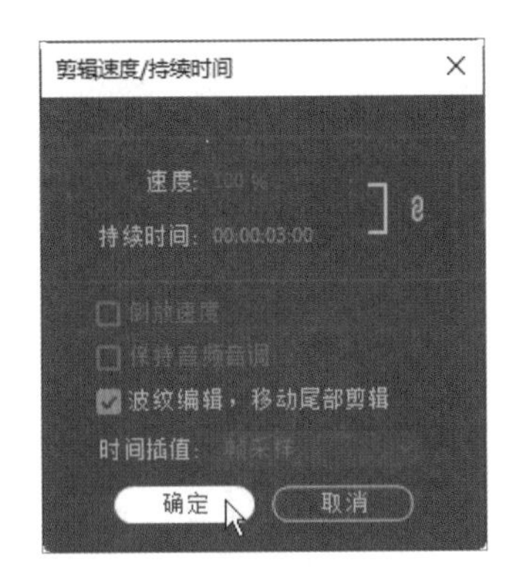

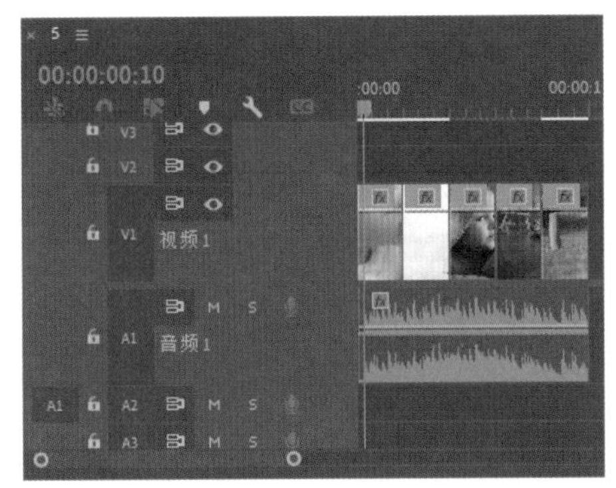

8.1.2 制作左侧画面的转场效果

下面制作左侧画面的转场效果，主要通过添加视频效果和创建关键帧来实现，将应用“偏移”“方向模糊”“旋转扭曲”和“亮度校正器”视频效果。下面介绍具体操作方法。

步骤 01 在“项目”面板中单击右下角的“新建项”按钮，在列表中选择“调整图层”选项，打开“调整图层”对话框，单击“确定”按钮，如下左图所示。

步骤 02 将调整图层拖到V2轨道上，并放在第1个素材和第2个素材之间。将时间线定位在中间，按Ctrl+K组合键进行分割，如下右图所示。

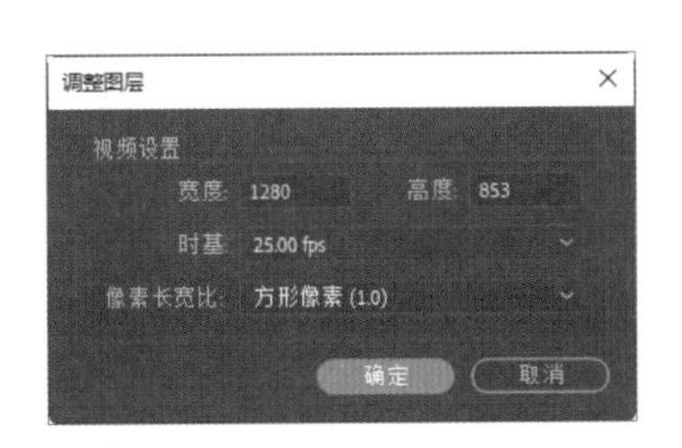

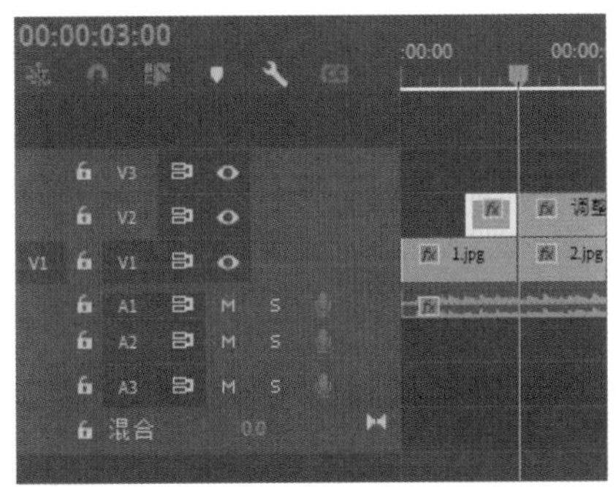

步骤 03 按住Shift键，再按两次向左的按键，时间线会向左移动10帧，然后按Ctrl+K组合键分割素材。再根据相同的方法向右分割素材，按住Alt键并滚动鼠标滚轮放大时间线，如下左图所示。

步骤 04 在“效果”选项卡中搜索“偏移”视频效果，将该视频效果拖到V2轨道左侧的调整图层上，如下右图所示。

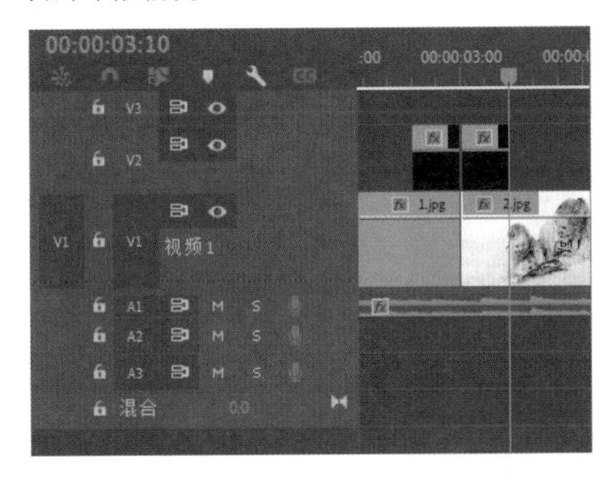

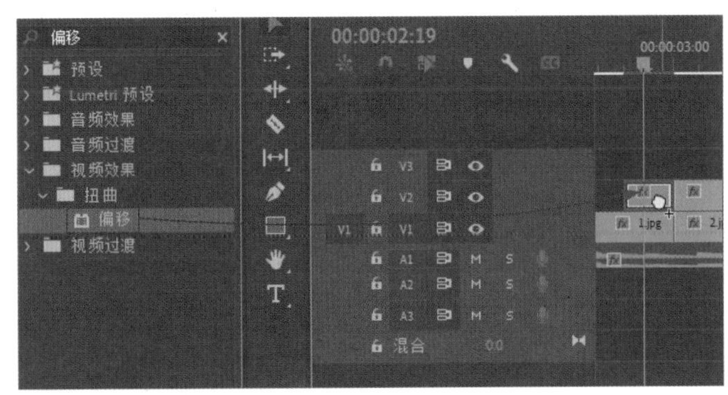

步骤 05 在“效果控件”面板中将时间线调整到开始处，为“将中心移位至”创建关键帧，将时间线向右侧移动，再次添加关键帧。调整数据，使中心位置移到左侧画面边缘，如下页图所示。

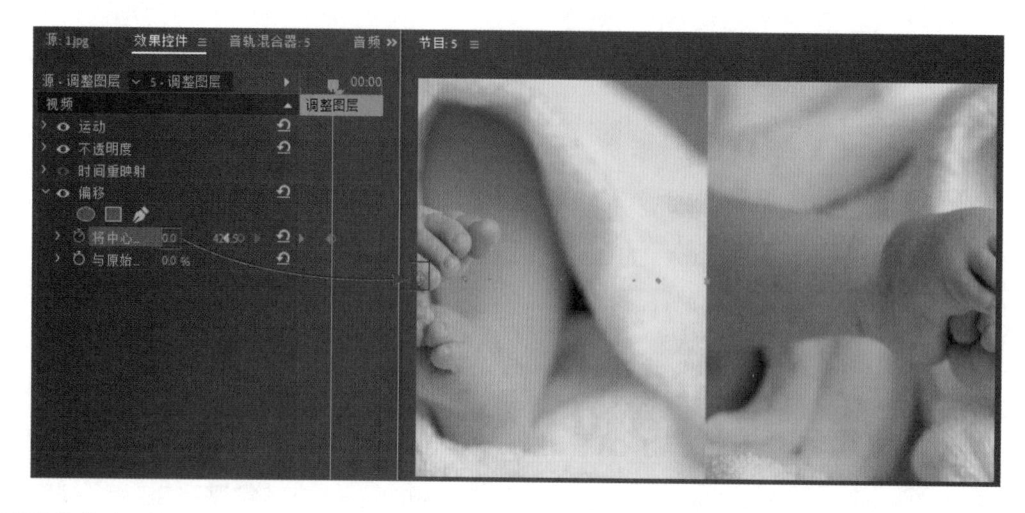

步骤06 将右侧关键帧移到结尾处，选择两个关键帧并右击，在快捷菜单中选择“临时插值>缓入”命令，展开“将中心移位至”，调整控制点，使动画先慢后快，如下左图所示。

步骤07 接下来添加“方向模糊”视频效果，制作出在拉伸方向上的模糊效果。在“效果”面板中搜索“方向模糊”视频效果，将其添加到左侧的调整图层上。在“效果控件”面板中设置“方向”为90°，为“模糊长度”添加两个关键帧，将左侧关键帧对应的数值设置为0，右侧关键帧对应的数值设置为60，如下右图所示。

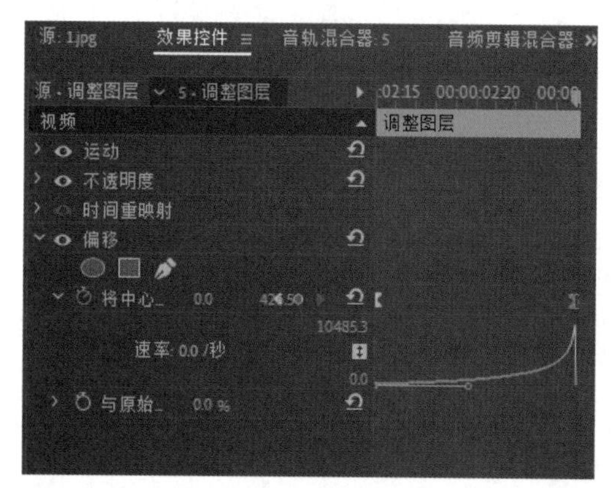

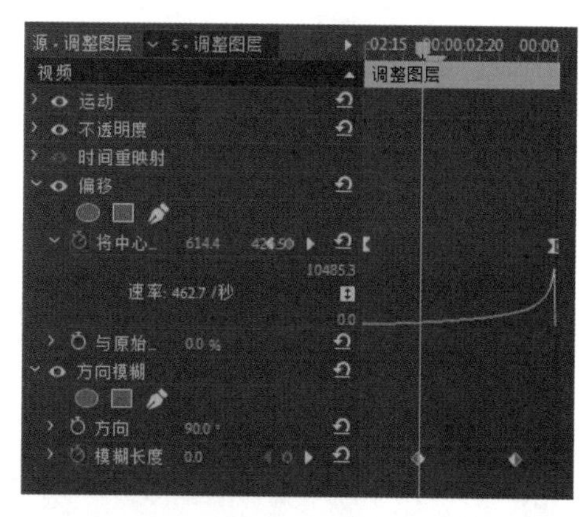

步骤08 选择添加的两个关键帧并右击，在快捷菜单中选择“贝塞尔曲线”命令，调整曲线，使其动画先慢后快。将左侧关键帧移到开始处，将右侧关键帧移到结束处，如下图所示。

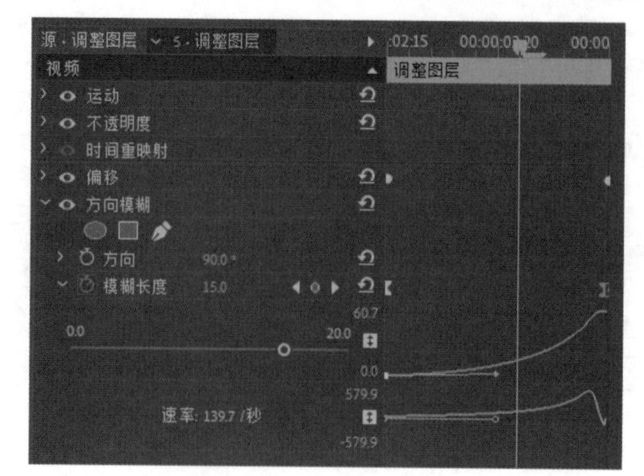

步骤 09 添加“旋转扭曲”视频效果，制作出画面在移动时的扭曲效果。在“效果”面板中搜索“旋转扭曲”视频效果，并添加到左侧的调整图层上。在“效果控件”面板中设置“旋转扭曲”为60，将时间线定位在图层变模糊的时候并添加关键帧，将时间线定位在结束处并设置“角度”为10°，如下左图所示。

步骤 10 选择两个关键帧并右击，在快捷菜单中选择“缓入”命令，展开“角度”并调整曲线，使动画先慢后快，如下右图所示。

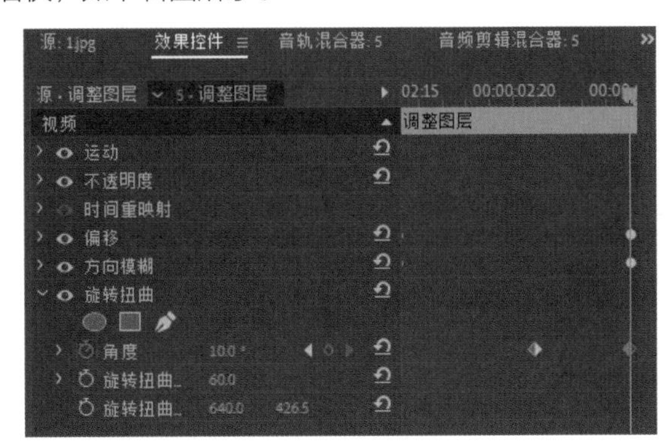

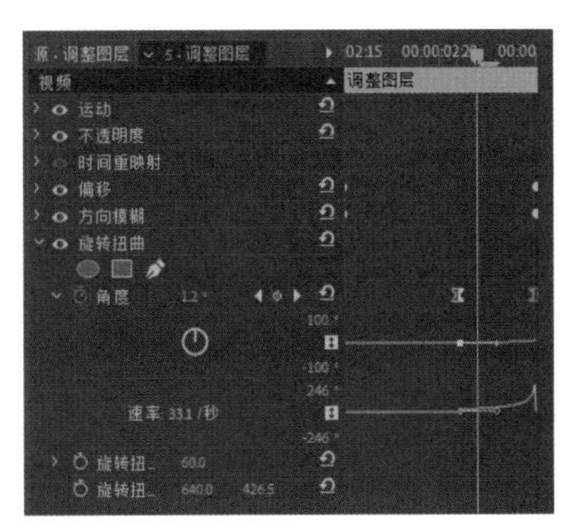

步骤 11 为左侧的调整图层添加“亮度校正器”视频效果，在“效果控件”面板中为“亮度”和“对比度”添加关键帧。关键帧的位置与“旋转扭曲”视频效果的关键帧位置一致。“亮度”左侧关键帧的数值为0，“亮度”右侧关键帧的数值为100，“对比度”右侧关键帧的数值为40。调整曲线，制作由慢到快的动画效果，如下左图所示。

步骤 12 左侧调整图层的视频效果制作完成，时间线定位在02:24时画面的效果如下右图所示。

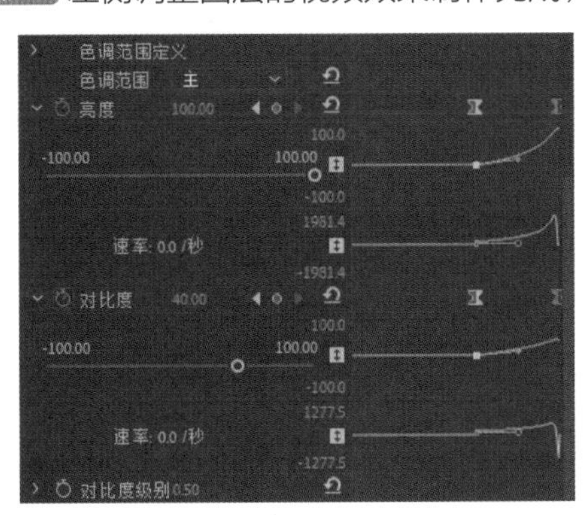

8.1.3 制作右侧画面的转场效果

制作完左侧画面的转场效果后，再制作右侧画面的转场效果。右侧转场的效果与左侧相反，因此，使用相同的视频效果，再重新设置关键帧即可。下面介绍具体操作方法。

步骤 01 在“时间线”面板中右击左侧的调整图层，在快捷菜单中选择“复制”命令，选择右侧的调整图层并右击，在快捷菜单中选择“粘贴属性”命令，如右图所示。

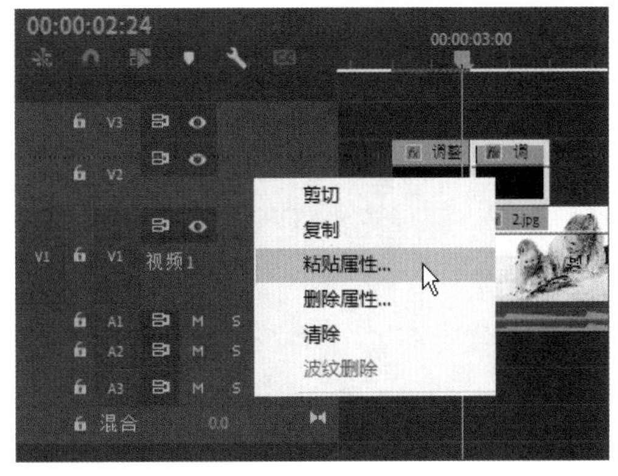

步骤02 打开“粘贴属性”对话框，其中显示了所有添加的效果，直接单击“确定”按钮，如右图所示。

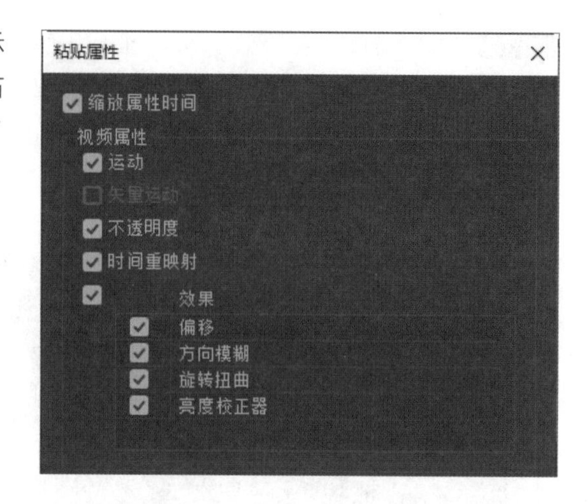

步骤03 在“效果控件”面板中展开“偏移”下方的“将中心移位至”，删除右侧的关键帧，并在左侧和右侧分别添加关键帧。选择左侧关键帧，调整数值并将中心点移到右侧边缘处，调整曲线，制作出先快后慢的动画效果，如下左图所示。

步骤04 展开“方向模糊”，将“模糊长度”的两个关键帧互换位置，并制作出先快后慢的动画效果，如下右图所示。

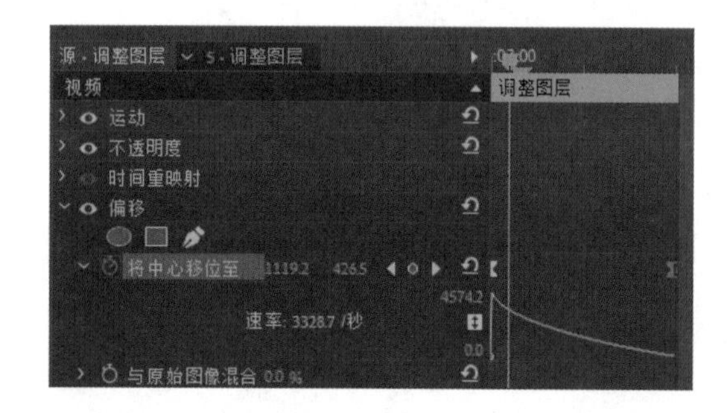

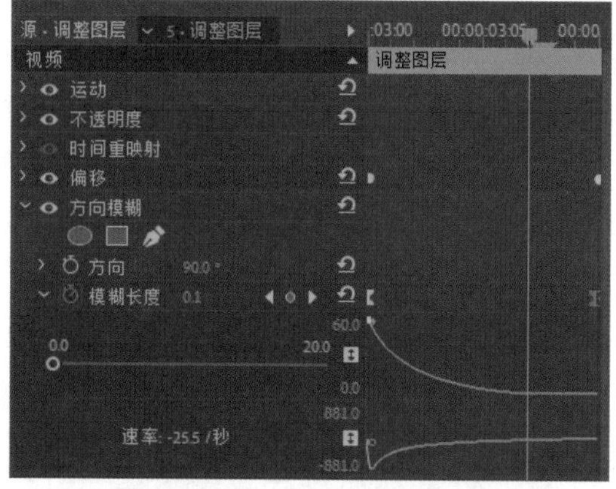

步骤05 展开“旋转扭曲”，将“角度”的右侧关键帧移动至最左侧，并适当调整另一个关键帧的位置，调整曲线，制作先快后慢的动画效果，如下左图所示。

步骤06 展开“亮度校正器”，“亮度”和“对比度”关键帧的设置与“旋转扭曲”一样，如下右图所示。

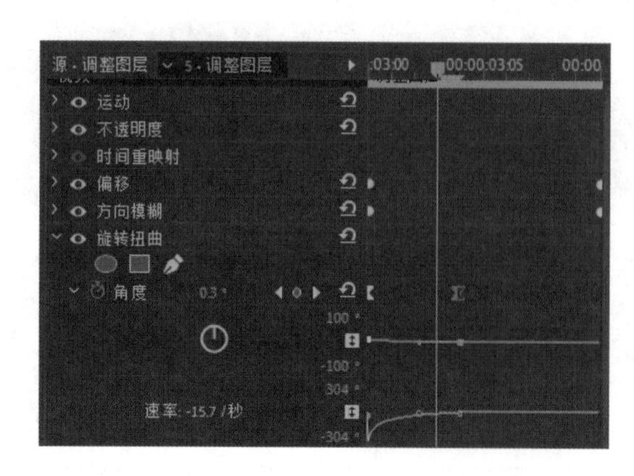

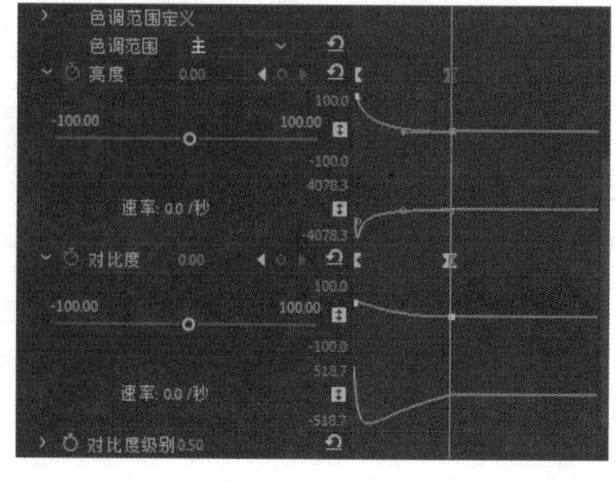

8.1.4 添加所有转场效果

右侧的转场效果制作完成后，第1个素材和第2个素材之间的穿梭拉镜转场效果就制作完成了，我们可以通过复制和粘贴的方法快速添加相同的转场效果。

步骤 01 选择制作完成的调整图层，按Ctrl+C组合键复制，将时间线移到第2个素材和第3个素材之间，向左偏移10帧，按Ctrl+V组合键粘贴调整图层，并根据相同的方法为视频添加所有转场，如下图所示。

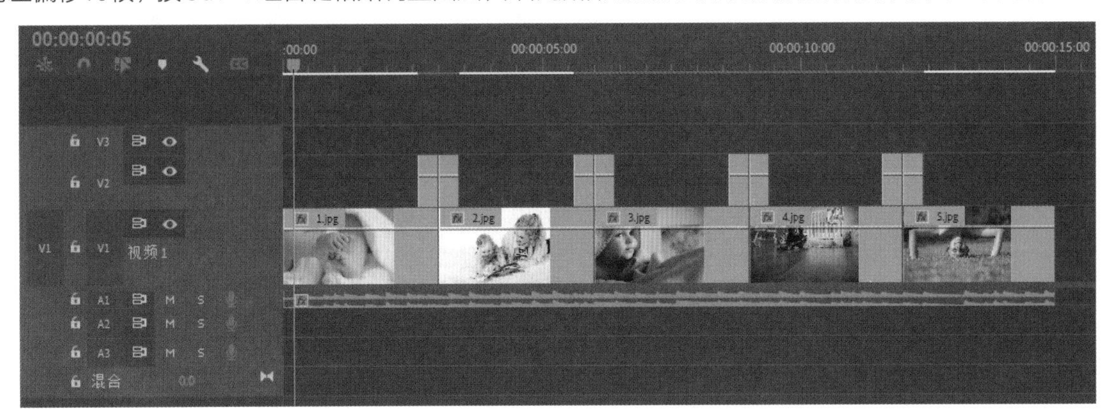

步骤 02 至此，本案例制作完成，下左图为左侧画面转场效果，下右图为右侧画面转场效果。

提示：设置不同素材之间的转场方向

在本案例中，我们可以为不同的素材之间制作不同方向的转场效果，只需要设置“偏移”视频效果的方向，以及“方向模糊”和“旋转扭曲”相应的数值即可。

8.2 制作模糊转场效果

模糊转场效果是通过在视频片段的交接处添加模糊效果，使前一片段的结束与后一片段的开始之间实现平滑过渡。这种转场方式能够减少画面切换时的突兀感，增强视频的整体观赏性和连贯性。下面通过两段素材来介绍模糊转场效果的制作方法。

扫码看视频

步骤 01 打开Premiere新建项目，执行“文件>导入”命令，打开“导入”对话框，选择准备好的“滑板1.mp4”和“滑板2.mp4”视频素材，如下页左图所示。

步骤 02 将“滑板1.mp4”视频素材拖到“时间线”面板 的V1轨道上，使用剃刀工具分割视频素材，保留5秒长度。再将“滑板2.mp4”视频素材拖到V1轨道上，也保留5秒长度，如下页右图所示。

步骤03 单击“项目”面板右下角的“新建项”按钮，在列表中选择“调整图层”选项，在打开的对话框中直接单击“确定”按钮，即可创建调整图层，如下左图所示。

步骤04 将调整图层拖到V2轨道上，将其放在两段素材之间。然后对调整图层进行分割，在两段视频素材中间向左和向右分别保留10帧的长度，如下右图所示。

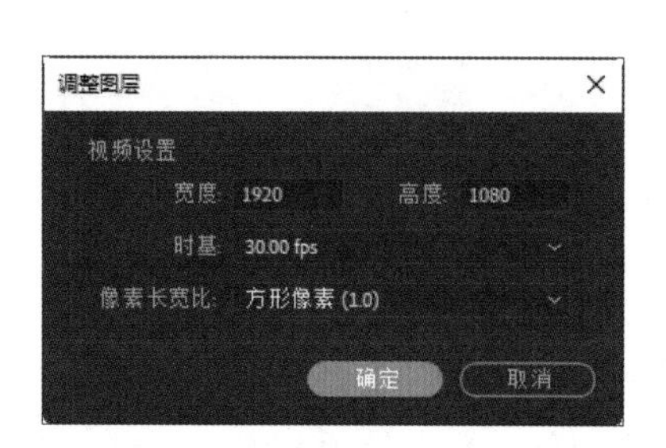

步骤05 在“效果”面板中搜索“高斯模糊”视频效果，将该效果拖到调整图层上方。在“效果控件”面板中分别在开始处、中间处和结束处为“模糊度”添加关键帧，将中间关键帧对应的“模糊度”数值设为200，如下左图所示。

步骤06 在“效果”面板中搜索“交叉溶解”视频过渡效果，拖到V1轨道的两段素材之间，并调整视频过渡效果的长度，如下右图所示。

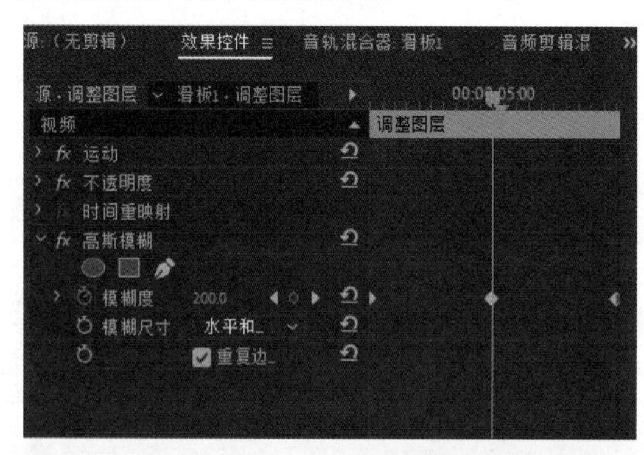

提示：添加视频过渡效果的作用

通过添加调整图层设置模糊过渡时，画面还是稍显生硬，为视频添加“交叉溶解”视频过渡效果后，会使过渡效果更自然、流畅。在调整视频过渡效果的持续时间时，需要注意时间要比调整图层的时间短。

步骤07 至此，模糊转场效果制作完成，下左图为前一个视频的过渡效果，下右图为后一个视频的过渡效果。

8.3 制作水墨转场效果

水墨转场是一种独特而富有艺术感的视频过渡效果，它模仿了中国传统水墨画的技法，通过黑白相间的线条和流动的墨水，将两个不同场景的视频有机地连接起来。这种转场效果不仅具有视觉上的美感，还能够为视频增添一份文化韵味和意境。

扫码看视频

在Premiere中制作水墨转场效果很简单，只需要水墨的视频素材，并使用“轨道遮罩键”视频效果就可以实现。下面介绍具体操作方法。

步骤01 在Premiere中新建项目，执行“文件>导入”命令，打开“导入”对话框，选择需要导入的素材，如下左图所示。

步骤02 在“项目”面板中全选图像素材，拖到“时间线”面板的V1轨道上，将“1.png”素材移到V2轨道上，再向左移动“2.png”素材，使两段素材相交1秒，如下右图所示。

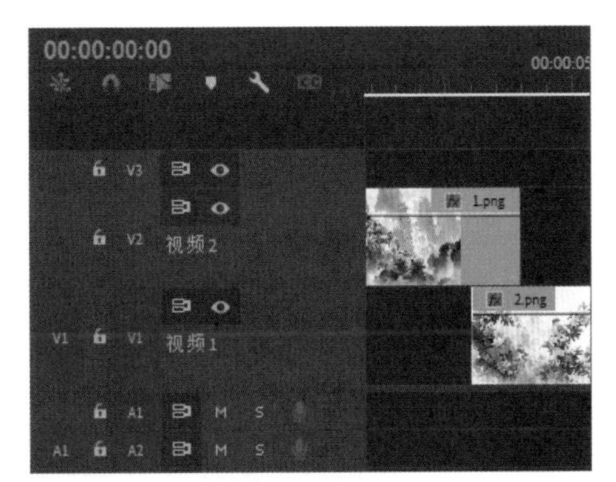

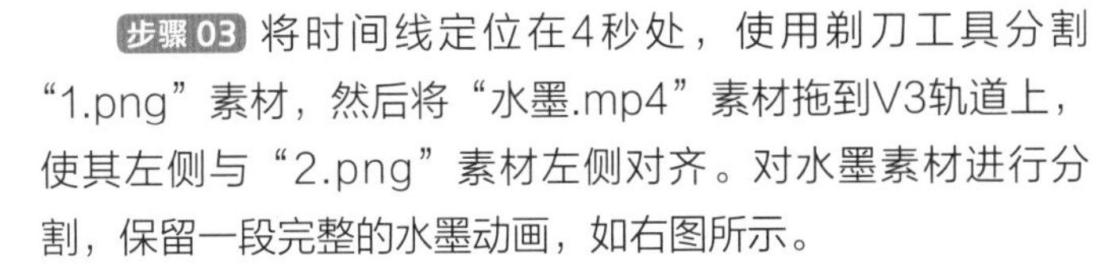
步骤03 将时间线定位在4秒处，使用剃刀工具分割“1.png”素材，然后将“水墨.mp4”素材拖到V3轨道上，使其左侧与“2.png”素材左侧对齐。对水墨素材进行分割，保留一段完整的水墨动画，如右图所示。

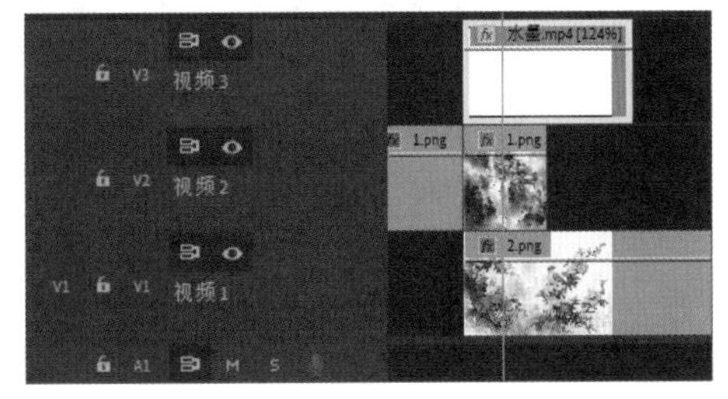

步骤04 右击分割后的水墨素材，在快捷菜单中选择“速度/持续时间”命令，在打开的对话框中设置“持续时间”为1秒，如下左图所示。

步骤05 在“效果”面板中搜索“轨道遮罩键”视频效果，将其拖到水墨素材下方分割的“1.png”素材上。在“效果控件”面板中设置“遮罩”为“视频3”，设置“合成方式”为“亮度遮罩”，如下右图所示。

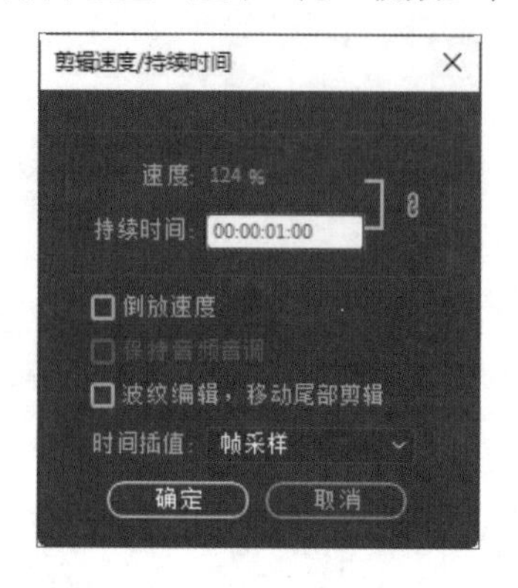

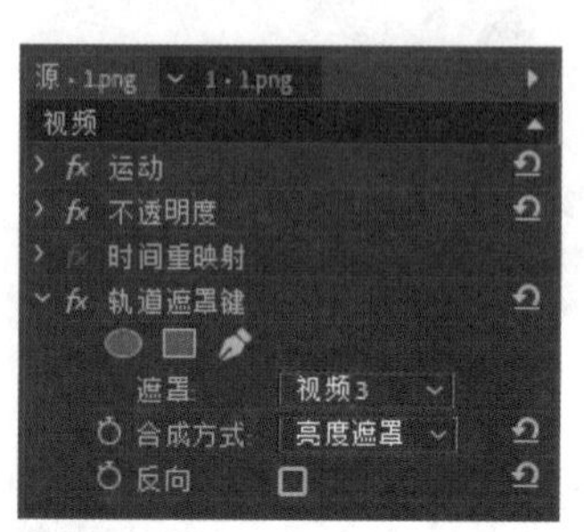

步骤06 完成第1段素材和第2段素材之间的水墨转场效果，画面效果如下两图所示。

步骤07 根据相同的方法制作其他素材之间的水墨转场动画，在制作动画时需要注意两段素材的位置，上方轨道的素材是前一段素材，下方轨道的素材是后一段素材。最后将“古筝.MP3”音频素材拖到A1轨道上，使用剃刀工具分割素材，再为音频添加“恒定功率”的音频过渡。“时间线”面板如下图所示。

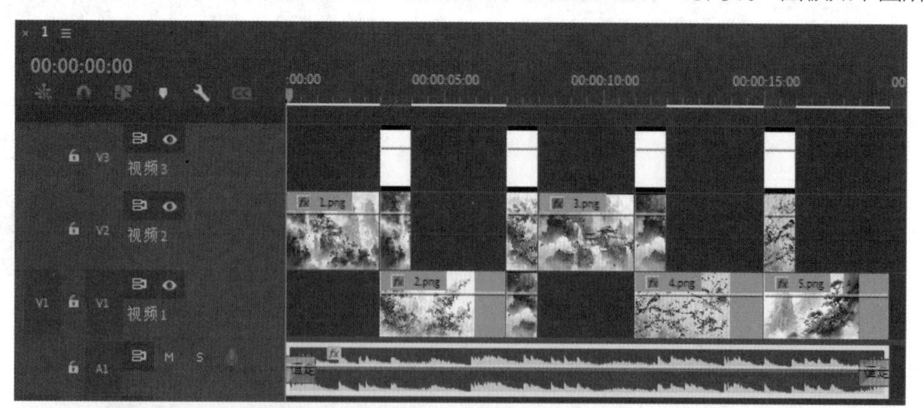

提示：让水墨转场动画后全屏显示下一段素材

使用水墨动画制作转场，有时黑色的墨水并不能充满整个画面。要想转场后完全显示下一段素材，我们可以在“效果控件”面板中添加“缩放”的关键帧并调整数值。

8.4 制作蒙版转场效果

在视频剪辑中，蒙版转场是指利用蒙版技术，在不同的图像或视频素材之间创建平滑的过渡效果，使得转场更加流畅和吸引人。蒙版转场的实现方式多种多样，但基本原理相似，都是通过调整蒙版的位置、形状、大小等属性，以及结合关键帧动画技术，来实现画面之间的平滑过渡。

扫码看视频

8.4.1 贯穿整个画面的蒙版转场

本案例以观光电梯上下运动时以横柱设置贯穿整个画面的蒙版转场，制作出由横柱拉出下一画面的效果。下面介绍具体操作方法。

步骤 01 在Premiere中新建项目，执行“文件>导入”命令，在打开的对话框中选择准备好的素材，如下左图所示。

步骤 02 将“城市.mp4”“公路.mp4”和“电梯.mp4”素材拖至“时间线”面板中，将3个视频素材分别放在V1、V2和V3轨道上，然后分割素材，如下右图所示。

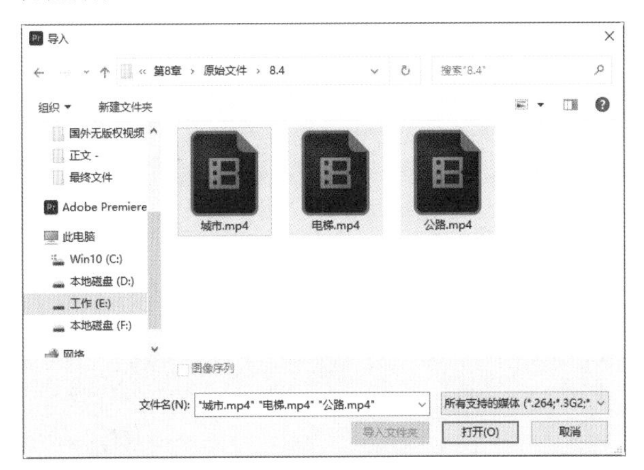

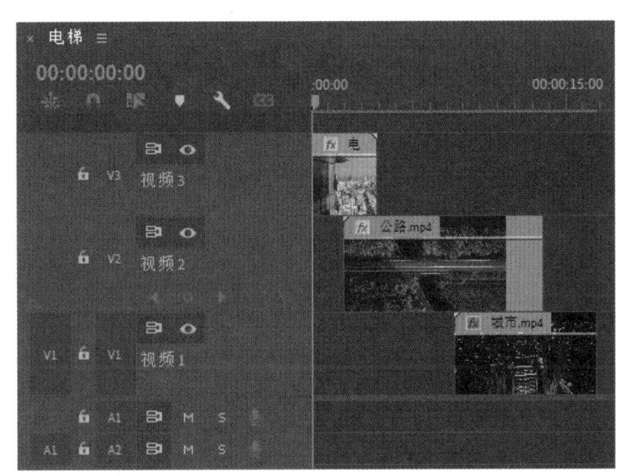

步骤 03 接下来将时间线定位在黑色横柱出现在画面中的位置，选择V3轨道上的素材，在“效果控件”面板的“不透明度”区域中单击矩形蒙版，调整控制点并勾选“已反转”复选框。画面效果如下左图所示。

步骤 04 通过“效果控件”面板，在此处添加“蒙版路径”关键帧。再将时间线向右侧移动，使横柱刚好完全消失在画面中。添加关键帧并调整蒙版，显示下一轨道中的完整画面，如下右图所示。

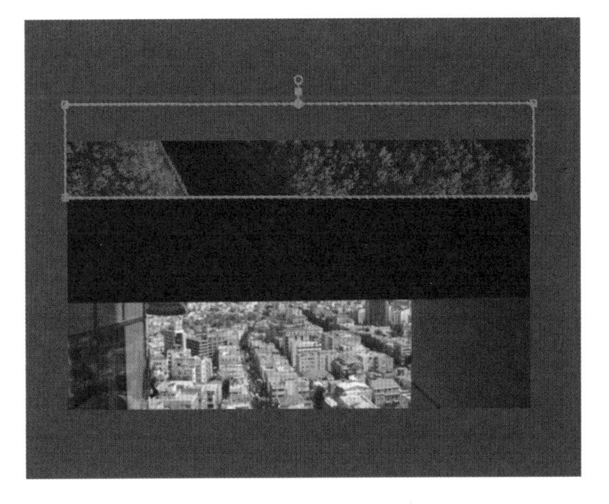

步骤05 再将时间线定位在横柱刚进入画面处，然后调整蒙版，使下一轨道的画面不显示，如下左图所示。

步骤06 接下来播放视频，查看有没有蒙版没有跟随上横柱向下运动，如果有，则将时间线定位在此处，添加关键帧并调整蒙版的位置。“效果控件”面板中添加的关键帧如下右图所示。

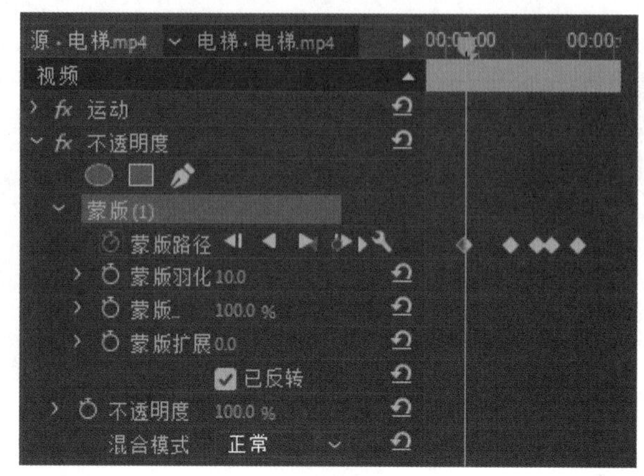

步骤07 至此，本案例制作完成，下左图是横柱在画面上方的效果，下右图是横柱在画面下方的效果。

8.4.2 由画面中的点制作蒙版转场

本案例以画面中行驶的汽车作为蒙版运动的点，当汽车由画面右侧向左侧行驶时，将逐渐显示下一轨道的画面。下面介绍具体操作方法。

步骤01 接着8.4.1的案例操作，选择V2轨道上的素材，将时间线定位在白色汽车刚进入画面的位置，在“效果控件”面板中添加矩形蒙版，并调整位置和形状，勾选“已反转”复选框。为使转场自然、流畅，设置“蒙版羽化”的值为80，添加“蒙版路径”关键帧效果，设置后的画面效果如右图所示。

步骤 02 将时间线定位在白色汽车刚出左侧画面的位置，添加“蒙版路径”关键帧，调整蒙版的控制点，如右图所示。

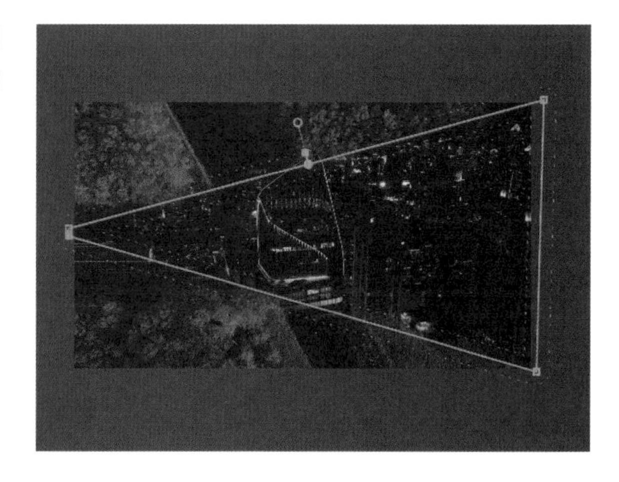

步骤 03 再将时间线向右移动10帧，调整蒙版并使画面完全显示，如下左图所示。

步骤 04 播放视频并观察是否有蒙版跟不上汽车行驶的效果，如果有，则添加“蒙版路径”关键帧并调整蒙版，“效果控件”面板如下右图所示。

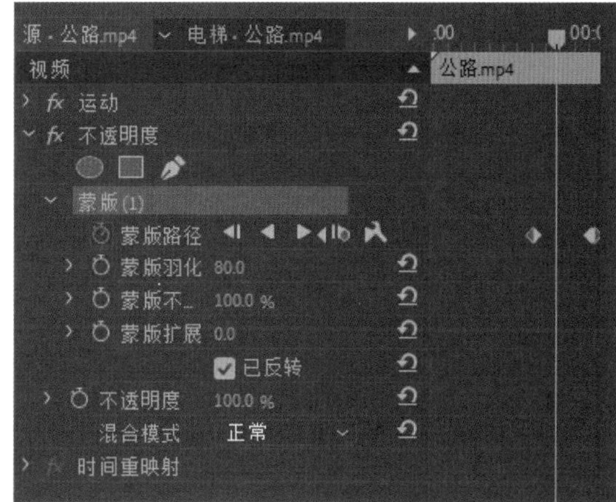

步骤 05 至此，本案例制作完成，下左图为汽车行驶到画面中间的效果，下右图为汽车行驶到画面左侧的效果。

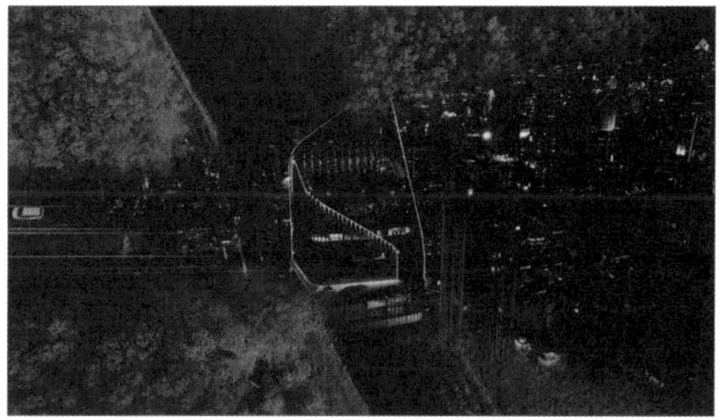

第9章 制作视频片头

本章概述

在视频播放的时候，如果一开始就直接进入主题，会显得比较突兀，因此需要一个片头视频将观众带入视频的正文中。本章将介绍使用Premiere制作片头视频的方法，如制作切割转场片头、电影片头和漫威片头。

核心知识点

❶ 掌握关键帧的应用
❷ 掌握视频效果的应用
❸ 掌握文字的添加方法
❹ 掌握片头的制作方法

9.1 切割转场片头

扫码看视频

切割转场片头主要用于实现两个视频片段之间的平滑过渡，同时赋予视频开头以独特的视觉效果和吸引力。该片头可以增强视频的视觉冲击力，吸引观众的注意力，同时实现视频内容的逻辑连贯和流畅过渡。下面介绍具体操作方法。

步骤 01 打开Premiere Pro 2024，执行“文件>新建>项目”命令，新建项目。执行“文件>导入”命令，在打开的对话框中导入准备好的素材，如下左图所示。

步骤 02 从“项目”面板中将导入的素材拖到“时间线”面板的V1轨道上，并适当裁剪视频素材的长度，如下右图所示。

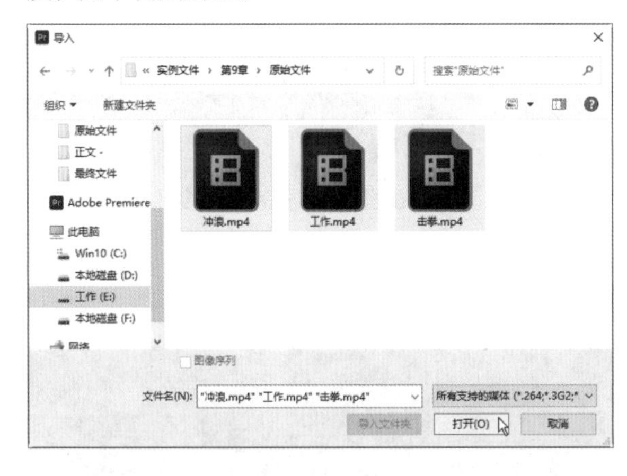

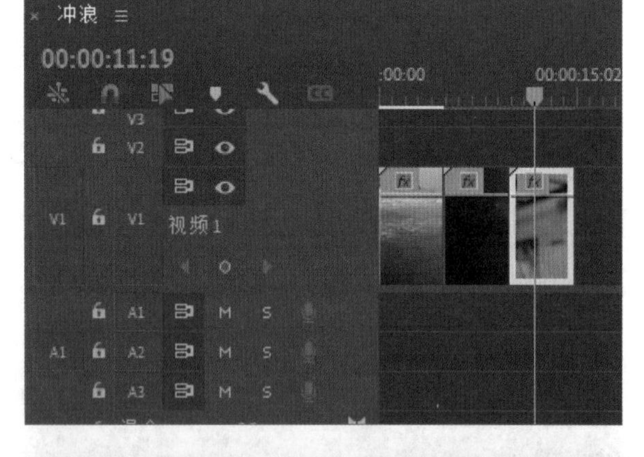

步骤 03 选择第1段素材，将时间线定位在1秒处，并分割素材。选择左侧素材，在“效果控件”面板中单击“不透明度”区域的“钢笔”按钮，在“节目”面板中绘制蒙版，设置“蒙版羽化”的值为0，如右图所示。将“蒙版羽化”的值设置为0是为了防止在接下来制作拼接图片时会有缝隙。

步骤 04 按住Alt键，将第1段素材拖到V2轨道上。选择V1轨道上的第1段素材，在“效果控件”面板中勾选“已反转”复选框，完成第1段素材上下两段的拼接，如下左图所示。

步骤 05 在“效果”面板中搜索“变换”视频效果，将该效果拖到V2轨道的素材上，如下右图所示。

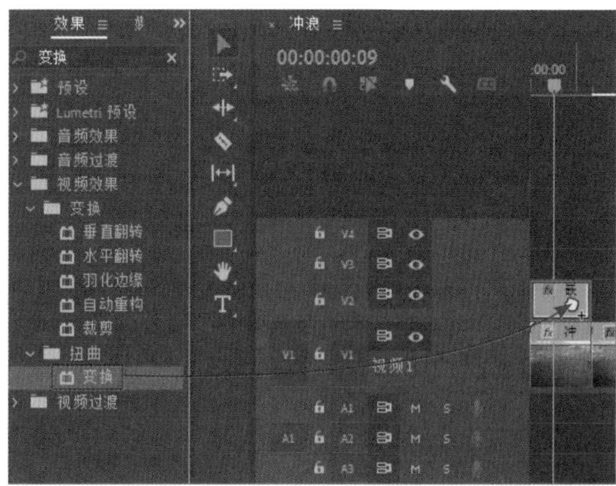

步骤 06 在“效果控件”面板中，在开始处附近添加“变换”区域中的“位置”关键帧，在结束处附近再添加关键帧。设置左侧关键帧图像向上完全移出画面，设置两个关键帧为缓入和缓出，并调整曲线。为了使其在运动过程中产生模糊的效果，取消勾选“使用合成的快门角度”复选框，设置“快门角度”为100，如下左图所示。

步骤 07 左上角图像由上向下的运动动画制作完成。由快到慢的进入效果，在运动过程中有模糊的效果，如下右图所示。

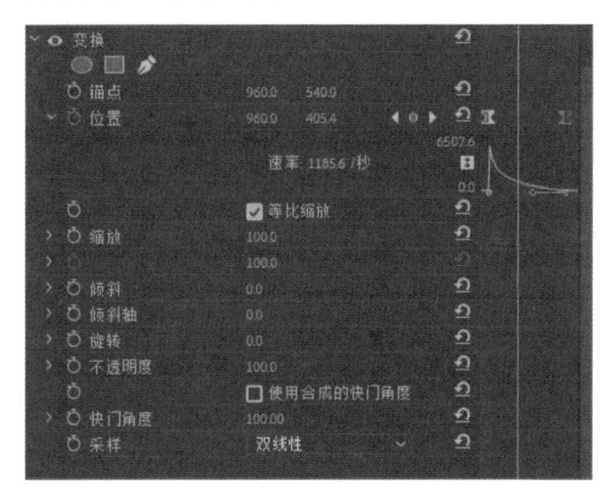

步骤 08 接下来制作文字由左上角向左下角运动的动画，并从左上角画面的下方出现文本。将V2轨道上的素材移到V3轨道上，使用文字工具在画面中输入文本，并设置格式，如右图所示。

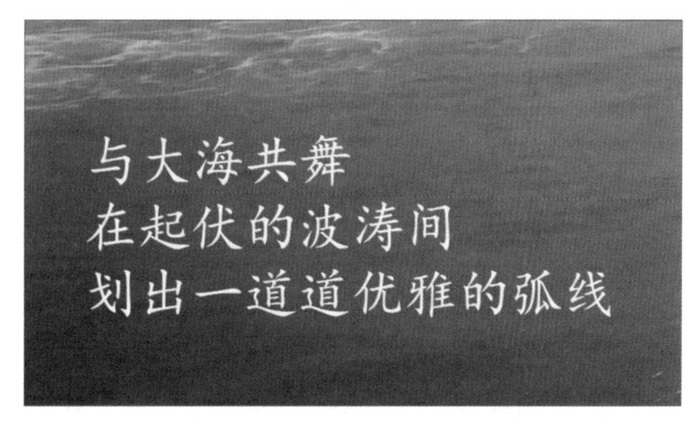

步骤 09 将文本移到V2轨道上，为文本的“位置”添加关键帧，制作由上向下的运动效果，并调整曲

线。添加“方向模糊”视频效果，为“模糊长度”设置关键帧，如右图所示。

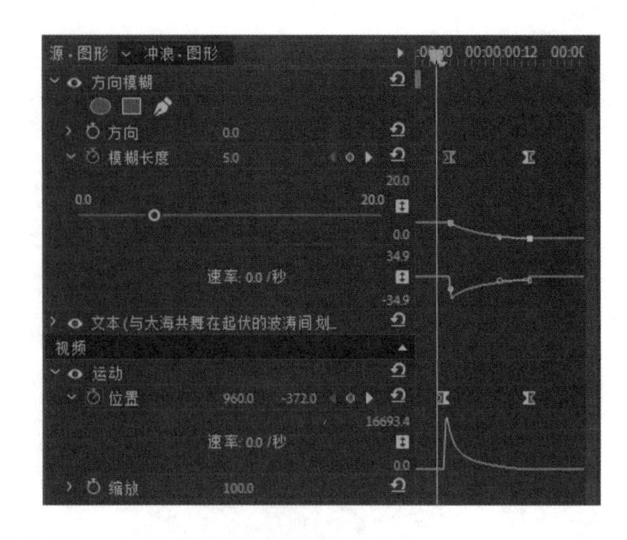

步骤 10 至此，第1段素材开始处的切割转场制作完成，画面效果如下两图所示。

接下来制作第1段素材与第2段素材之间的切割转场，第1段素材切割成两部分然后向两侧退出画面，同时第2段素材完全显示在画面中。

步骤 01 将关于第1段素材的所有素材选中并右击，在快捷菜单中选择“嵌套”命令。从右侧分割1秒左右的素材，并在“效果控件”面板中添加蒙版，效果如下左图所示。

步骤 02 将素材复制并移到V2轨道上，将下面的素材选中，在“效果控件”面板中勾选“已反转”复选框。将这两段素材分别嵌套，再添加“变换”视频效果，并添加“位置”关键帧，设置完成后的曲线如下右图所示。

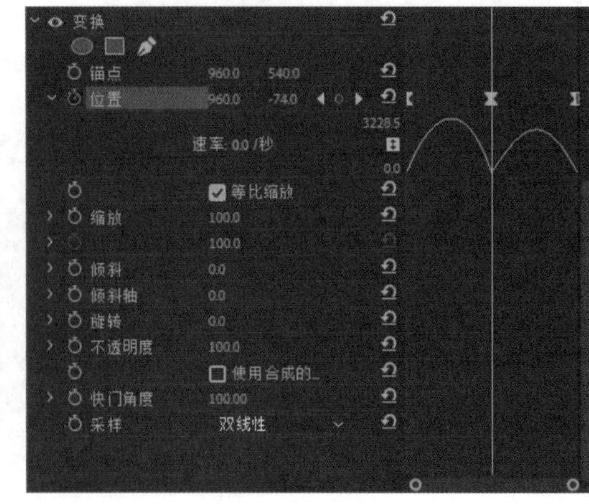

步骤03 根据相同的方法制作另一个素材的“变换”视频效果。将这两段素材向上移动，并将第2段素材向左移动，如下左图所示。

步骤04 调整后，第1段素材切割后，会逐渐显示第2段素材的内容，画面效果如下右图所示。我们可以根据自己的设计添加文本或者设置不同形状的切割。

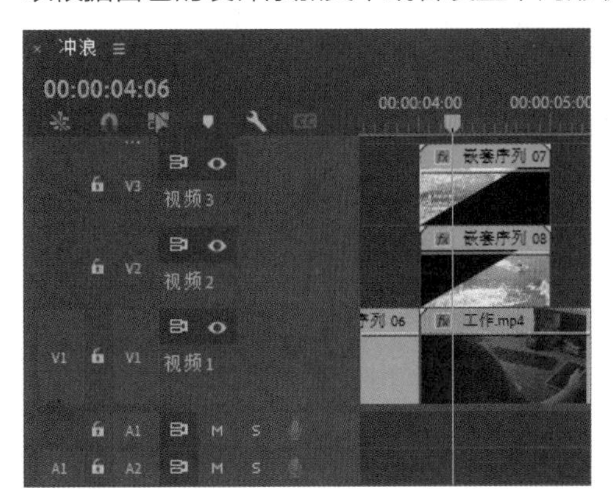

9.2 制作电影《无名之辈》的同款片头

电影《无名之辈》的片头通过让杂乱的背景逐渐黑化，成功地将观众的注意力引到画面的主要部分。这种精心设计的片头不仅为影片的整体风格定下了基调，也为后续的剧情发展奠定了坚实的基础。

扫码看视频

本节将介绍《无名之辈》同款片头的制作方法，需要应用“裁剪”和“轨道遮罩键”视频效果，和“交叉溶解”视频过渡效果。下面介绍具体操作方法。

步骤01 打开Premiere Pro 2024，新建项目，执行“文件>导入”命令，在打开的对话框选择准备好的素材，如下左图所示。

步骤02 将素材拖到“时间线”面板的V1轨道上，播放视频并使用剃刀工具分割视频，保留需要的部分，如下右图所示。

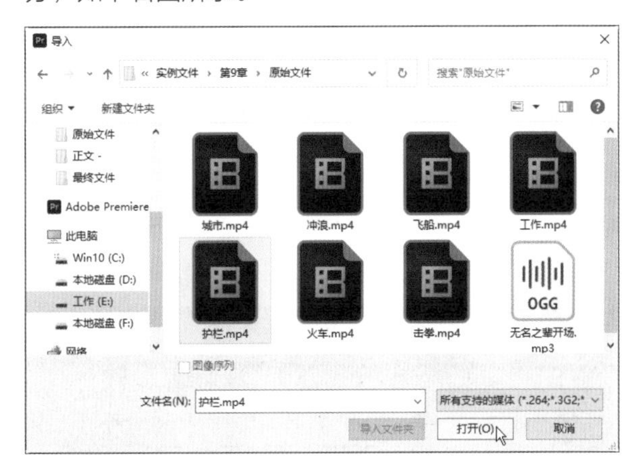

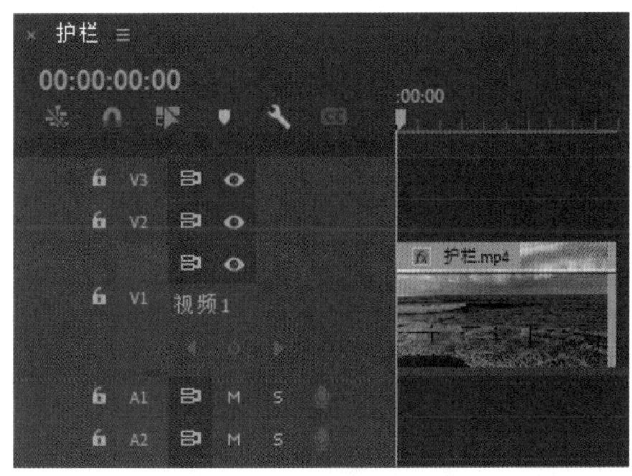

步骤03 在“效果”面板中搜索“裁剪”视频效果，将该效果拖到V1轨道的素材上。通过“效果控件”面板，在开始处添加“顶部”和“底部”关键帧。在4秒的位置再添加关键帧，并设置“顶部”为60%、“底部”为20%，最后设置关键帧的缓入和缓出，如下页左图所示。

步骤04 视频从开始到4秒处由上下两端分割并进行裁剪，4秒处的画面效果如下右图所示。

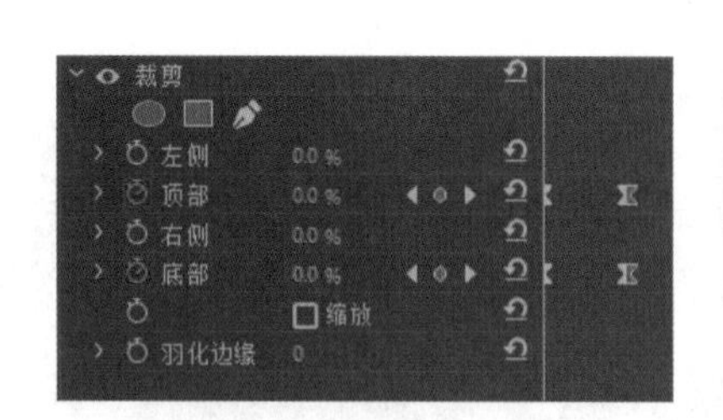

步骤05 按Alt键将V1轨道上的素材拖到V2轨道上，在4秒处对V2轨道上的素材进行分割，并删除左侧部分。然后在“效果控件”面板中右击“裁剪”，在快捷菜单中选择“清除”命令，如右图所示。

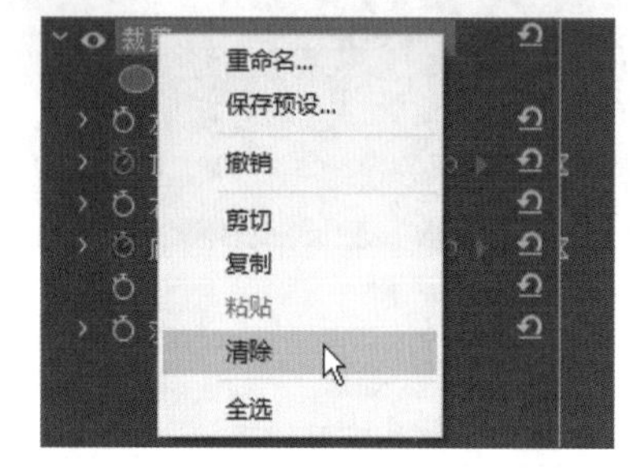

步骤06 使用文字工具在画面中输入文本，并设置字体，上方的文本要有冲击感，在画面中的效果如下左图所示。

步骤07 在“效果”面板中搜索“轨道遮罩键”视频效果，将其拖到V2轨道的素材上。在“效果控件”面板中设置“遮罩”为“视频3”，如下右图所示。

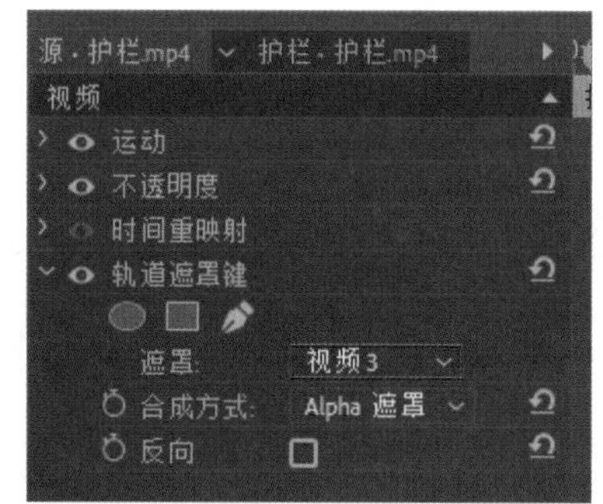

步骤08 选择V2和V3轨道上的素材并右击，在快捷菜单中选择“嵌套”命令，然后按Ctrl+D组合键在嵌套素材开始和结束的位置添加“交叉溶解”视频过渡效果。至此，本案例制作完成，下左图是刚显示文字的画面效果，下右图是显示完文字的画面效果。

9.3 制作漫威片头动画

漫威（Marvel）的片头通常是一段精心设计的动画序列，旨在吸引观众的注意力并营造出独特的电影氛围。这些片头往往包含了漫威的标志性元素，如标志性的徽标、超级英雄的形象以及激动人心的音乐。下面介绍制作漫威片头动画的方法。

扫码看视频

步骤 01 在Premiere中新建项目，执行“文件>导入”命令，在打开的对话框将准备好的素材导入Premiere中，如下图所示。

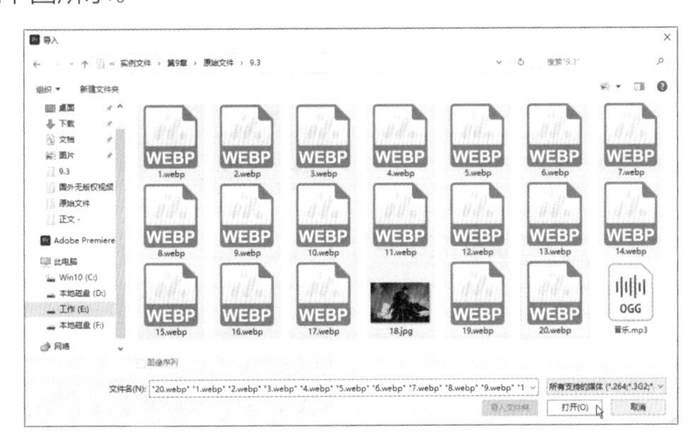

步骤 02 将“项目”面板中的所有素材都拖到“时间线”面板的V1轨道上，全选并右击，在快捷菜单中选择“速度/持续时间”命令，在打开的对话框设置“持续时间”为00:12，勾选“波纹编辑，移动尾部剪辑”复选框，如下左图所示。

步骤 03 保持所有素材为选中状态并右击，在快捷菜单中选择“缩放为帧大小”命令，然后播放视频，检查每个图像是否充满整个画面，并根据需要调整缩放的数值。然后选择所有素材，按住Alt键复制，如下右图所示。

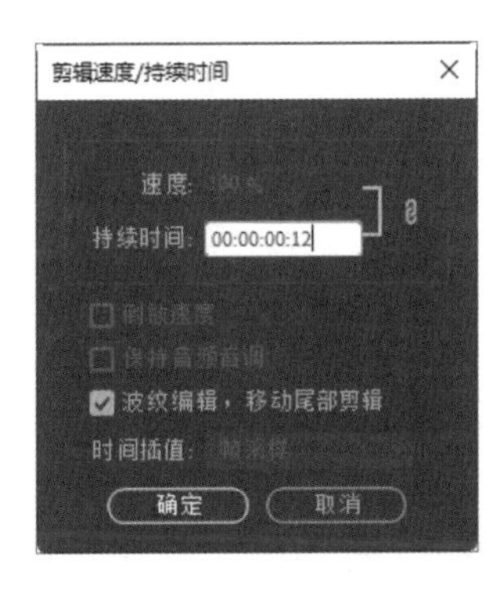

步骤 04 在“效果”面板中搜索“变换”视频效果，并拖到V2轨道的第1个素材上，如下图所示。

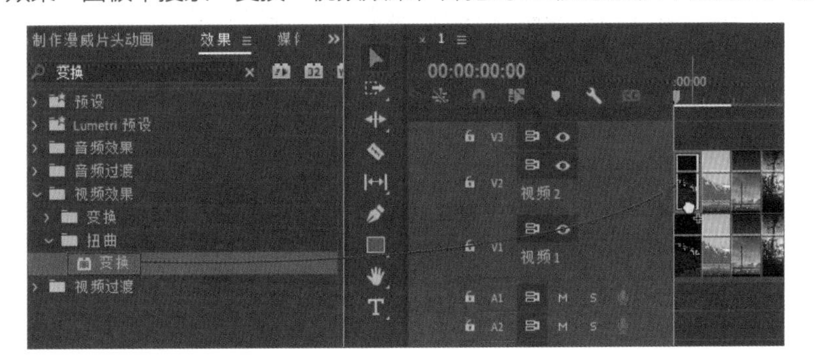

步骤05 在“效果控件”面板中为“变换”下的“位置”设置关键帧。在开始处添加关键帧，设置数值，使画面向上移动并完全隐藏。在结束处添加关键帧并恢复数值。取消勾选“使用合成的快门角度”复选框，设置“快门角度”为200，如右图所示。

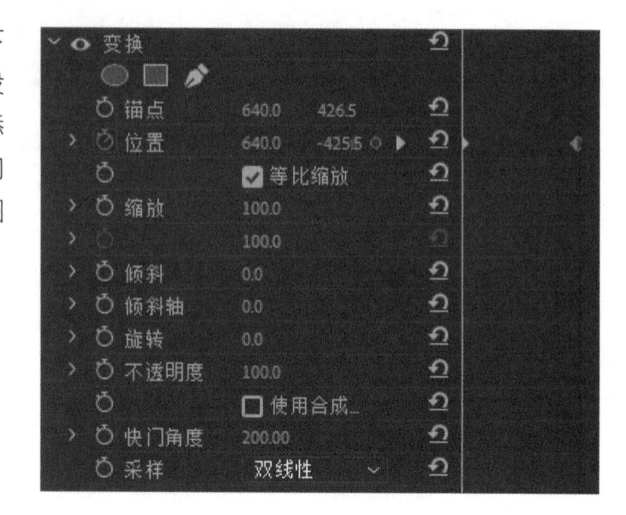

步骤06 选择第1个素材并右击，在快捷菜单中选择“复制”命令，选择V2轨道上的其他素材并右击，在快捷菜单中选择“粘贴属性”命令，在打开的对话框中单击“确定”按钮，如右图所示。

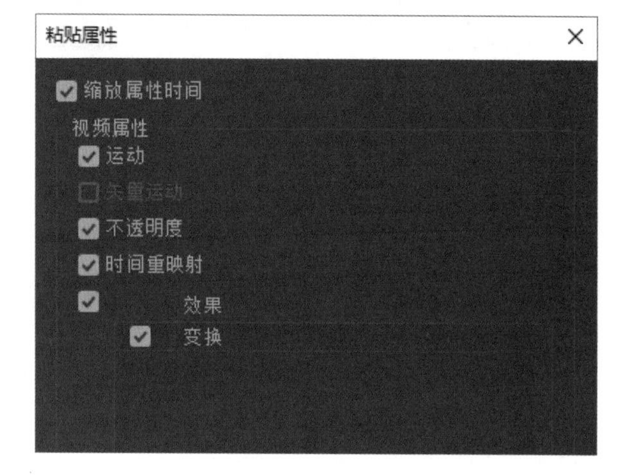

步骤07 将V1上的素材全选并向右移动，使第1段素材与V2轨道上的第2段素材左对齐，如下左图所示。

步骤08 接下来制作结尾的文字。在画面中输入“MARVEL”，然后在“基本图形”面板中设置字体格式，再绘制矩形并填充红色，使矩形充满整个画面。将文字图层调整到矩形图层的上方，画面效果如下右图所示。

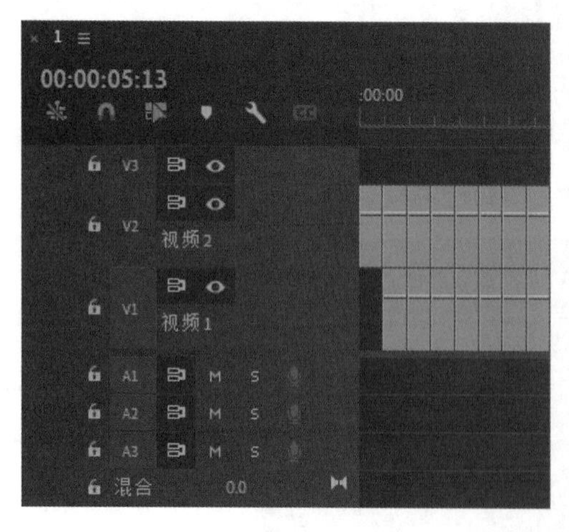

步骤09 选择文本，在“基本图形”面板中勾选“文本蒙版”复选框，再勾选下方的“反转”复选框，制作出镂空的文字效果，如右图所示。

步骤10 选择文本图层，在“效果控件”面板中添加“缩放”和“不透明度”的关键帧，将开始的“缩放”值设置为300、“不透明度”设置为0%，在向后两秒处添加关键帧，设置“缩放”值为100、“不透明度”为100%，完成文本的动画设置。画面效果如右图所示。

步骤11 将文字图层向上移动，创建白色的遮罩，并拖到文字图层的下方，在文字图层完成缩放动画的位置为白色遮罩的开始处。为白色遮罩的“不透明度”添加两个关键帧，制作由无到有的动画，并制作文本上移的动画。这时的“时间线”面板如下左图所示。

步骤12 最后添加相关文本并设置相关动画。至此，本案例制作完成，结尾处的画面效果如下右图所示。

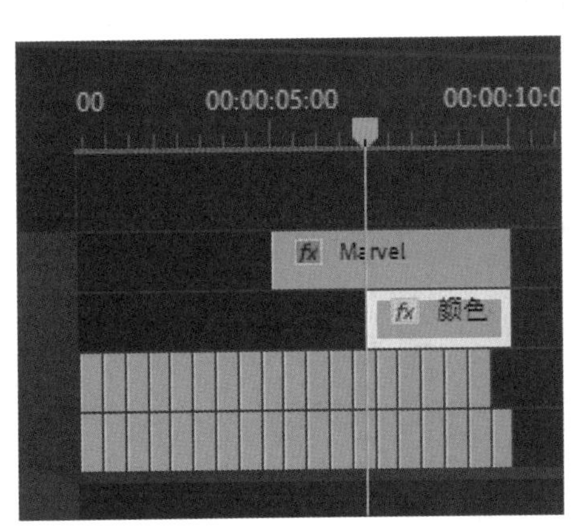

第10章 制作绿色公益广告动画

本章概述

本章融合了前面章节的视频效果、过渡、调色、合成、音频处理、文字设计及关键帧动画等内容。通过制作绿色公益广告动画，读者将在实践中提升视频处理的综合应用能力。

核心知识点

1. 掌握关键帧的应用
2. 掌握视频效果的应用
3. 掌握文字的设计方法
4. 掌握调色的方法

10.1 制作绿色公益广告背景动画

扫码看视频

本案例中的绿色公益广告是深绿色到浅绿色的渐变背景，添加藤作为修饰，并且在元素添加完成后为元素添加动画效果。下面介绍具体操作方法。

步骤 01 打开Premiere Pro 2024，新建项目。执行“文件>导入”命令，在打开的对话框中导入准备好的素材，如下左图所示。

步骤 02 将“背景.jpg”素材拖到“时间线”面板的V1轨道上。再分别将“藤.png”和“藤1.png”素材文件拖到V2和V3轨道上。右击添加的两个素材，在快捷菜单中选择“缩放为帧大小”命令，画面效果如下右图所示。

步骤 03 将V3轨道上的素材复制，并放在V4轨道上。在“效果”面板中将“垂直翻转”视频效果拖到V3轨道的素材上，如下图所示。

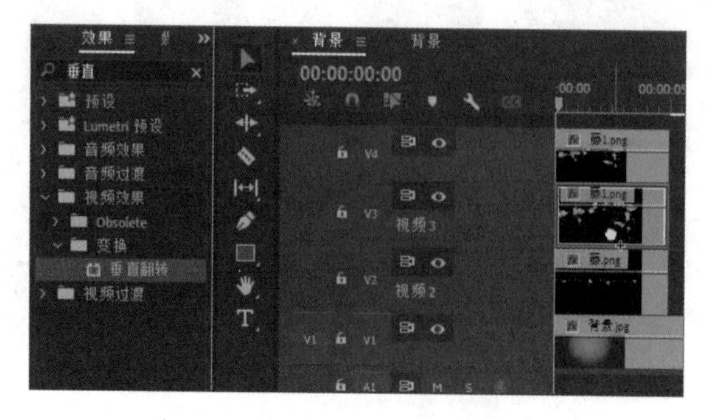

步骤04 调整每个素材的长度为13秒，再调整各素材的位置，使V4轨道上的素材向左移动到左下角附近，画面效果如下左图所示。

步骤05 接下来设置各元素的动画。选择V2轨道上的素材，在“效果控件”面板中添加“位置”的关键帧。在开始处添加关键帧，使素材从左侧移出画面。在2秒处添加关键帧，单击“重置参数”按钮，让素材显示在画面中。同时设置关键帧的临时插值，调整曲线，制作先快后慢的效果，如下右图所示。

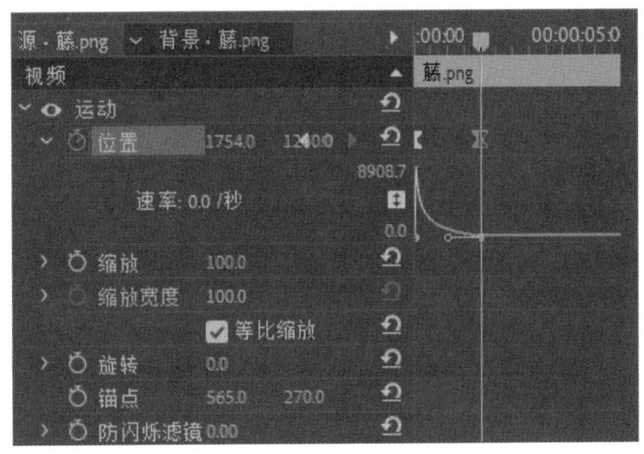

步骤06 根据相同的方法为V3和V4轨道上的素材添加类似的动画效果。整体动画效果是藤从左向右生长。“时间线”面板如下图所示。最后选择4个轨道上的素材并右击，在快捷菜单中选择“嵌套”命令。

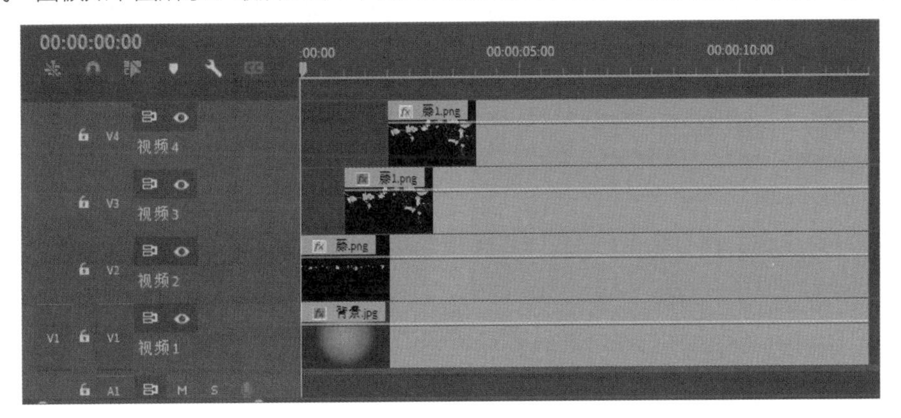

10.2 制作主体人物和修饰元素的动画

本节将制作主体人物和修饰元素的动画，主要包括人物水墨出场、蝴蝶飞舞动画、花瓣飘落等。本案例中将使用关键帧动画、视频效果等。下面介绍具体操作方法。

步骤01 将“项目”面板中的“舞者.png”素材拖到“时间线”面板，将开始时间设在3秒的位置，再设置长度，使其与背景时间长度一致。在“效果”面板中将“亮度曲线”视频效果拖到该素材上，如右图所示。

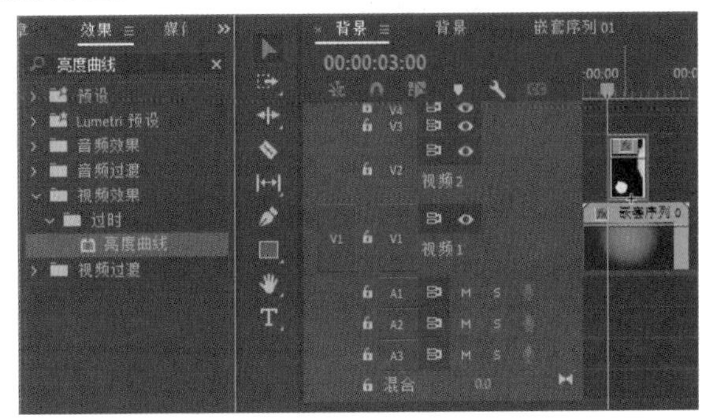

步骤 02 在“效果控件”面板的“亮度曲线”区域，将“亮度波形”的曲线稍微向上提，使人物更明亮，如右图所示。

步骤 03 在“效果”面板中将“油漆飞溅”视频过渡效果拖到V2轨道的素材上，制作出水墨出场的人物效果，如下左图所示。

步骤 04 将“蝴蝶.png”和“瓢虫.png”素材拖到V3轨道和V4轨道上，调整两个素材的位置和大小，画面效果如下右图所示。

步骤 05 将V3轨道上的蝴蝶素材定位在4秒处，在“效果控件”面板中取消勾选“等比缩放”复选框，在开始处添加“位置”和“缩放宽度”的关键帧，调整蝴蝶在左上角的位置，设置“缩放宽度”值为100。向右侧移5帧，设置“缩放宽度”值为80，每5帧添加一个关键帧并交替设置“缩放宽度”的值，一直设置到6秒的位置，如下左图所示。

步骤 06 接着设置“位置”关键帧，每10帧添加一个关键帧，并调整位置，在6秒处将蝴蝶调整到原来的位置，如下右图所示。

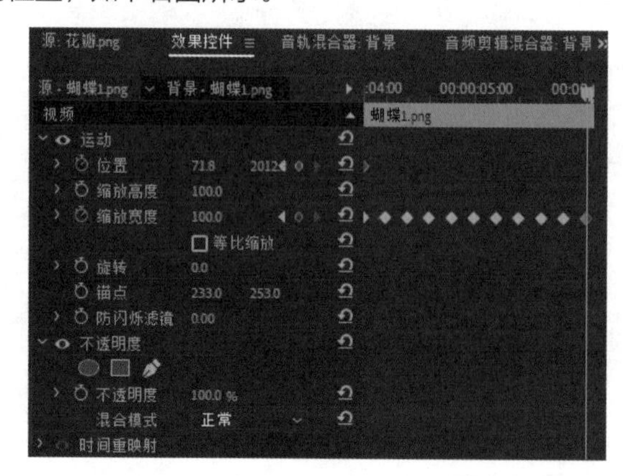

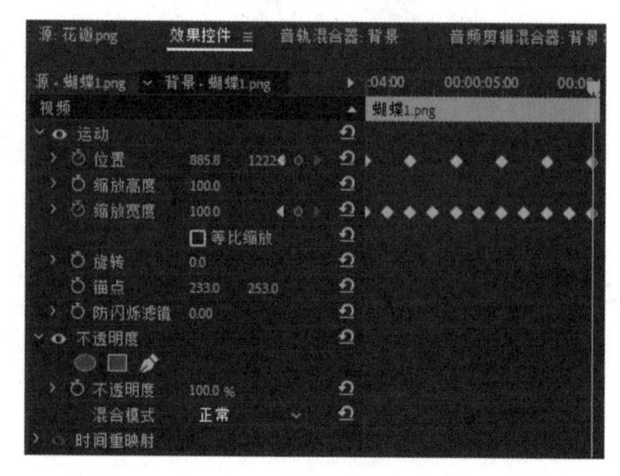

步骤07 蝴蝶的飞舞动画至此制作完成。蝴蝶飞舞时速度很慢，而且不是直线运动的，设置位置关键帧时需要注意。下左图是5秒时的画面效果，下右图是6秒时的画面效果。

步骤08 瓢虫的动画很简单，只需要在“效果控件”面板中添加“位置”的关键帧，让瓢虫在叶上慢慢爬动即可。接下来添加“雏菊.jpeg”素材，调整大小，并添加钢笔蒙版，把菊花抠取出来，如右图所示。

步骤09 将抠取的花移到人物前方的叶片上。在“效果控件”面板中设置“缩放”和“不透明度”的关键帧，制作出由小到大、由模糊到清晰的效果，如右图所示。

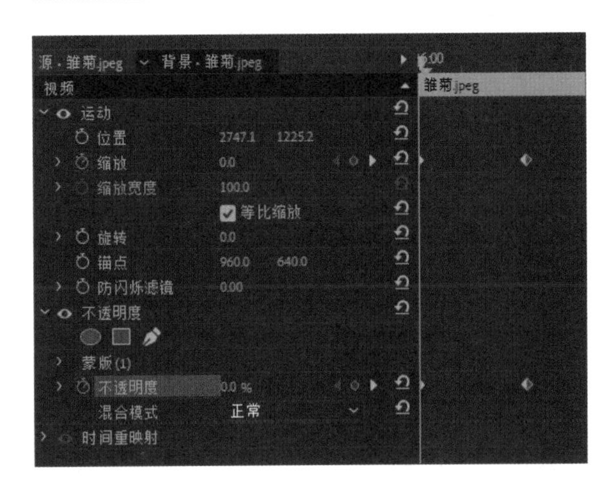

步骤10 将“鸽子.jpg”素材拖到V6轨道上，并调整长度。将“效果”面板中的“颜色键”视频效果拖到鸽子素材上，在“效果控件”面板中调整位置和缩放。添加“位置”关键帧，制作鸽子从上方落到人物手上的动画，如下页左图所示。

步骤11 接下来添加“花瓣.png”和“鸟.png”素材，并调整位置和大小。复制花瓣素材并放在人物周围，再使用“水平翻转”视频效果调整鸟的方向，画面效果如下右图所示。

步骤 12 为添加的花瓣和鸟制作动画，花瓣是从上方向下飘落的动画，鸟是从右上角飞到指定位置的动画。在“效果控件”面板中添加关键帧。画面效果如下左图所示。

步骤 13 添加“星点.png”和“光.png”素材，将星点调整到人物左手的位置，将光放大并向下移，制作出从上而下的灯光效果，如下右图所示。

步骤 14 此时光的效果很强，还需要进一步调整。选择光图层，在“效果控件”面板的“不透明度”区域中设置“混合模式”为“柔光”，画面效果如下左图所示。

步骤 15 将V2到V11轨道上的素材向上移动，并将“波纹.mp4”素材添加到V2轨道上，调整大小和位置，画面效果如下右图所示。

步骤16 为波纹图层添加椭圆蒙版，再设置“蒙版羽化”的值为60，效果如下左图所示。

步骤17 选中波纹图层，在“效果控件”面板的“不透明度”区域设置“混合模式”为“柔光”，画面效果如下右图所示。

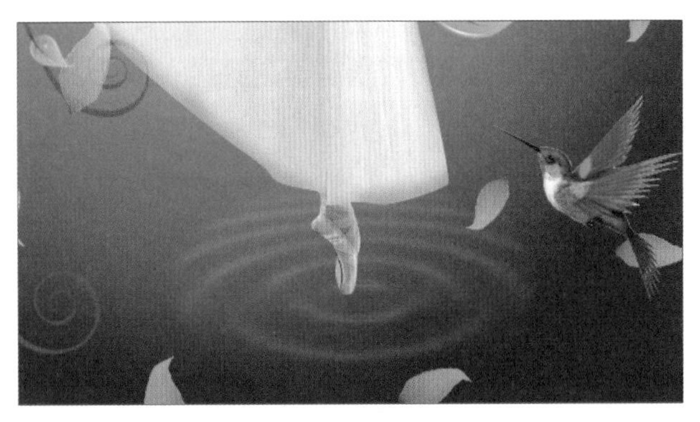

步骤18 设置波纹视频的持续时间为17秒，然后使用剃刀工具分割素材并删除多余的部分，“时间线”面板如下图所示。最后，选中所有素材并右击，在快捷菜单中选择“嵌套”命令。

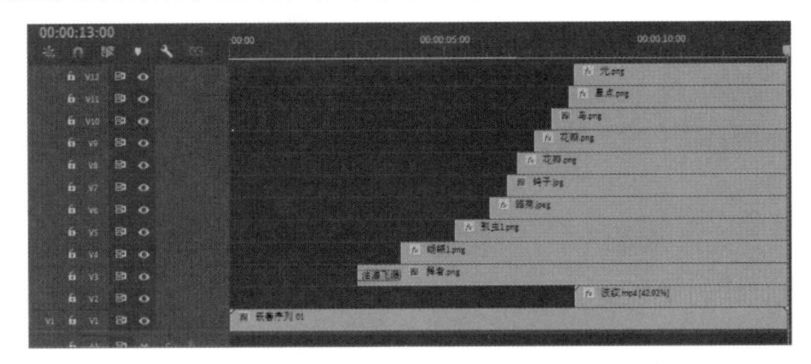

10.3 制作文字动画

接下来为绿色公益广告添加文字，并制作文字的飞散动画效果。本节主要使用文字工具和“湍流置换”视频效果，下面介绍具体操作方法。

步骤01 在第9秒处，使用文字工具在画面中输入文本，并在“基本图形”面板中设置文字的格式，画面效果如下左图所示。

步骤02 在“效果”面板中搜索“湍流置换”视频效果，并将其拖到文字图层，如下右图所示。

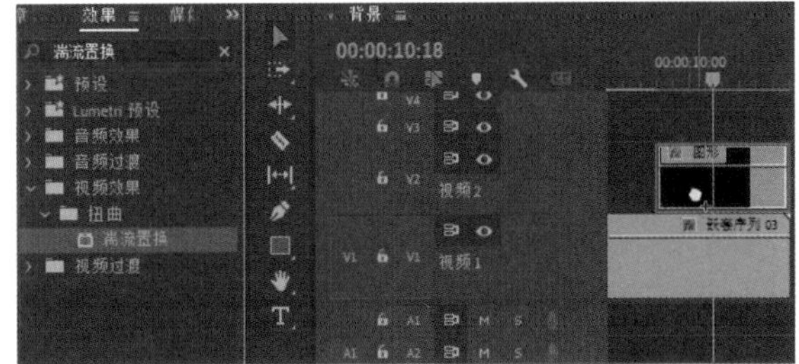

步骤 03 在“效果控件”面板中设置“复杂度”的值为6、“演化”的值为60，在开始处设置“数量”和“大小”的关键帧，值分别为4000和1000。将时间线向右移动1秒，设置“数量”的值为0、“大小”的值为100，如下图所示。

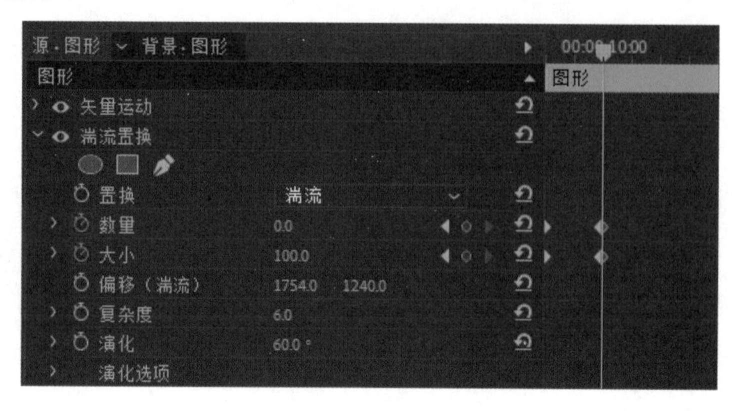

步骤 04 文字飞散的效果制作完成，下左图是09:10时的画面效果，下右图是09:20时的画面效果。

步骤 05 将“背景音乐.MP3”拖到“时间线”面板的A1轨道上，将“效果”面板中的“恒定功率”音频过渡拖到音频文件的开始和结束处，如下图所示。至此，本案例制作完成。

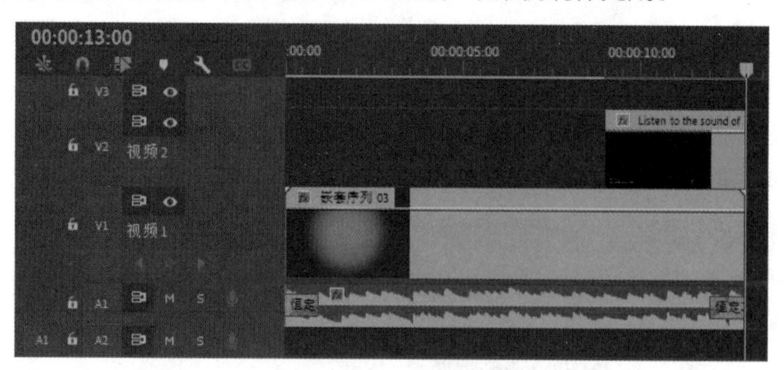